高等学校给排水科学与工程专业系列教材

环境微生物学

苏俊峰　王文东　主编
刘　锐　主审

中国建筑工业出版社

图书在版编目(CIP)数据

环境微生物学/苏俊峰，王文东主编．—北京：中国建筑工业出版社，2013.5
高等学校给排水科学与工程专业系列教材
ISBN 978-7-112-15475-3

Ⅰ.①环… Ⅱ.①苏… ②王… Ⅲ.①环境微生物学—高等学校—教材 Ⅳ.①X172

中国版本图书馆 CIP 数据核字（2013）第 111096 号

高等学校给排水科学与工程专业系列教材
环境微生物学
苏俊峰　王文东　主编
刘　锐　主审
*
中国建筑工业出版社出版、发行（北京西郊百万庄）
各地新华书店、建筑书店经销
北京红光制版公司制版
北京市安泰印刷厂印刷
*
开本：787×1092毫米　1/16　印张：11　字数：265千字
2013年10月第一版　2013年10月第一次印刷
定价：**22.00**元（赠送课件）
ISBN 978-7-112-15475-3
（24080）

本书在总结国内外环境微生物学发展的基础上，结合作者多年科研和教学实践，力求创新，努力反映新知识、新技术和最新的科研成果。全书内容可分为三部分：第1～8章介绍微生物的基础知识，包括微生物的形态结构、微生物的营养、生理生化特性、遗传变异以及环境因素对微生物生长繁殖过程的影响；第9～12章主要叙述了污水生物处理的基本原理、水体的富营养化控制技术、微生物在环境领域的应用及污染环境的微生物修复；第13章介绍了环境微生物学实验方法。

与同类环境微生物学教材相比，本书降低了理论知识部分的深度，拓展了微生物在工程应用方面的内容，同时配合大量附图，使本书更加通俗易懂，可用作高等院校给排水科学与工程、环境工程和环境科学等专业的教材和实验指导书，也可用作微生物学、土壤学、生态学等相关专业的选修课教材和培训用书。

为便于教师教学和学生自学，作者制作了与本书配套的电子课件，如有需求，请发邮件至 cabpbeijing@126.com 索取。

* * *

责任编辑：王美玲

责任设计：李志立

责任校对：王雪竹　赵　颖

前言

环境微生物学（Environmental Microbiology）是环境类专业本科生以及研究生的一门重要专业基础课程，是环境科学中的一个重要分支，与实际工程有密切关系。它是一门实践性很强的学科，研究自然环境中的微生物群落、结构、功能与动态；了解和掌握环境微生物学的基本原理和方法，是环境类专业人才认识和解决环境问题所必须具备的。

本书在总结国内外环境微生物学发展的基础上，结合作者多年科研和教学实践，力求创新，努力反映新知识、新技术和最新科研成果。以环境与微生物之间的相互作用关系为核心，以微生物基本理论与知识为重点，将理论与工程实践紧密结合，内容力求简明扼要、系统、翔实。在编写过程中，适当降低了理论知识部分的深度和广度；以实用为原则，增加了微生物学在环境治理及工程应用部分的内容，以期与环境学科中微生物学的应用实践保持同步。

本书分为理论与试验两部分。理论部分中对环境微生物学的一些基本概念、基本理论、微生物在工程中的应用等作了比较系统地阐述，试验部分主要包括环境微生物的一些基本操作技术。通过本课程的学习，可使学生掌握有关环境微生物学的基本知识与试验技能，为专业课的学习打下良好基础。本书可用作给水排水科学与工程、环境工程和环境科学等相关专业高年级本科生学习和实验用书，也可用作微生物学、土壤学、生态学等相关专业的选修课教材和培训用书。

参加本教材编写工作的有西安建筑科技大学环境与市政工程学院苏俊峰（第1章、第2章、第9章）、王文东（第4章、第12章）和张海涵（第3章、第6章）、武汉大学土木建筑工程学院王弘宇（第5章、第13章）、天津理工大学环境科学与安全工程学院秦松岩（第7章、第11章）、陕西科技大学资源与环境学院郭昌梓（第8章、第10章）。全书由苏俊峰和王文东主编和统稿，清华大学长三角研究院生态环境研究所刘锐研究员主审。

由于作者水平和时间有限，疏漏之处在所难免，敬请各位专家学者、广大师生和读者批评指正。

目　录

第1章 绪　　论

1.1 环境微生物学的研究对象和任务

1.1.1 环境微生物学的研究对象

微生物学（microbiology）是研究微生物及其生命活动规律的一门基础学科。研究的内容涉及微生物的形态结构、分类鉴定、生理生化、生长繁殖、遗传变异、生态分布，微生物各类群之间、微生物与其他生物之间及微生物与环境之间的相互作用、相互影响的复杂关系等，目的是更好地认识、利用、控制和改造微生物，造福于人类。

环境微生物学（environmental microbiology）是研究微生物与环境间相互作用规律的科学。是在普通微生物学的基础上，着重研究栖息在自然环境、受污染环境和人工处理系统中的微生物生态、环境的自净作用、环境污染及其生物处理工程中的微生物学原理。环境微生物学主要涉及微生物在环境以及人类生存、健康、安全领域的应用研究，特别是环境污染物的微生物净化机理和污染控制工程的微生物应用技术。

环境微生物学的研究对象是环境中的微生物。环境主要包括大气、土壤、地表水、地下水、饮用水及食品等各种直接或间接影响人类生活和发展的环境因素。

环境微生物学虽然有其特殊性，但它也离不开普通微生物学的基本原理，只有掌握这些基本原理，才能在此基础上把微生物学原理应用到实际工程中去。本学科就是要在学习微生物学原理的基础上，着重讨论与环境有关的微生物学问题。参与环境中污染物转化的微生物主要有细菌、真菌、藻类和原生动物等类群，它们彼此之间同污染物之间构成了各种复杂的关系，而且微生物本身又在污染的环境中生长繁殖，不断演变。所以，阐明微生物自身的生长变化规律以及与环境的复杂关系是本学科的主要任务之一。具体来讲，就是要搞清楚环境中微生物的种类、生态分布、生长繁殖和遗传变异的规律，以及微生物生长代谢活动在环境污染物控制中的作用机理。

1.1.2 环境微生物学的任务

“环境微生物学”课程的主要任务是使学生掌握与环境相关的微生物学基本知识，掌握微生物在环境污染物控制中的作用机理和规律，学习环境中微生物的检验方法等。环境微生物学的研究方向和任务就是充分利用微生物控制、消除环境中有机污染物、营养盐类、重金属的污染，利用微生物进行资源再生和利用。

环境微生物学是在环境保护事业和环境科学、环境工程、给水排水等学科蓬勃发展的基础上形成的一门综合性、交叉性科学。与物理法、化学法相比，微生物处理法具有经济、高效的优点，并可实现无害化、资源化，所以长期以来始终占有重要位置。只有全面了解和掌握微生物的基本特性，才能培养好微生物，取得较好的净化效果；而只有深入系统地学习和掌握环境中污染物控制的工艺及相应的工程技术，才能更好地研究、开发和利用适合处理各种水质的微生物。

1.2 微生物学的发展历史

微生物学的发展历史可分为五个时期，现简述如下：

（1）史前期　史前期是指人类还未见到微生物个体尤其是细菌细胞前的一段漫长的历史时期，大约在距今8000年前至公元1676年间。当时的人类虽未见到微生物的个体，却自发地与微生物频繁地打交道，并凭自己的经验在实践中开展利用有益微生物和防治有害微生物的活动。但由于在思想方法上长期停留在“实践一实践一实践”的基础上，因此只能长期处于低水平的应用阶段。

（2）初创期　从1676年列文虎克（Antonie van Leeuwenhoek）用自制的单式显微镜观察到细菌的个体起，直至1861年近200年的时间。在这一时期中，人们对微生物的研究仅停留在形态描述的低级水平上，而对它们的生理活动及其与人类实践活动的关系却未加研究，因此，微生物学作为一门学科在当时还未形成。这一时期的代表人物是荷兰的业余科学家—微生物学先驱列文虎克。他的贡献主要有三方面：①利用单式显微镜观察了许多微小物体和生物，并于1676年首次观察到形态微小、作用巨大的细菌，从而解决了认识微生物世界的第一个障碍。②一生制作了419架显微镜或放大镜，放大率一般为50～200倍，最高者达266倍。③发表过约400篇论文，其中绝大部分寄往英国皇家学会发表。

（3）奠基期　从1861年巴斯德根据曲颈瓶试验彻底推翻生命的自然发生说并建立胚种学说起，直至1897年的一段时间。其特点为：①建立了一系列研究微生物所必要的独特方法和技术。②借助于良好的研究方法，开创了寻找病原微生物的“黄金时期”。③把微生物学的研究从形态描述推进到生理学研究的新水平。④开始客观上以辩证唯物主义的“实践一理论一实践”的思想方法指导科学试验。⑤微生物学以独立的学科形式开始形成，但当时主要还是以其各应用性分支学科的形式存在。本时期的代表人物主要是法国的巴斯德和德国的科赫，他们可分别被称为微生物学的奠基人和细菌学的奠基人。巴斯德学派的主要贡献是提出了生命只能来自生命的胚种学说，并认为只有活的微生物才是传染病、发酵和腐败的真正原因，再加上消毒灭菌等一系列方法的建立，就为微生物学的发展奠定了坚实的基础。科赫学派的重要业绩主要有三个方面：①建立了研究微生物的一系列重要方法，尤其在分离微生物纯种方面，他们把早年在马铃薯块上的固体培养技术改进为明胶平板培养技术（1881年），进而提高到琼脂平板培养技术（1882年）。在1881年前后，科赫及其助手们还创立了许多显微镜技术，包括细菌鞭毛染色在内的许多染色方法、悬滴培养法以及显微摄影技术。②利用平板分离方法寻找并分离到多种传染病的病原菌，例如炭疽病菌、结核杆菌、链球菌和霍乱弧菌等。③在理论上，科赫于1884年提出了科赫法则。

（4）发展期　1897年德国人E. Buchner用无细胞酵母菌压榨汁中的“酒化酶”（zymase）对葡萄糖进行酒精发酵成功，从而开创了微生物生化研究的新时代。此后，微生物生理、代谢研究就蓬勃开展了起来。在发展期中，微生物学研究有以下几个特点：①进入了微生物生化水平的研究。②应用微生物的分支学科更为扩大，出现了抗生素等新学科。③开始出现微生物学史上的第二个“淘金热”，掀起了寻找各种有益微生物代谢产物的热潮。④在各微生物应用学科较深入发展的基础上，一门以研究微生物基本生物学规律的综合学科一普通微生物学开始形成。⑤各相关学科和技术方法相互渗透，相互促进，加速了微生物学的发展。

（5）成熟期　从1953年4月25日J. D. Watson和H. F. C. Crick在英国的《自然》杂志上发表关于DNA结构的双螺旋模型起，整个生命科学就进入了分子生物学研究的新阶段。与此同时，DNA结构的双螺旋模型在英国的《自然》杂志上的发表也标志着微生物学发展史上成熟期的到来。本时期的特点为：①微生物学从一门在生命科学中较为孤立的以应用为主的学科迅速成长为一门十分热门的前沿基础学科。②在基础理论的研究方面，微生物学逐步进入到分子水平的研究，微生物迅速成为分子生物学研究中的最主要的对象。③在应用研究方面，微生物学向着更自觉、更有效和可人为控制的方向发展，至20世纪70年代初，有关发酵工程的研究已与遗传工程、细胞工程和酶工程等紧密结合，微生物已成为新兴的生物工程中的主角。

1.3 微生物的定义、分类和命名

1.3.1 微生物的定义

微生物不是生物分类学上的名称，而是一类肉眼难以看清、需借助光学显微镜甚至电子显微镜才能观察到的一切微小生物的总称。因此，“微生物”不是分类学上的概念，而是一切微小生物的总称。它们在自然界中的分布极其广泛，从地底深处至万里高空、从外界环境至动植物机体、从零摄氏度以下至上百度高温、沙漠乃至坚硬的矿石等环境中均有微生物的存在。

按照微生物有无细胞结构，可分为非细胞结构的微生物（如病毒、类病毒、拟病毒等）和细胞结构的微生物。具有细胞结构的微生物，又可以根据细胞的特点，分为原核微生物和真核微生物两大类。原核微生物是具有原核细胞的生物，原核细胞是一类比较原始的细胞，其细胞核发育不完善，只是DNA链高度折叠形成的一个核区，仅有核质，没有核膜，没有定形的细胞核，称为拟核或似核。原核细胞没有特异的细胞器，只有由细胞质膜内陷形成的不规则的泡沫结构体系，如间体和光合作用层片及其他内褶。原核细胞不进行有丝分裂。原核微生物包括各类细菌、放线菌、蓝细菌、黏细菌、立克次氏体、支原体、衣原体和螺旋体等。真核微生物是具有真核细胞的生物，真核细胞有发育完善的细胞核，有核膜将细胞核和细胞质分开，核内有核仁和染色质。真核细胞有高度分化的细胞器，如线粒体、中心体、高尔基体、内质网、溶酶体和叶绿体等，担负着细胞的各种功能。真核细胞能进行有丝分裂。真核微生物包括各类真核藻类、真菌（酵母菌、霉菌等）、原生动物以及微型后生动物等。

1.3.2 微生物的特点

1. 分布广、种类多

微生物在自然界分布极广，无论是土壤、水体和空气，还是植物、动物和人体的体内或表面都存在大量微生物，乃至一些极端的环境，如酷热的沙漠、寒冷的雪地、冰川、温泉、火山口、南极、北极、冰河、污水、淤泥、固体废弃物等，可以说无处不在。微生物的种类极其繁多，已发现的微生物达10万种以上，新物种也在不断被发现。其营养类型和代谢途径也具多样性，不仅能利用无机营养物、有机营养物，还可在有氧、缺氧、无氧、极端高温、高盐度和极端 pH 环境中生存，因此造就了微生物的种类繁多和数量庞大。

2. 生长繁殖快、代谢能力强

大多数微生物以裂殖方式繁殖后代，在适宜的环境条件下，十几分钟至二十几分钟就可繁殖一代。在物种竞争上取得优势，这是生存竞争的保证。大肠杆菌在适宜的条件下，每 20min 即繁殖一代，24h 即可繁殖 72 代。微生物生长代谢快是基于其所特有的生理基础，由于个体微小，单位体积的表面积相对很大，有利于细胞内外的物质交换，使细胞内的代谢反应较快。

3. 遗传稳定性差、容易发生变异

多数微生物为单细胞，结构简单，整个细胞直接与环境接触，对外界环境很敏感，抗逆性较差，很容易受到各种不良外界环境的影响，引起遗传物质 DNA 的改变而发生变异。

4. 个体极小、结构简单

微生物都具有微小的个体和简单的结构，必须借助显微镜把它们放大几万倍甚至是几十万倍才能看到。测量微生物的尺度以微米为计算单位，病毒要用纳米来计量。微生物大多都是单细胞生物，如细菌、原生动物、单细胞藻类、酵母菌等。霉菌是微生物结构最复杂的一类，是由多细胞简单排列构成。

1.3.3 微生物的分类

1. 真核微生物

这一类微生物具有完整的细胞构造，细胞核的分化程度较高，且细胞核被核膜包围。例如酵母菌、霉菌、真菌等，因此又称为真核细胞型微生物。大多数微生物属于真核微生物。

2. 原核微生物

这一类微生物虽然具有细胞构造，但只有原始的细胞核，细胞核分化程度比较低，没有核膜，例如细菌、放线菌、蓝细菌、螺旋体等，又称为原核细胞型微生物。

3. 非细胞微生物

这一类微生物没有细胞构造，只有裸露的核酸和蛋白质，因此必须寄生在活的易感细胞内生长繁殖。例如病毒、类病毒等。

1.3.4 微生物的命名

为避免混乱并便于工作、学术交流，有必要给每一种生物制定统一使用的科学名称，即学名。为此，国际上建立了生物命名法规，如国际植物命名法规、国际动物命名法规、国际栽培植物命名法规、国际细菌命名法规等。目前在国际上对生物进行命名采用的统一命名法是“双名法”，其基本原则是由林奈确定的。林奈（Linnaeus，1707～1778）是瑞典生物学家，他在 1753 年发表的《自然系统》一书中首次提出了双名法（binomial-nomenclature)，并且为生物学家们所认可。

一个生物的名称（学名）由两个拉丁字（或拉丁化形式的字）表示，第一个字是属名，为名词，主格单数，第一个字母要大写；第二个字是种名，为形容词或名词，第一个字母不用大写；出现在分类学文献上的学名，往往还要再加上首次命名人的姓氏（外加括号）、现名命名人的姓氏和现名命名年份，但有时往往忽略这三项：学名＝属名＋种名＋

（首次命名人）＋现名命名人＋命名年份学名，在印刷时应当用斜体字，手写时下加横线。如：大肠埃希氏杆菌的名称是 *Escherichia coli*（*Migula*）*Castellaniet Chalmersl*919，简称 E. coli；浮游球衣菌的名称是 *Sphaeroti-lusnatans Kfitzing* 等。如果只将细菌鉴定到属，没鉴定到种，则该细菌的名称只有属名，没有种名。如：芽孢杆菌属的名称是 *Bacillus*。羧状芽孢杆菌属的名称是 *Clostridium*。也可在属名后面加 sp.（单数）或 spp.（复数），sp 和 spp 是种（species）的缩写，如 *Bacillussp.*（spp.）。

思　考　题

1. 原核微生物与真核微生物有何区别？
2. 微生物的特点？
3. 环境微生物学的主要研究对象是什么？

第 2 章　原 核 微 生 物

原核微生物的细胞核发育不全，核质裸露，与细胞质没有明显的界线，称为拟核或类核。原核微生物没有细胞器，只有由细胞质膜内陷形成的不规则泡沫结构体系，如中间体和光合作用层片及其他内褶，也不进行有丝分裂。原核微生物包括细菌门和蓝绿细菌门中的所有微生物。

根据最新的伯杰细菌系统分类，原核微生物分为两大类群，古菌类群和细菌类群，其中细菌类群分为细菌、放线菌、蓝细菌、支原体、立克次氏体、衣原体和螺旋体。

2.1　细　　菌

广义的细菌是微生物类别的简称，包含了古细菌和真细菌。狭义细菌是指一类细胞细短、结构简单、胞壁坚韧、多以二分裂方式进行繁殖的原核生物。

2.1.1　细菌的形态及大小

细菌有三种基本形态：球状、杆状和螺旋状。

球菌（Coccus）：球菌呈圆球形或椭球形，大小为 0.5～2.0 μm。球菌有单个（单球菌）、成对（双球菌）、四联（四联球菌）、八叠（八叠球菌）、葡萄状（葡萄球菌）以及长链（链球菌）等，这主要取决于球菌因分裂平面不同以及分裂后菌体间相互粘连方式和程度不同而形成不同的堆叠方式，如图 2-1 所示。

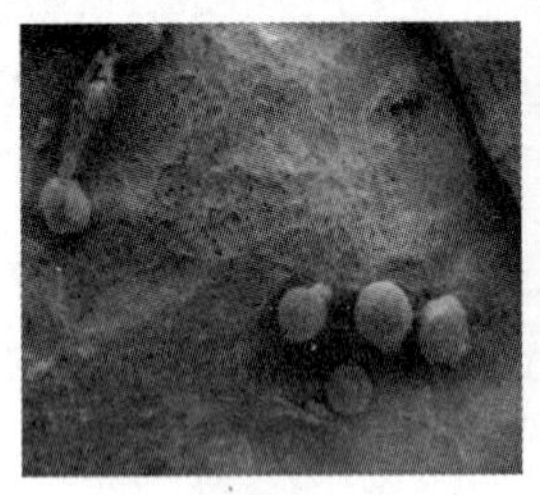

单球菌

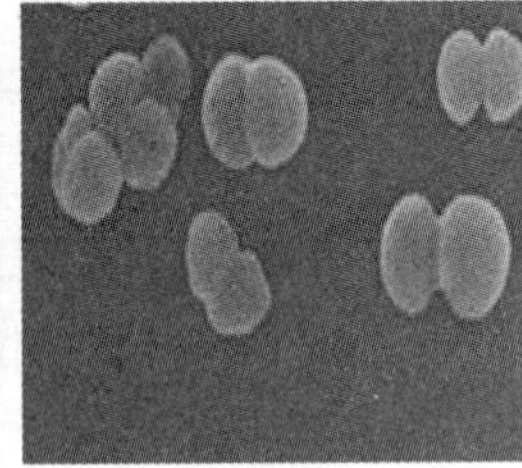

双球菌

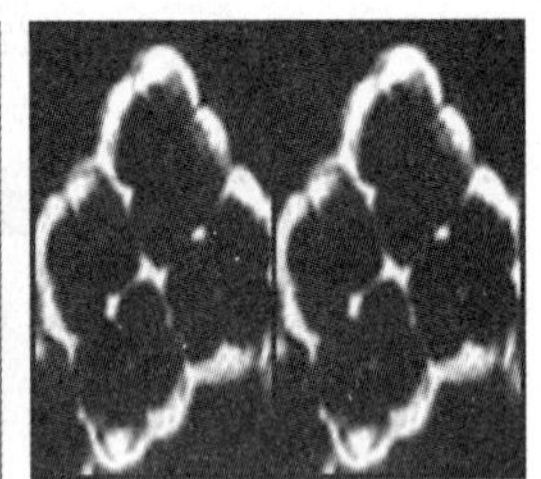

四联球菌

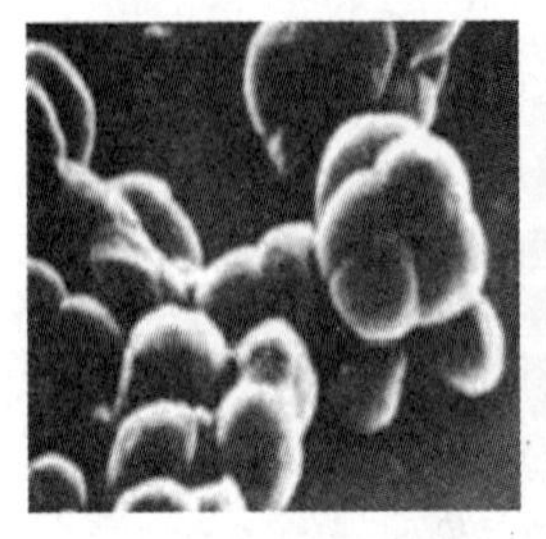

八叠球菌

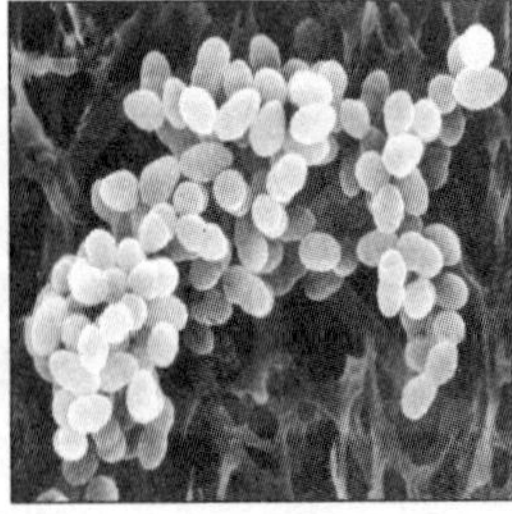

葡萄球菌

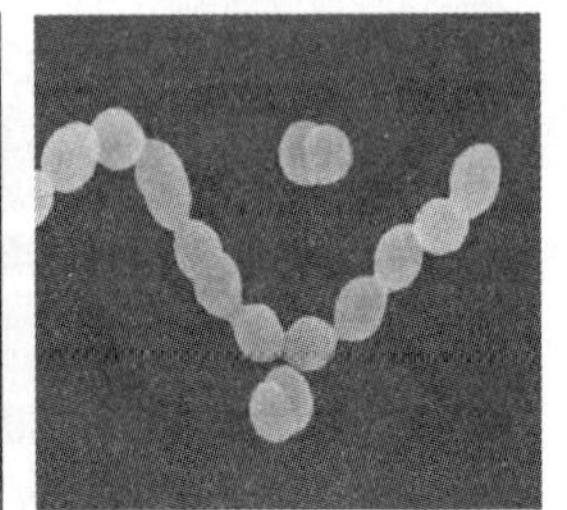

链球菌

图 2-1　常见球菌

杆菌（Bacillus）：杆菌细胞多呈直杆状，有的稍微弯曲，分散存在或呈链状排列。杆菌的直径和长度比例差异很大，按其尺寸大小一般分为小型杆菌(0.2～0.4) μm×(0.7～1.5) μm，中型杆菌(0.5～1) μm×(2～3) μm 和大型杆菌(1～1.25) μm×(3～8) μm，杆菌是细菌中种类最多的，如图 2-2 所示。

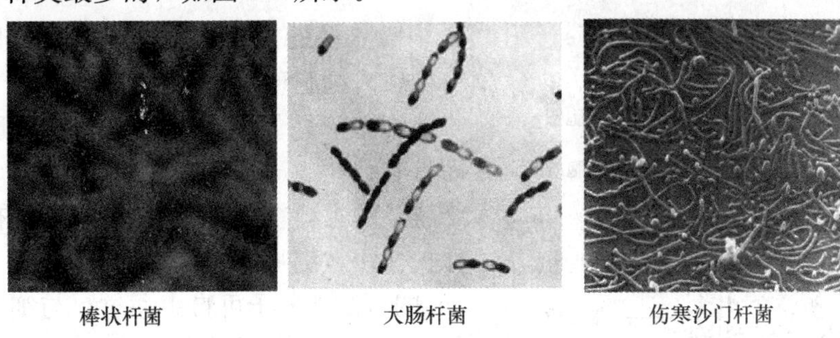

棒状杆菌　　大肠杆菌　　伤寒沙门杆菌

图 2-2　常见杆菌

螺旋菌（Spirillum）：螺旋菌细胞呈弯曲杆状，细胞壁坚韧较硬，常以单细胞方式分散存在。根据其弯曲情况可分为弧菌、螺旋菌。前者只有一个弯曲，大小与杆菌相似，后者有 2～6 个弯曲，大小为(0.3～1) μm×(1～50) μm。若菌体弯曲螺旋圈数超过 6 个，则通称为螺旋体，如图 2-3 所示。

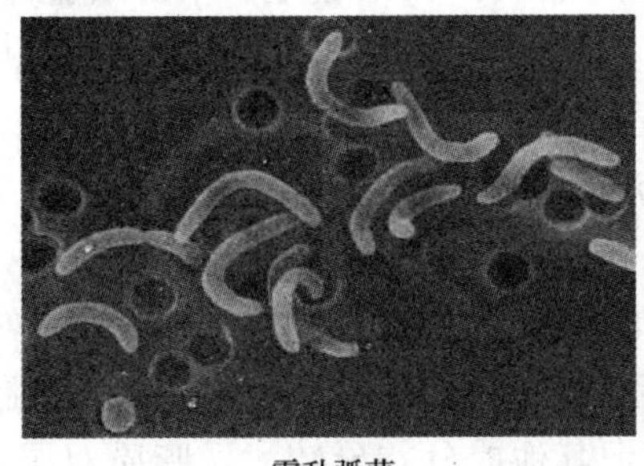

霍乱弧菌

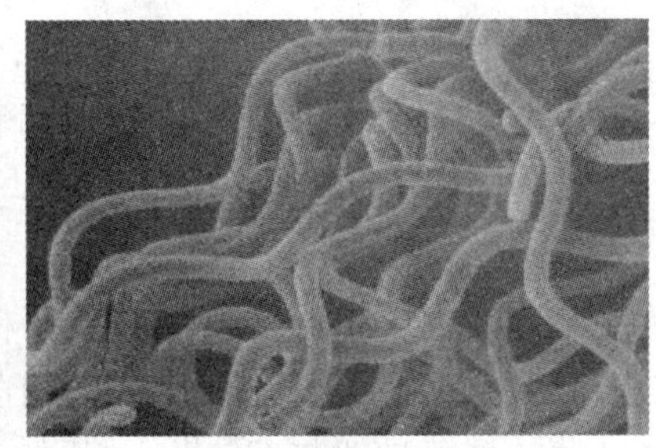

螺旋菌

图 2-3　常见螺旋菌

特殊形状菌：除了上述三种基本形态外，细菌还有其他形状。如柄杆菌属，细胞呈杆状或梭状，并具有一根特征性的细柄，可附着在基质上；球衣菌则能形成衣鞘，杆状的细胞在衣鞘内呈链状排列而形成丝状，如图 2-4 所示。

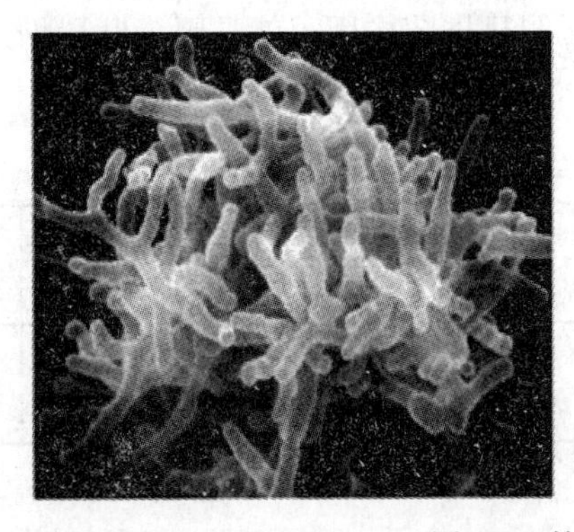

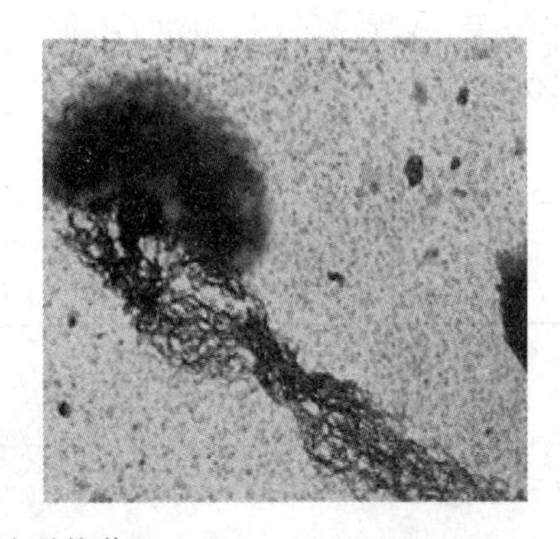

图 2-4　特殊形状菌

2.1.2 细菌的细胞结构

细菌是单细胞的，所有的细菌都有如下结构：细胞壁、细胞质膜、细胞质及其内含物、细胞核物质。部分细菌有特殊结构：芽孢、鞭毛、荚膜、黏液层及菌胶团等，如图2-5所示。

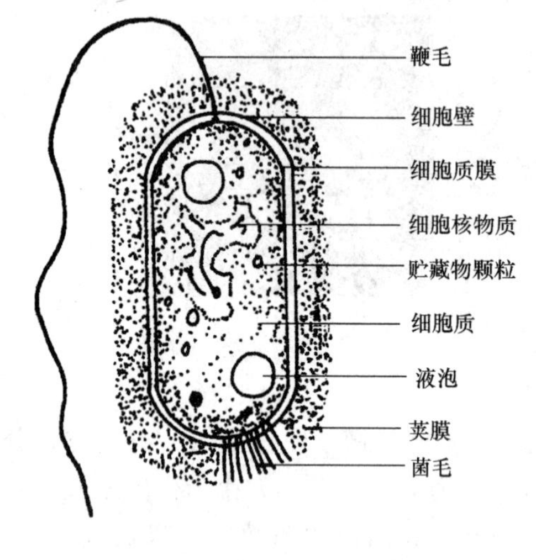

图 2-5 细菌细胞结构模式图

1. 细菌的一般结构

(1) 细胞壁

细胞壁是包围在细菌体表最外层的、坚韧而带有弹性的薄膜，它约占菌体的10%～25%，细胞壁的主要功能是维持菌体的固有形态并起保护作用。细胞壁有许多微孔，水和小于1.0nm的可溶性分子可自由通过，与细胞膜共同参与菌体内外的物质交换。细胞壁的化学组成比较复杂，用革兰染色法可将细菌分为革兰阳性（G^+）菌和革兰阴性（G^-）菌两大类，其细胞壁的化学组成有较大差异。

G^+细菌的细胞壁由肽聚糖和穿插于其中的磷壁酸组成。肽聚糖是G^+菌细胞壁的主要成分，层数多，可达50层，含量高，占细胞壁干重的50%～80%，质地致密，具有高机械强度的三维空间结构。磷壁酸是G^+菌细胞壁的特有成分，约占细胞壁干重的50%以上，其与细菌的表面抗原和致病性有关，如图2-6所示。

G^-细菌细胞壁的化学组成复杂，在肽聚糖外侧还有一层外膜，外膜层由内向外依次是脂蛋白、脂质双层、脂多糖等成分。G^-细菌细胞壁含肽聚糖较少，仅占细胞壁干重的10%左右。G^-菌的聚糖骨架与G^+菌的相同，但其他成分差异较大。脂质双层是G^-细菌细胞壁的主要成分，其内镶嵌一些特殊的蛋白质，与细胞膜相似。其功能除进行细胞内外物质交换外，还有通透性屏障作用，能阻止多种大分子物质和青霉素、溶菌酶等进入细胞体内。脂多糖是G^-细菌独有的成分，牢固地结合在细胞壁表面。

G^+细菌和G^-细菌细胞壁的结构和组成有着明显的不同，导致了两类细菌在染色性、毒性和对某些药物的敏感性等方面有很大差异。G^-细菌的外膜层很厚，约占细胞壁干重的80%，溶菌酶、青霉素等药物对G^-细菌无明显抗菌作用，就是因为肽聚糖外侧有外膜的存在并起保护作用（表2-1）。

革兰氏阳性细菌与阴性细菌细胞壁成分的比较 **表 2-1**

细菌	壁厚 (nm)	肽聚糖含量 (%)	磷壁酸 (%)	脂多糖 (%)	蛋白质 (%)	脂肪 (%)
G^+	20～80	40～90	+	−	少量（20）	1～4
G^-	10	10	−	+	较多（60）	11～22

注：+有；−无。

1884年，丹麦病理学家Christain Gram创造了一种鉴别染色法，用该染色法可把细

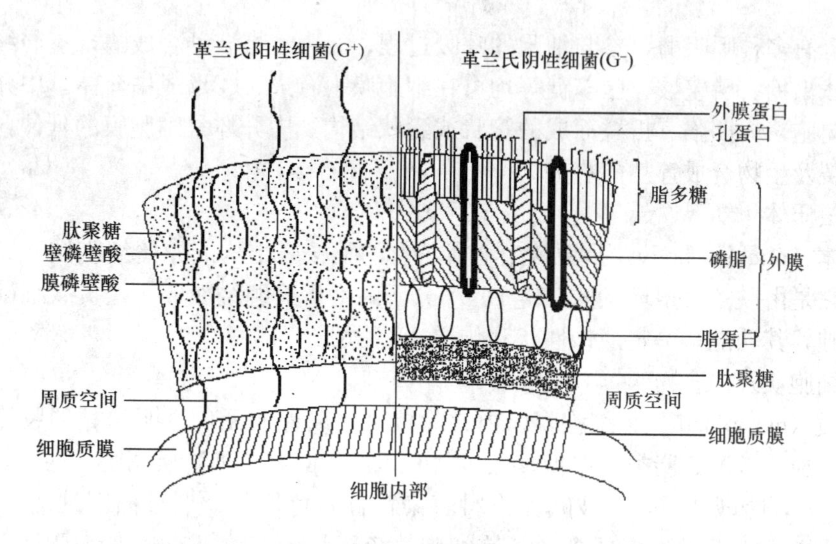

图 2-6 革兰氏阴性和阳性细菌细胞壁结构

菌分成革兰阳性菌（G^+）和革兰阴性菌（G^-）两大类。这种染色法用 Gram 命名，称为革兰染色法。

一般认为在革兰染色的过程中，细菌细胞内形成了一种不溶性的深紫色的结晶紫－碘的复合物，这种复合物可被乙醇从 G^- 菌中浸出，但不易从 G^+ 菌中浸出。这是由于 G^+ 菌细胞壁较厚，肽聚糖含量较高，网格结构紧密，含脂量又低，当用乙醇脱色时，肽聚糖网孔由于缩水会明显收缩，从而使结晶紫-碘复合物不易被洗脱而保留在细胞内，故菌体呈深紫色。而 G^- 菌细胞壁薄，肽聚糖含量低，且网格结构疏松，故遇乙醇后，其网孔不易收缩，加上 G^- 菌的脂类含量高，当用乙醇脱色时，脂类物质溶解，细胞壁透性增大，因此，结晶紫一碘的复合物就容易被洗脱出来，故菌体呈复染液的红色。

(2) 细胞膜

细胞膜（cell membrane）又称细胞质膜、原生质膜或质膜，是紧贴在细胞壁内侧而包围细胞质的一层柔软而富有弹性的半透性薄膜，其化学组成主要是蛋白质（60%～70%）和磷脂（30%～40%）（图 2-7）。

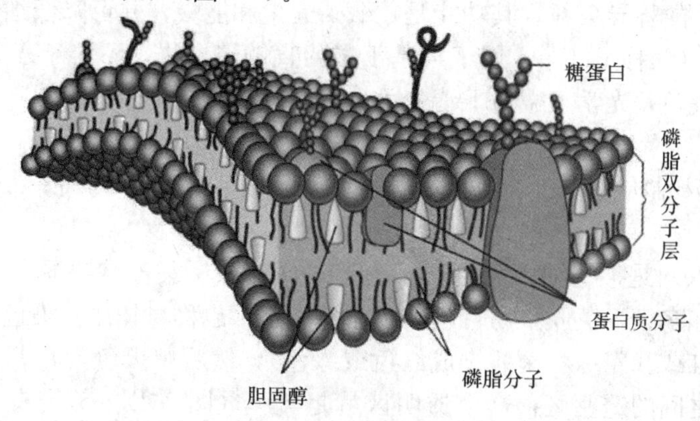

图 2-7 细菌膜结构示意图

细胞膜的功能主要为：①有选择性渗透作用，与细胞壁共同完成菌体内外的物质交换；②膜上有多种呼吸酶，参与细胞的呼吸过程；③膜上有多种合成酶，参与细胞的生物合成，如肽聚糖、磷壁酸、脂多糖等均可在细胞膜上合成；④形成中介体。中介体是细菌的细胞膜向胞浆内凹陷、折叠而成的管状或囊状结构。中介体是细胞膜的延伸，与细菌的呼吸、分裂及生物合成等功能有关。

（3）核质体

核质体（nucleus body）是原核生物所特有的无核膜结构的原始细胞核，又称原始核或拟核。它是由一条大型环状的双链 DNA 分子高度折叠缠绕而成，是负载细菌遗传信息的物质基础，其功能是决定遗传性状和传递遗传物质。

（4）细胞质及内含物

细胞质（cytoplasm）是细胞膜以内、除核物质以外的无色透明的黏稠胶体。其化学成分为蛋白质、核酸、脂类、多糖、无机盐和水。幼龄菌的细胞质稠密、均匀，富含核糖核酸（RNA），嗜碱性强，易被碱性染料着染，且着色均匀；老龄菌因缺乏营养，RNA 被细菌用作 N 源、P 源而降低含量，使细胞着色不均匀，故可通过染色是否均匀来判断细菌的生长阶段。细胞质中含有核糖体、气泡和其他颗粒状内含物。

1）核糖体（ribosome）

核糖体，是游离于细胞质中的微小颗粒，数量可达数万个，由 RNA 和蛋白质组成。当 mRNA 将几个核糖体串成多聚核糖体后，即成为合成蛋白质的场所。链霉素、红霉素能与核蛋白体结合，从而干扰菌体蛋白质的合成，但对人体细胞无影响。

2）气泡（gas vacuole）

在许多光合细菌和水细菌的细胞内，常含有为数众多的充满气体的小泡囊，称为气泡。气泡由厚仅 2nm 的蛋白质膜所包围，具有调节细胞相对密度以使其漂浮在合适水层中的作用。紫色光合细菌和一些蓝细菌含有气泡，借以调节浮力。

3）贮藏颗粒

细菌生长到成熟阶段，当某些营养物过剩时，就会形成一些贮藏颗粒，如异染粒、聚矿羟基丁酸、硫粒、肝糖粒、淀粉粒等。当营养缺乏时，这些贮藏颗粒又被分解利用。①异染粒（volutin），是无机偏磷酸的聚合物，用蓝色染料（如甲苯胺、甲烯蓝）染色后不呈蓝色而呈紫色，故称异染粒。其功能是贮藏磷元素和能量，并可降低细胞内渗透压。②聚－β－羟基丁酸（简称 PHB），属于羟基丁酸的直链聚合物，不溶于水，易被脂溶性染料（如苏丹黑）着色，光学显微镜下清楚可见，具有贮藏能量、碳源和降低细胞内渗透压的作用。

2. 细菌的特殊结构

（1）荚膜

荚膜（capsule）是某些细菌分泌于细胞壁表面的一层黏液状物质。其化学组成因种而异，主要是水和多糖。荚膜不易着色，可用负染法（也称衬托法）染色。先用染料使菌体着色（如用番红或孔雀绿将菌体染成红色或绿色），然后用黑色素将背景涂黑，即可衬托出菌体和背景之间的透明区，这个透明区就是荚膜（图 2-8）。荚膜有几种类型：①具有一定外形，厚约 200nm，相对稳定地附着于细胞壁外的称为荚膜或大荚膜；②厚度在 200nm 以下的称为微荚膜；③无明显边缘，疏松地向周围环境扩散的称为黏液层。

荚膜作为细胞的外层结构，具有以下的功能：①保护细菌免受干燥的影响；②贮藏养

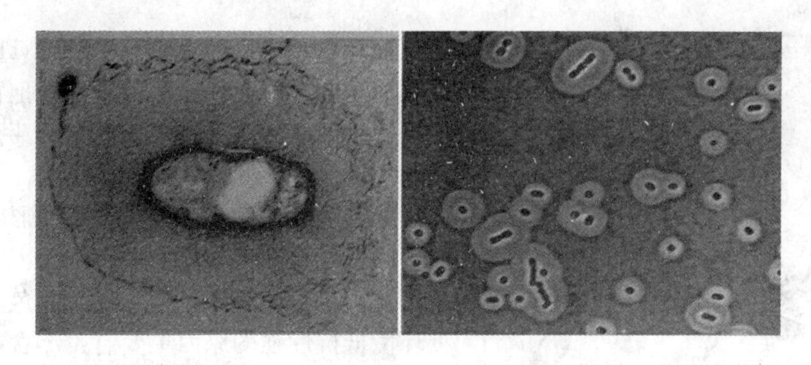

图 2-8　染色后荚膜

料，以备营养缺乏时重新利用；③与病原菌的毒性密切相关；④能抵抗吞噬细胞的吞噬。

有些细菌的荚膜物质可互相融合，连成一体，组成共同的荚膜，其中包含多个菌体，称为菌胶团。菌胶团的形状有球形、蘑菇形、椭圆形、分支状、垂丝状及不规则形，常见于污水生物处理时产生的活性污泥中（图 2-9）。

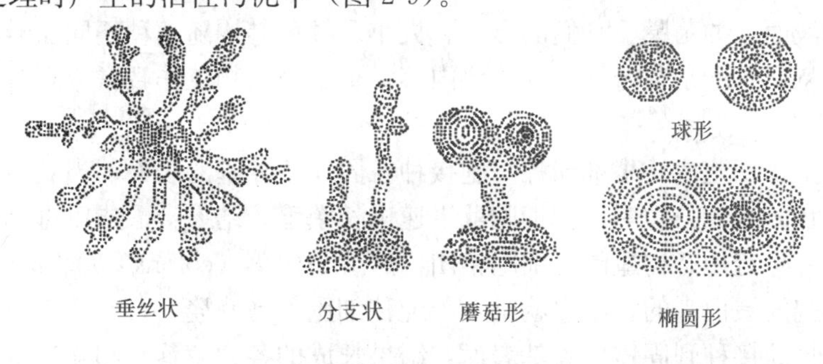

图 2-9　菌胶团

（2）鞭毛

鞭毛（flagella）是某些细菌长在体表的细长并呈波状弯曲的丝状物（图 2-10）。鞭毛易脱落，非常纤细，其直径仅为 10～20nm，长度往往超过菌体若干倍，经特殊染色法可在光学显微镜下观察到。鞭毛的数目为一根至数十根，具有运动的功能。不同细菌鞭毛的着生位置不同，有一端单生、两端单生、一端丛生、两端丛生及周生，端生的还有极端生和亚极端生。鞭毛的数目和着生方式是细菌分类的重要依据。

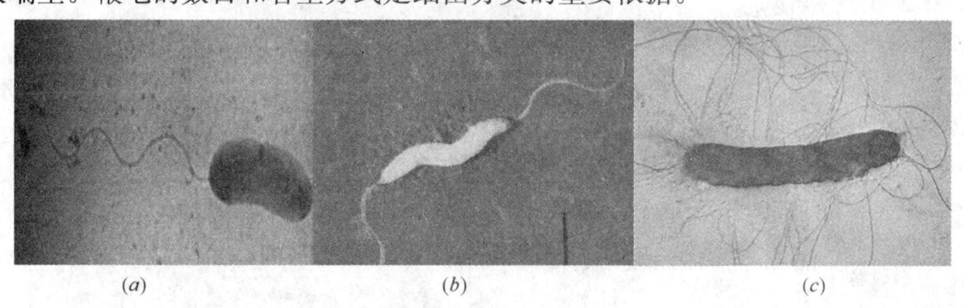

(*a*)　(*b*)　(*c*)

图 2-10　细菌鞭毛

(*a*) 单毛菌；(*b*) 双毛菌；(*c*) 周生鞭毛

（3）芽孢

芽孢（spore）：某些细菌在生活史的一定阶段，于营养细胞内形成一个圆形、椭圆形

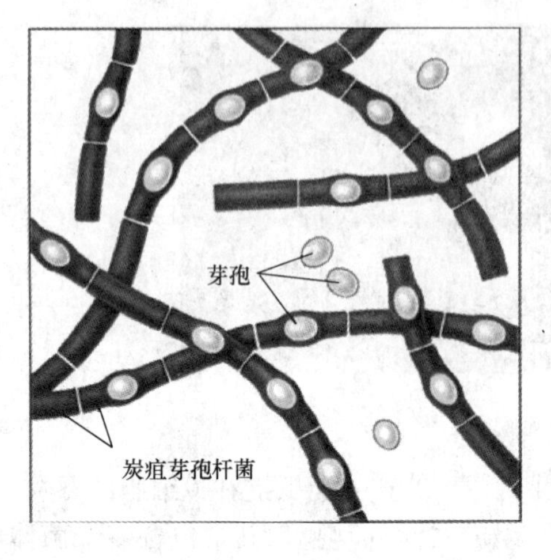

图 2-11 细菌芽孢

或圆柱形的结构，称为芽孢（图 2-11）。由于形成在菌体内，故亦称内生孢子。芽孢壁厚，含水量极低。由于一个细胞仅形成一个芽孢，故它无繁殖功能。

能否形成芽孢，芽孢的大小、形状以及在菌体中的位置是细菌分类的重要依据。芽孢不是繁殖器官，只是休眠体，而且不易着色。芽孢对不良环境抵抗性强的原因主要有：①含水量低；②有厚、致密的壁；③含与抗热性有关的吡啶二羧酸；④芽孢内具有抗热性的酶。

2.1.3 细菌的培养特征

细菌繁殖后的群体可在固体培养基的表面形成菌落，在斜面培养基上形成菌苔，在培养液中可形成凝絮和液面上的菌膜。它们的形态、大小及颜色等均随菌种不同而异。因此，群体形态（或培养特征）既是鉴定细菌的重要内容，也是微生物工作日常应观察的项目。

1. 菌落特征

将单个微生物细胞或一小堆同种细胞接种在固体培养基的表面，当它占有一定的发展空间并给予适宜的培养条件时，该细胞就迅速生长繁殖。结果会形成以母细胞为中心的一堆肉眼可见并有一定形态构造的子细胞集团，这就是菌落（colony）（图 2-12）。如果菌落是由 1 个单细胞发展而来的，则它就是 1 个纯种细胞群或克隆（clone）。如果将某一纯种的大量细胞密集地接种到固体培养基表面，结果长成的各“菌落”相互连接成一片，这就是菌苔（lawn）。描述菌落特征时须选择稀疏孤立菌落，其项目有大小、形态、隆起、边缘、表面状况、质地、颜色、透明度等。

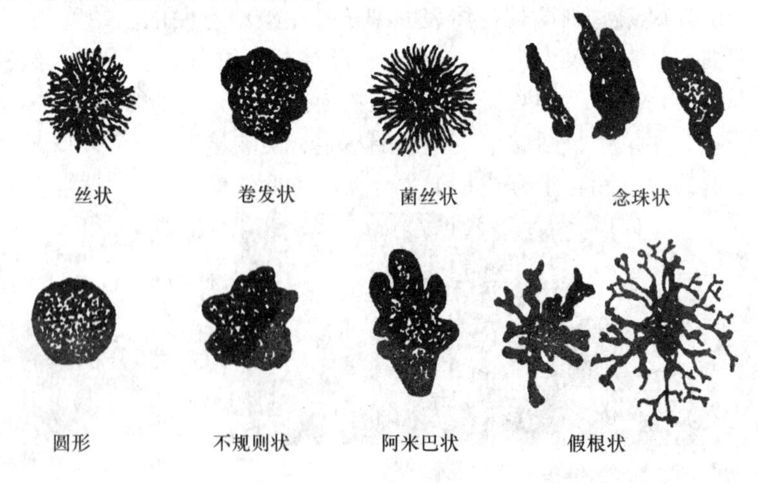

图 2-12 细菌菌落

2. 细菌的液体培养特征

细菌在液体培养基中生长，因菌种及需氧性等差异表现出不同的特征。当菌体大量增殖时，有的形成均匀一致的混浊液；有的形成沉淀；有的形成菌膜漂浮在液体表面。有些细菌在生长时还可同时产生气泡、酸、碱和色素等（图 2-13）。

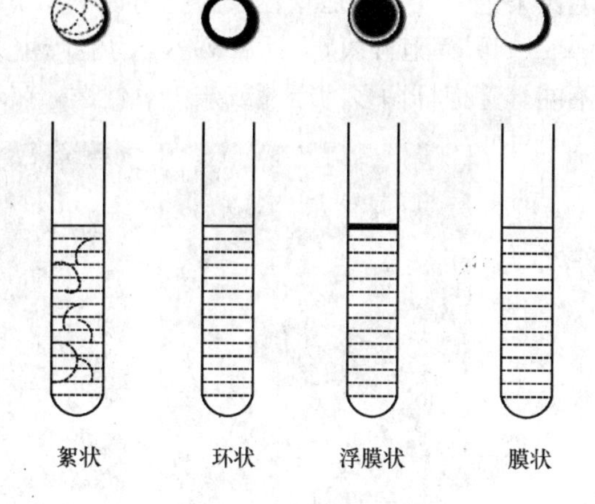

图 2-13　液体培养基中的细菌

2.1.4　环境中常见的细菌（图 2-14）

（1）微球菌属（*Micrococcus*）细胞呈球形，直径 0.5～3.5μm，单生、成对或形成四联、八叠或不规则聚集。一般不运动，革兰氏染色阳性，含有胡萝卜素类色素，常形成有色的菌落。需氧性微生物，生长适宜温度为 26～30℃，常存在于土壤及淡水中，亦可见于皮肤上。

（2）葡萄球菌属（*Staphylococcus*）细胞呈球形，直径 0.5～1.5μm，单生、成对或堆集成葡萄状，不运动，含有胡萝卜素类色素。兼性厌氧微生物，生长适宜温度为 35～40℃，适宜 pH 为 7～7.5，常寄生于动物体上，有致病性。

（3）假单胞菌属（*Pseudomouas*）是一个大属，包括 200 多种菌，环境中极为常见，在自然界物质转化中起着广泛而重要的作用。菌体直形或微呈弯杆状，革兰氏染色阴性，不产芽孢，具端生鞭毛能运动，鞭毛一根或丛生。化能有机营养型，需氧微生物，能利用多种有机物包括一些较复杂不易为其他微生物利用的化合物。

（4）动胶菌属（*Zoogloea*）细胞呈杆状，幼龄菌体借端生单鞭毛活泼运动，后聚集成絮毛状群落，革兰氏阴性，无芽孢。化能有机营养型需氧菌，此属菌常见于污水生物处理曝气池中。

（5）埃希氏菌属（*Escherichia*）为肠杆菌科的代表属。杆状，借周生鞭毛运动或不运动，无芽孢，革兰氏阴性。兼厌氧性菌，在普通培养基上生长迅速。本属只有一种，即大肠埃希氏菌（*E. coli*），简称大肠杆菌，为重要的粪便污染指示菌，亦为微生物学科研中的常用菌种。广泛存在于自然界及人与动物的肠道内，少数种具有致病性。

（6）产碱杆菌属（*Alcaligenes*）呈杆状或短杆状，借 1～4 根周生鞭毛运动。革兰氏染色阴性，无芽孢。异养型，需氧菌，有的种能利用硝酸盐进行无氧生长。存在于淡水、海水及腐败食品中。亦常见于脊椎动物肠道内，但不是寄生致病菌。

（7）不动杆菌属（*Acinetobacter*）呈短杆状，近似球形，革兰氏染色阴性，无芽孢。绝对需氧。腐生性，广泛分布于环境中。

（8）节杆菌属（*Arthrobacter*）细胞随发育阶段而变形，老龄菌体呈球形，移植到新培养基中后，球状细胞伸长成杆状细胞。有的 2～4 处伸长呈分枝状，然后细胞分裂成杆状，菌体长短不一，直或弯。革兰氏染色阳性为主，异养型需氧菌，最适宜生长温度为 20～30℃，是典型的土壤细菌。

（9）黄杆菌属（*Flavobacterium*）细胞呈球杆状或细杆状，借周生鞭毛运动或不运动，革兰氏染色阴性。在固体培养基上的菌落呈黄色、橘黄色、红色或棕色，色调因环境条件不同而改变。广泛分布于土壤、水及各种食品上。

（10）气单胞菌属（*Aeromonas*）细胞呈杆状，两端圆形，多借一根端生鞭毛运动，革兰氏染色阴性。最适宜生长温度为30℃，pH5～9，常见于水体中。

(11) 芽孢杆菌属（*Bacillus*）为能产生芽孢的杆状菌，产生芽孢后，其菌体外形有所不同。芽孢杆菌多为需氧或兼厌氧性菌，在环境各种有机质的转化与分解中起重要作用。

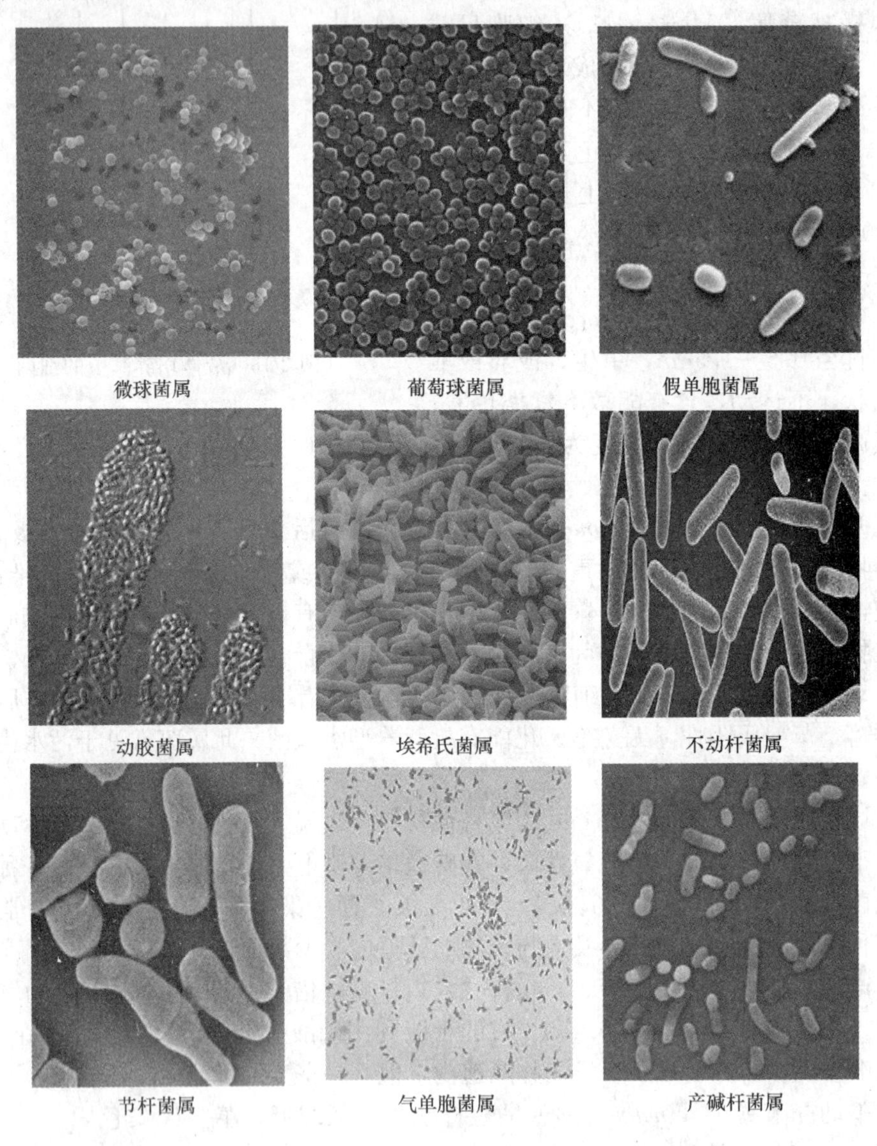

微球菌属　葡萄球菌属　假单胞菌属

动胶菌属　埃希氏菌属　不动杆菌属

节杆菌属　气单胞菌属　产碱杆菌属

图2-14　环境中常见的细菌

2.2　放　线　菌

放线菌是一类细胞呈分支丝状的原核微生物，因基内菌丝呈放射状生长而得名，多数为革兰氏阳性。放线菌多为腐生，少数为寄生。其中，腐生型放线菌在自然界的物质循环中起着十分重要的作用，而某些寄生型放线菌则是人、动物的致病菌。研究表明，很多种类的放线菌均能产生抗生素。据估计，全世界共发现4000多种抗生素，其中绝大多数由放线菌中的链霉菌属产生，如临床所用的四环素、链霉素、头孢霉素、利福霉素等以及农业上所用的井冈霉素、庆丰霉素等。还有些放线菌可用于生产维生素、酶制剂等。此外在石油脱蜡、烃类发酵、污水处理等方面放线菌也有很好的应用。

2.2.1 放线菌的形态结构

放线菌为具有分枝的丝状菌，菌丝无隔膜，革兰氏染色阳性。放线菌的菌丝根据形态与功能不同，可分为基内菌丝、气生菌丝与孢子丝。基内菌丝又称营养菌丝，生长在培养基内，其主要功能为吸收营养物。由基内菌丝长出培养基外伸向空中的菌丝称为气生菌丝。孢子丝是放线菌生长至一定阶段，在其气生菌丝上分化出可以形成孢子的菌丝。孢子丝的形状以及在气生菌丝上的排列方式，随不同菌种而不同，有直形、波浪形、螺旋形等，有的交替着生，有的丛生或轮生。螺旋形孢子丝的螺旋数、疏密度、旋转方向等均为种的特征。表面、颜色等均为放线菌鉴定菌种的依据（图 2-15）。

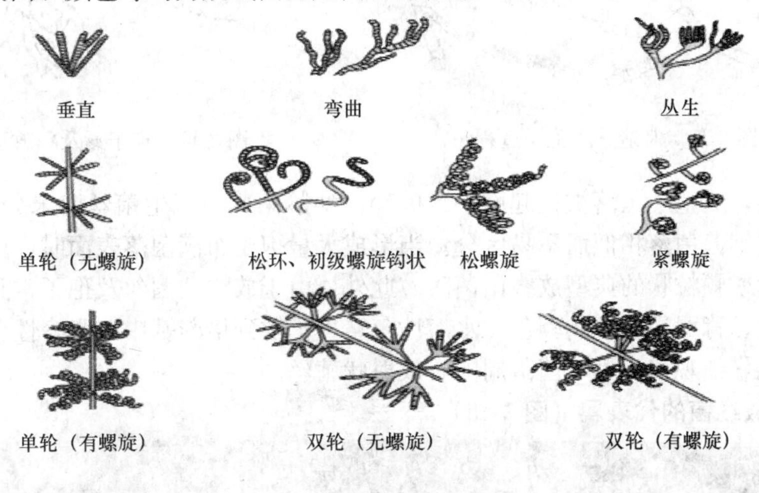

图 2-15 放线菌孢子丝

2.2.2 放线菌的繁殖与菌落特征

放线菌通过无性孢子及菌丝片段等进行繁殖，其中以分生孢子为主。

1. 分生孢子

通过用电子显微镜观察超微结构的研究表明，放线菌通过产生横隔膜的方式使孢子丝分裂成为一串分生孢子。孢子在适宜环境中吸收水分，膨胀萌发，长出 1～4 根芽管，形成新的菌丝体（图 2-16）。

2. 孢囊孢子

少数放线菌在菌丝上产生孢子囊。孢子囊成熟后破裂，释出大量孢囊孢子，每个孢囊孢子即可繁殖成一个新菌体（图 2-17）。

3. 菌丝片段

放线菌的任何菌丝碎段均可长成一个新菌体，此种情况在液体振荡培养条件下常可见到。

放线菌菌落特征介于霉菌与细菌菌落之间。放线菌的气生菌丝较细，生长缓慢，菌丝分枝互相交错缠绕，因而形成的菌落质地致密，表面呈紧密的绒状，或坚实、干燥、多皱状，菌落较小而不致广泛延伸。放线菌基内菌丝长在培养基内，故菌落与培养基结合紧

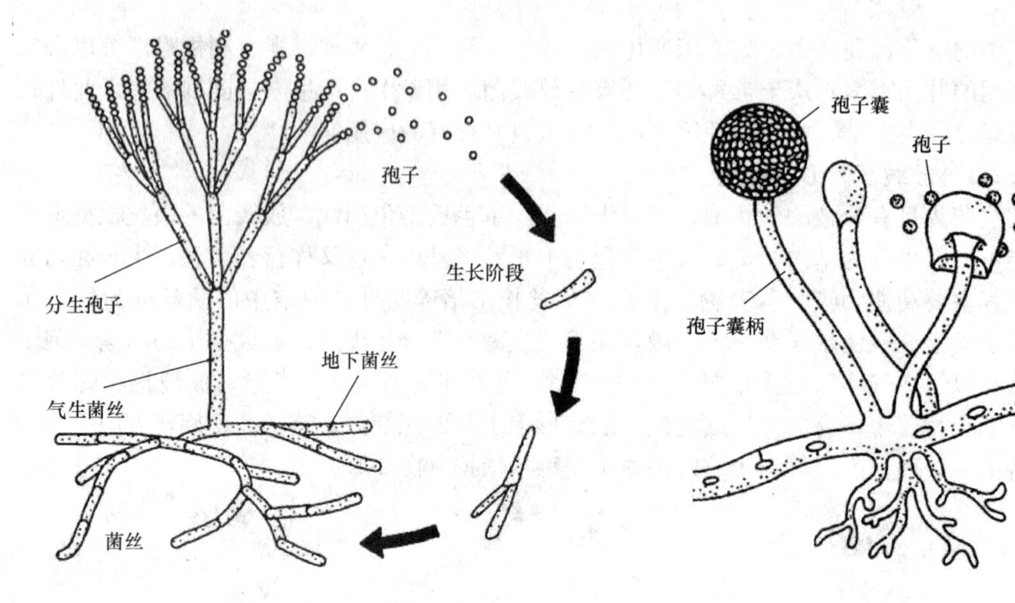

图 2-16　制造分生孢子过程　　　　图 2-17　孢子囊及释放孢囊孢子过程

密，不易挑起，或整个菌落被挑起而不致破碎。幼龄菌落因气生菌丝尚未分化成孢子丝，故菌落表面与细菌菌落相似而不易区分。当形成大量孢子布满菌落表面时，就形成外观为绒状、粉末状或颗粒状的典型放线菌菌落。此外，由于放线菌菌丝及孢子常具有色素，也使菌落的正面、背面呈现不同颜色。水溶性色素可扩散到培养基中，脂溶性色素则不能扩散。以放大镜仔细观察可见，菌落周围有放射状菌丝。

2.2.3　放线菌的代表属（图 2-18）

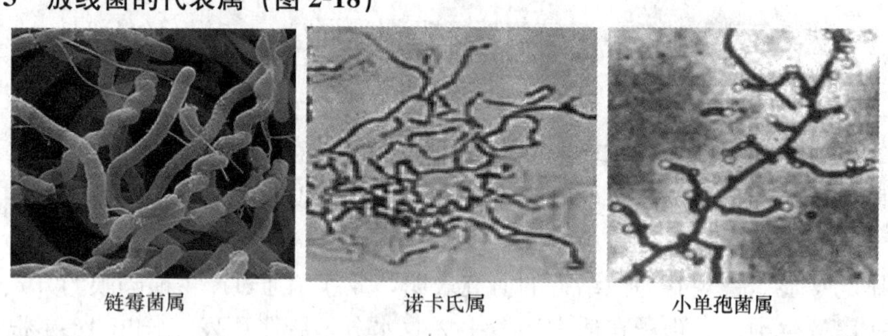

图 2-18　放线菌的代表属

(1) 链霉菌属（*Streptomyces*）菌丝无隔膜，在气生菌丝顶端发育成各种形态的孢子丝，主要借分生孢子繁殖。已知的链霉菌属放线菌有千余种，多生活在各类土壤中。链霉菌属菌能分解多种有机质，是产生抗生素菌属的主要来源，近年来发现有的链霉菌能产生致癌物或促癌物。

(2) 诺卡氏菌属（*Nocardia*）又称原放线菌。气生菌丝不发达，菌丝产生横隔使之断裂成杆状或球状孢子，菌落小，有红、橙、粉红、黄、黄绿、紫及其他颜色。大部分诺卡氏菌系需氧性腐生菌，少数厌氧寄生。其中许多种还在自然界有机质转化及污水生物处理中起着重要作用，如用于烃类的降解、氰与腈类转化等。

(3) 小单孢菌属（*Micromonospora*）菌丝较细，无横隔，不形成气生菌丝，只在基内菌丝上长出孢子梗，顶端生一个分生孢子，菌落较小，此属多分布于土壤及污泥中。

2.3 鞘 细 菌

鞘细菌（*sheathed bacteria*）为单细胞连成的丝状体细菌。丝状体外包围一层由有机物或无机物组成的鞘套，故称鞘细菌。丝状体不分枝或假分枝，其繁殖靠游动孢子或不能游动的分生孢子，生存于淡水或海水中。常见的鞘细菌代表属：

(1) 球衣菌属（*Sphaerotilus*）细胞串生成丝状，大多数具有假分枝。当一个孢子自丝鞘上端放出，可附着在另一丝鞘上发育成新菌丝，菌丝间无内在联系，故为假分枝。球衣菌能形成具有端生鞭毛的游动孢子，属化能有机营养型，为专性需氧菌。分解有机物能力较强，适宜 pH 为 6～8，常生存于流动的、有机物污染的淡水中，为活性污泥曝气池中的常见菌种，但当其数量过多时会引起污泥膨胀（图 2-19）。

(2) 铁细菌属（*Crenothrix*）亦为具鞘的丝状菌，丝状体多不分枝。由于此属菌能将低铁氧化为高铁，故称铁细菌（图 2-20）。其生成的 $Fe(OH)_3$ 常沉积于鞘套中，使菌丝体呈黄褐色。铁细菌菌丝一端常附着在固体物上，上端细胞可形成球形的分生孢子，当下层细胞分裂增长时将孢子推出鞘外，鞘的上部常因孢子增多而膨大。这类菌广泛存在于自然界，在铁素循环中占有重要地位，铁质水管腐蚀与堵塞常可因环境中铁细菌活动引起。

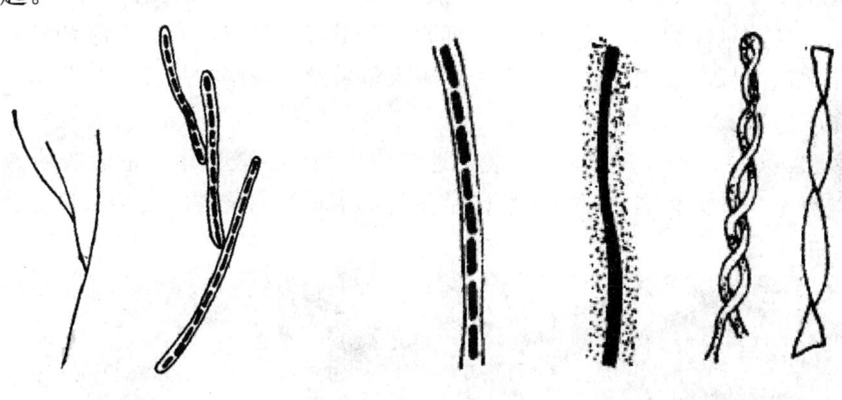

图 2-19 球衣菌　　图 2-20 铁细菌

2.4 蓝 细 菌

蓝细菌是一类含有叶绿素 a，具有放氧性光合作用的原核生物，过去一直被称为蓝藻或蓝绿藻。蓝细菌的形态多样：单细胞为球状或杆状，单细胞可连成丝状或聚集成团。许多蓝细菌能向细胞外分泌类似细菌荚膜的胶粘物质，形成外膜或鞘，使细胞群或丝状体结合在一起。

蓝细菌的细胞壁与革兰氏阴性细菌的相似，外层为脂多糖层，内层为肽聚糖层。蓝细菌的光合色素有叶绿素 a、藻胆素和类胡萝卜素，藻胆素包括藻兰素和藻红素。藻兰素与叶绿素 a 一起，使蓝细菌呈绿色。产藻红素的蓝细菌则呈红色或橙色，如红海所具有的红色就是产藻红素的蓝细菌赋予的。

许多蓝细菌的细胞质中有气泡，使细胞浮在上层水内并保证细胞的浮力，调节细胞距离水面的深浅，以利于吸收适当的光线进行光合作用。蓝细菌以分裂方式进行繁殖，少数蓝细菌可形成孢子。孢子壁厚，能抵抗不良环境。连成丝状的蓝细菌其细胞链断裂而形成的片段称为链丝段，具有繁殖功能。

蓝细菌在自然界中分布广泛。多种蓝细菌生存于淡水中，是水生态系统食物链中的重要一环。当其恶性增殖时，可形成“水华”（water bloom），造成水质恶化与污染。有的蓝细菌生于海水甚至深海中，海洋中的“赤潮”（red tide）有时系因某类蓝细菌大量繁殖而致。蓝细菌的常见属（图 2-21）：

（1）微囊藻属（*Microvystis*）是池塘湖泊中常见的种类。细胞小，一般为球形，许多细胞密集在一个共同的胶团中，浮游于水中。我国湖泊中的常见种类为铜锈微囊藻。某些铜锈微囊藻的毒株含有微囊藻毒，它是由 10 个氨基酸组成的多肽，致死的最低剂量是 0.5mg/kg。

（2）颤藻属（*Oscillatoria*）个体为多细胞圆柱状的丝状体，呈直形或弯曲形，不分枝，没有异形胞。由一串细胞形成的丝状体，没有胶鞘，大小一致或两端逐渐变尖，末端细胞常变圆，亦有呈头状的。丝状体能在水中颤动或滑动，生长于污水中或潮湿土地上。我国常见种类为泥生颤藻、巨颤藻等。

（3）鱼腥藻属（*Anabaena*）个体为多细胞丝状体，单独或成胶团的群体。丝状体为直形或弯曲状，少数呈螺旋状，外有胶鞘。细胞呈圆形或腰鼓形，有异形胞和静止孢子。在池塘湖泊中大量生长形成水华，在水田中也可大量繁殖。我国常见种类有曲鱼腥藻、固氮鱼腥藻及多变鱼腥藻。

（4）念珠藻属（*Nostoc*）菌丝常不规则地弯曲在坚固的胶鞘中，形成胶块。细胞和鱼腥藻相似，有不少种类有固氮能力。我国常见的地木耳及内蒙古的发菜都是念珠藻，雨后大量繁殖，可供食用。

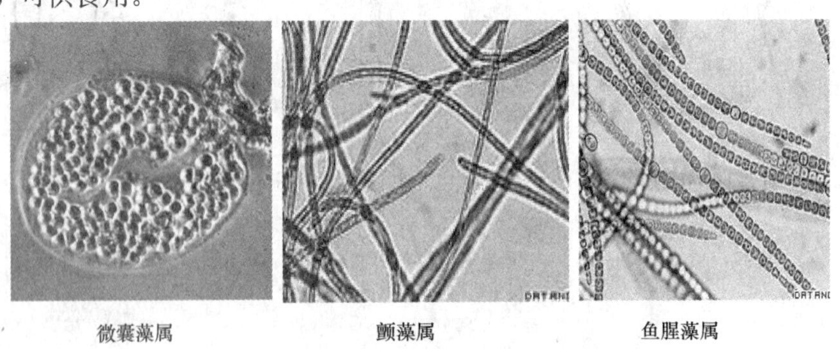

图 2-21　常见蓝细菌代表属

2.5　古　　菌

古菌是一群独特的单细胞生物，多生活在地球上的极端环境中，可自养和异养生活。

古菌具有特殊的生理功能，如耐超高温、耐高酸碱度、耐高盐以及极端厌氧等；具有独特的细胞结构，如细胞壁骨架为蛋白质或假胞壁酸，细胞膜含甘油醚键；具有独特的酶作用方式，既不同于细菌，也不同于真菌。古菌可分为五个类群：产甲烷菌、硫酸盐还原菌、极端嗜盐菌、无细胞壁古菌、极端嗜热和超嗜热代谢元素硫的古菌（图 2-22）。其中，产甲烷菌与有机污染物的厌氧降解以及废水厌氧生物处理关系密切。

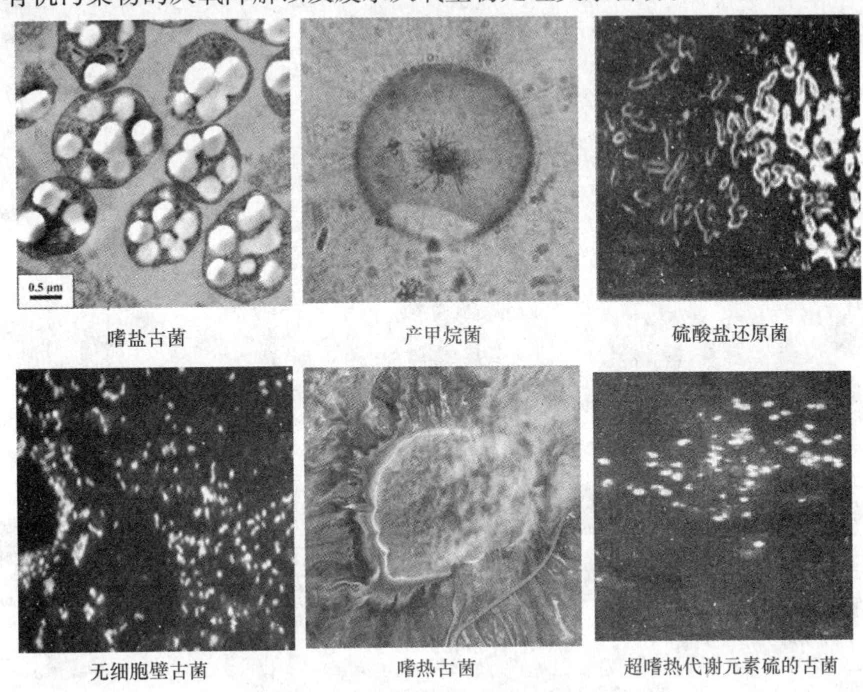

图 2-22　常见的古菌

产甲烷菌是一群极端厌氧、化能自养或化能异养的微生物，其代谢产物无一例外包括甲烷，由此得名。早在大约 150 年前，人们就认识了产甲烷菌，并对它产生极大的兴趣，原因是产甲烷菌能产生有经济价值的清洁的生物能源物质一甲烷。随着对产甲烷菌的深入研究，产甲烷菌新种不断被发现，截至 2009 年已发展为 4 目、12 科、31 属。产甲烷菌在形态上具有多样性，从已分离的产甲烷菌可分为球形、八叠球状、短杆状、长杆状、丝状和盘状。产甲烷菌是严格的厌氧菌，不能生活在有氧环境中，为化能有机营养或化能无机营养型。进行自养生长时，以 CO_2 为碳源，利用 H_2 还原 CO_2 合成自身有机物，利用甲烷发酵或乙酸盐呼吸来获取生命活动所需的能量，乙酸可刺激生长。某些种需要氨基酸、酵母膏和酪素水解物等作为生长因子。所有的产甲烷古细菌都能利用 NH_4^+ 为氮源，少数种可以固定分子态氮。

思 考 题

1. 原核生物的基本结构和附属结构有哪些？各有何特点？
2. G^+ 细菌和 G^- 细菌细胞壁的结构和组成有何差别？
3. 简述革兰氏染色机理？

4. 何为芽孢？芽孢抗性强的原因是什么？
5. 何为蓝细菌？蓝细菌与水体富营养化有何关系？
6. 何为古菌？古菌有哪些主要类群？
7. 放线菌有哪几种菌丝？各菌丝的功能是什么？

第3章 真核微生物

相对于原核微生物来说，真核微生物的细胞核由核膜、核仁、染色质和核基质构成。真核微生物主要包括：真菌、显微藻类和原生动物。

3.1 真菌的形态与繁殖

真菌（fungus）的细胞结构比较完整，有细胞壁和完整的核，少数为单细胞，大多数为多细胞，不能进行光合作用，是靠寄生或腐生方式生活的真核微生物。真菌在细胞构造与繁殖方式上有许多地方与藻类相似，但真菌不含叶绿素，不能进行光合作用，生存的方式主要为腐生和寄生。真菌与原生动物主要区别在于，前者有比较坚硬的细胞壁而后者没有。

真菌在自然界分布极为广泛，它们存在于土壤、水体、大气和生物体内外，真菌对于推动自然界物质转化以及人类生产生活各方面均有重要作用。现已记载的真菌约12万余种，分别归于霉菌、酵母菌及蕈菇中。

3.1.1 真菌的形态

真菌的形体比细菌大，在光学显微镜下容易观察到。大多数真菌具有分枝状的丝状结构，称为菌丝。真菌菌丝分为两类（图3-1），一类为无隔菌丝，即菌丝没有横隔壁，可视为一个单细胞，具有多个细胞核，如低等真菌中的根霉、毛霉、水霉等的菌丝。另一类是有隔菌丝，这一类菌丝中有许多横隔膜，而横隔膜上有小孔，细胞内的物质仍能够像无横隔的菌丝那样在整个菌丝内传递。将其分隔成多个细胞，每个细胞中有1个、2个或多个细胞核。

有的真菌不形成菌丝，例如酵母菌，多数情况下是单细胞核，仅在繁殖阶段形成多细胞核。有的酵母细胞与子代细胞连在一起形成链状，称为假菌丝。

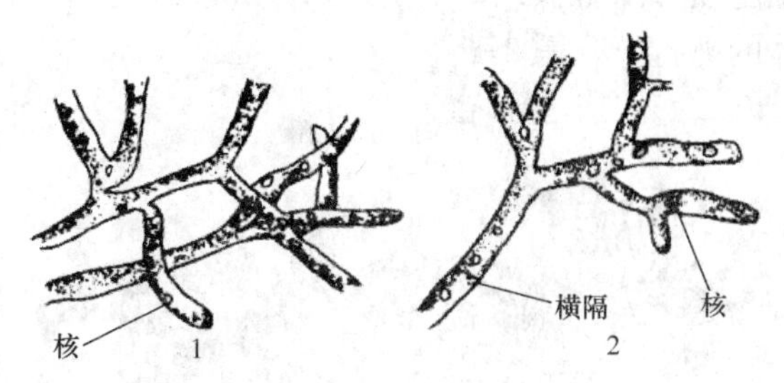

图3-1 真菌菌丝形态

1—无横隔；2—有横隔

真菌中的霉菌也称小型丝状真菌，凡生长在可利用的底物上形成绒毛状、网状或絮状体的真菌，除少数外都称为霉菌。它们因易于引起食品、木材及许多有机材料霉变而得名。霉菌的菌落由分枝状菌丝组成，菌落比细菌（包括产生菌丝的放线菌）疏松，呈绒毛状、絮状或蜘蛛网状，一般比细菌菌落大几十倍。一些霉菌生长很快，其菌丝可在培养基表面蔓延以至菌落没有固定大小。由于霉菌形成的孢子具有不同形状和颜色，所以菌落表面往往呈现不同的结构与色泽特征。

霉菌菌丝分成两种基本类型：一种是长在培养基内部的菌丝，菌丝无分隔，可以产生各种水溶性、脂肪性色素，使培养基着色，具有吸收营养和排泄代谢废物的功能，称为基内菌丝。另一种是从基质伸向空气中，为了孢子的形成而生长的菌丝，称为气生菌丝（图 3-2）。

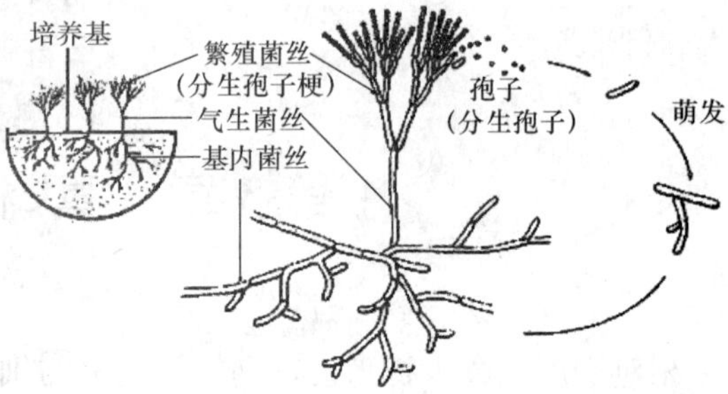

图 3-2　真菌气生菌丝和基内菌丝

3.1.2　真菌的繁殖

1. 无性繁殖

真菌的繁殖：真菌的繁殖包括无性繁殖和有性生殖。无性繁殖是指营养体不经过核配和减数分裂产生后代个体的繁殖。它的基本特征是营养繁殖通常直接由菌丝分化产生无性孢子。常见的无性孢子有三种类型：

（1）游动孢子：形成于游动孢子囊内。游动孢子囊由菌丝或孢囊梗顶端膨大而成。游动孢子无细胞壁，具有鞭毛，释放后能在水中游动。

（2）孢囊孢子：形成于孢囊孢子囊内。孢子囊由孢囊梗的顶端膨大而成。孢囊孢子有细胞壁，水生型有鞭毛，释放后可随风飞散。

（3）分生孢子：产生于由菌丝分化而形成的分生孢子梗上，顶生、侧生或串生，形状、大小多种多样，单胞或多胞，无色或有色，成熟后从孢子梗上脱落。有些真菌的分生孢子和分生孢子梗还着生在分生孢子果内。孢子果主要有两种类型，即近球形的具孔口的分生孢子器和杯状或盘状的分生孢子盘（图 3-3）。

2. 有性生殖

有性生殖是经过两个性细胞结合后细胞核通过减数分裂产生孢子的繁殖方式。多数真菌由菌丝分化产生性器官（即配子囊），通过雌、雄配子囊结合形成有性孢子，常见的有性孢子有四种类型（图 3-5）：

（1）卵孢子：卵菌的有性孢子。是由两个异型配子囊-雄器和藏卵器接触后，雄器的细胞质和细胞核经受精管进入藏卵器，与卵球核配，最后受精的卵球发育成厚壁的、双倍体的卵孢子（图 3-4）。

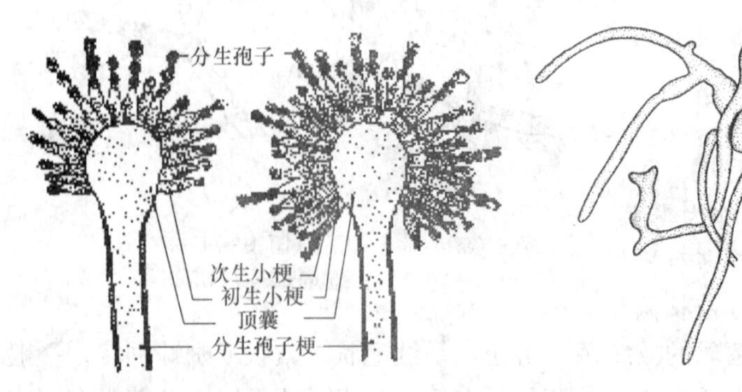

图 3-3　曲霉分生孢子头

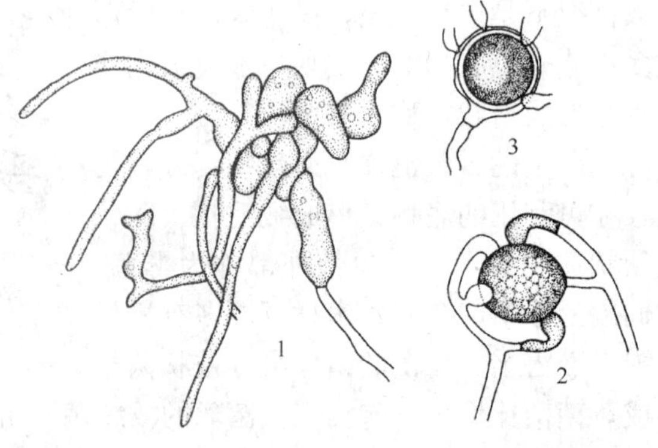

图 3-4　卵孢子

1—孢子囊；2—藏卵器和雄器；3—卵孢子

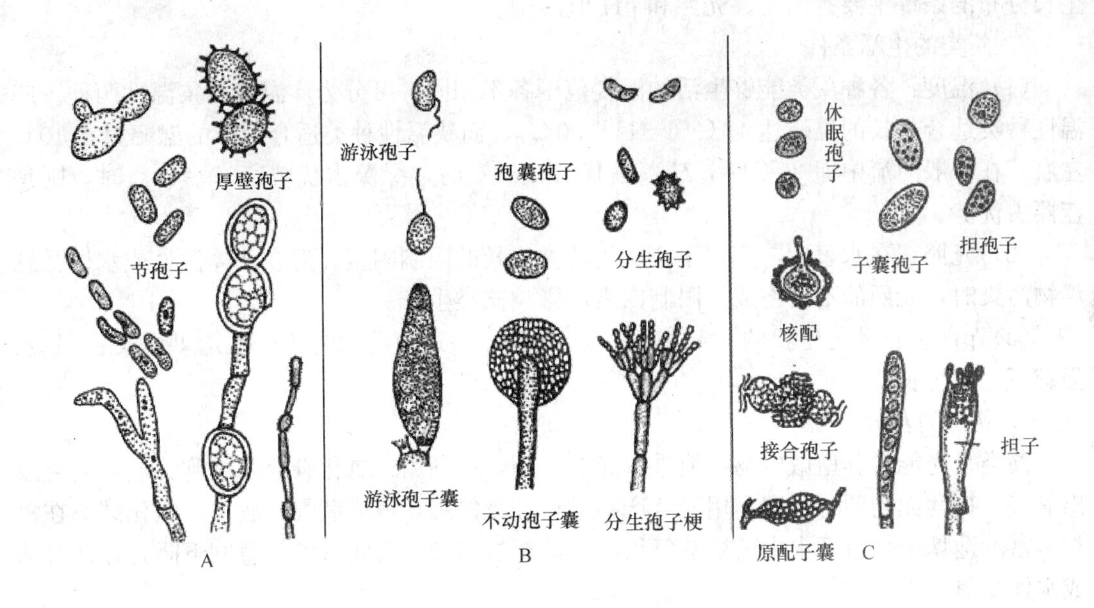

图 3-5　真菌的各种孢子形态

（2）接合孢子：接合菌的有性孢子。是由两个配子囊以配子囊结合的方式融合成 1 个细胞，并在这个细胞中进行质配和核配后形成的厚壁孢子。

（3）子囊孢子：子囊菌的有性孢子。通常是由两个异型配子囊—雄器和产囊体相结合，经质配、核配和减数分裂而形成的单倍体孢子。

（4）担孢子：担子内的双核经过核配和减数分裂，最后在担子上产生 4 个外生的单倍体的担孢子。

3.1.3　大型真菌

在自然界中，存在一大类能产生子实体的真菌，大部分可食用，如双孢蘑菇、银耳、香菇、平菇和金针菇等（图 3-6）。其最大特征是形成颜色各异、大小不同的肉质子实体。这些大型真菌是食用菌、药用菌的重要组成部分。

图 3-6　大型真菌

3.2　藻　　类

3.2.1　藻类分布和生理特性

藻类主要分为 10 个门，如蓝藻门、裸藻门、轮藻门、甲藻门、隐藻门、金黄藻门（包括硅藻等浮游藻）、红藻门、绿藻门和褐藻门。而生殖构造复杂的轮藻门则属于植物界。大型藻中一般仅有红藻门、绿藻门和褐藻门等为大型肉眼可见的固著性藻类。

1. 藻类的分布

藻类虽然主要为水生，但无处不在，分布范围从温带的森林到极地的苔原。影响藻类生长分布的条件主要有温度、光照和 pH 值。

2. 藻类的生活条件

(1) 温度：各种藻类能够生活的温度范围各不相同，可分为广温性和狭温性两种。广温性种类适合生长的温幅达 41℃（−11～30℃）；而狭温性种类适合生长的温幅只有 10℃左右。在一般河流中即 20℃时，硅藻占优势；30℃时，绿藻占优势；35～40℃时，则是蓝藻占优势。

(2) 光照：在水表面，光照不会成为藻类生长的限制因素。但在水体深处或水体受悬浮物污染时，光照的不足将成为限制因素而影响藻类生长。

(3) pH 值：藻类生长的 pH 值范围为 4～10，最适值范围为 6～8。有些种类在强酸、强碱下也能生长。

3. 藻类的营养特征

藻类是光能自养型微生物，能进行光合作用，可利用二氧化碳合成细胞物质，同时放出氧气。夜间无光照时，则利用光合产物进行呼吸作用，消耗氧气、放出二氧化碳。在藻类丰富的池塘中，白天水中的溶解氧很高，甚至过饱和；夜间溶解氧急剧下降，往往会造成水体缺氧。

4. 藻类的繁殖

藻类繁殖方式主要有有性繁殖、无性繁殖和营养繁殖三大类。

有性繁殖过程中的生殖细胞叫配子，产生于配子囊，一般情况下，配子必须两两结合为合子，由合子萌发长成新个体，或合子产生孢子长成新个体。

无性繁殖是通过产生不同类型的孢子进行的，产生孢子的母体叫孢子囊，孢子囊是单细胞的，孢子不需结合，一个孢子产生一个新个体。

许多单细胞藻类营养繁殖是通过细胞分裂进行的，而丝状类型藻类营养繁殖是指通过营养体的一部分从母体分离开去，进而直接形成一个独立生活的新个体。

3.2.2 主要藻类的特征

1. 金藻门

多产于淡水中，特别是在水温较低的软水水体中尤为常见。植物体多为单细胞或群体，少数为多细胞丝状体。运动细胞多具 1～2 条鞭毛。细胞内多具有色素体，以胡萝卜素和叶黄素占优势。

2. 硅藻门

硅藻门广布于海水和淡水中，多营浮游生活。植物体由单细胞构成或互相连接成群体。细胞壁由两个瓣片套合而成，其成分含有果胶质和硅质，而不含纤维素。细胞内具有一至数个金褐色的色素体。硅藻可借助细胞分裂进行营养繁殖。

3. 甲藻门

甲藻门多产于海洋中，营浮游生活，有时在海岸线附近大量繁殖，形成赤潮，多数是单细胞的，少数为群体或丝状体（图 3-7）。除少数种类裸露无壁外，多数具有由纤维素构成的细胞壁。甲藻的细胞壁称为壳，是由许多具有花纹的甲片相连而成的。细胞内含有 1 个或多个色素体，呈黄绿色或棕黄色，繁殖方式主要是细胞分裂。

4. 裸藻门

裸藻门裸藻又称眼虫或眼虫藻，多生于富含动物性有机质的淡水中，营浮游生活（图

图 3-7　甲藻门

3-8)。大量繁殖时，常使水呈绿色、黄褐色或红色。除柄裸藻属外，全为顶端生有鞭毛，能运动而无细胞壁的单细胞种类。繁殖方式主要是细胞分裂。

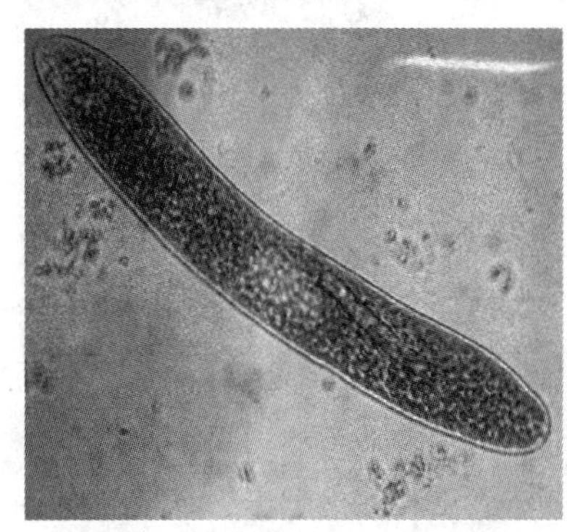
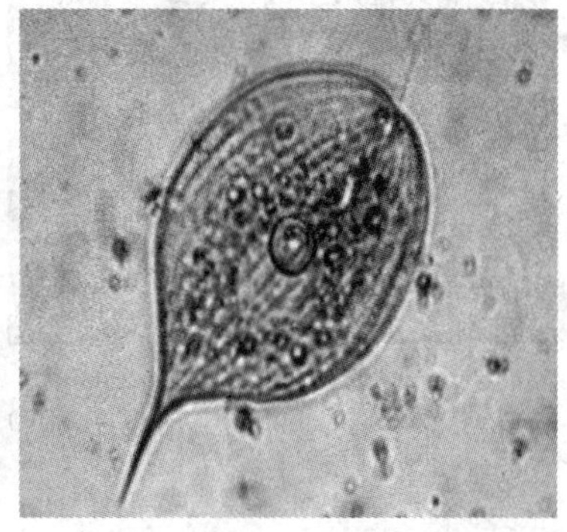

图 3-8　裸藻门

5. 绿藻门

绿藻门多生于淡水中，海产的种类较少，营浮游、固着或附生生活，还有少数种类为寄生或共生（图 3-9)。植物体有单细胞或群体的，也有多细胞的丝状体或片状体。色素体的形状和数目也常随种类不同而不同，所含的光合色素成分、含量以及同化产物均与高等植物相似。运动细胞多具有多条等长、顶生的鞭毛。有各种各样的繁殖方式，有些种类在生活史中有世代交替现象。在绿藻中如植物体为单细胞的小球藻属，群体的栅藻属，多细胞成丝状的水绵属和刚毛藻属等都是淡水中常见的种类。

6. 轮藻门

轮藻门广布于淡水或半咸水中，均营固着生活（图 3-10)。植物体都是由多细胞构成的，而且有类似根、茎、叶的分化，外形很像高等植物中的木贼和金鱼藻。体外多备有大量钙质，所以又有石草之称。光合色素成分及贮藏物都与绿藻相同，但生殖器官的结构和生活史比较特殊。轮藻在生活史中，都不产生无性孢子，有性生殖均为卵式生殖。

 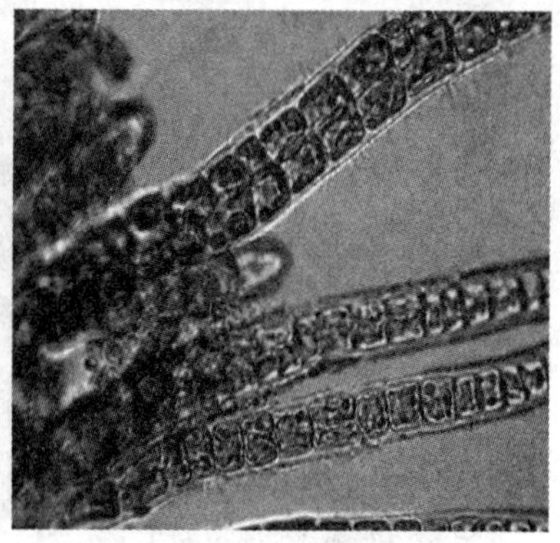

图 3-9　绿藻门

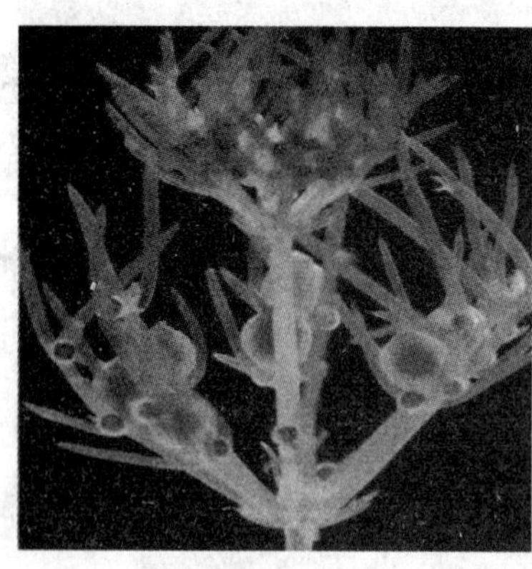 

图 3-10　轮藻门

3.3　原　生　动　物

原生动物是动物界中最低等的一类真核单细胞动物，个体由单个细胞组成。原生动物门中的分类约有 30000 种。原生动物是单细胞，细胞内有特化的各种胞器，具有维持生命和延续后代所必需的一切功能。

3.3.1　原生动物的形态与构造

原生动物形态多样，大小多为 100～300μm，原生动物虽为单细胞生物，但结构相对复杂。原生动物细胞不具细胞壁；细胞质软而薄，或者硬而厚；细胞核为真核，数量为一个或多个。

原生动物可以形成不同的“胞器”，行使不同的功能。能够与多细胞动物一样，进行摄食、呼吸、排泄、生殖等生命活动。鞭毛、纤毛、刚毛、伪足是运动胞器；胞口、胞咽、食物泡、吸管，是摄食、消化、营养的胞器；收集管、伸缩泡和胞肛是排泄胞器；眼点是感光的胞器。

3.3.2　原生动物的营养与繁殖

大部分原生动物进行异养生活，以吞食细菌、真菌、藻类等有机体为生；或以有机残体、腐烂物、有机颗粒为食；少数含有光合色素，能像植物一样进行自养生活。

3.3.3 原生动物的繁殖

繁殖方式有无性繁殖和有性繁殖两种。无性繁殖可以通过二分裂（纵分裂或横分裂）或多分裂的方式进行，也可通过出芽生殖的方式进行（如吸管虫）（图 3-11）。有性繁殖通常发生于环境条件不利的场合，或种群已进行长时间的无性繁殖，需要有性繁殖交替以增强活力的场合。绝大部分原生动物可以形成休眠体（又称孢囊），以抵抗不良环境。当环境条件适宜时，又复萌发，长出新细胞。

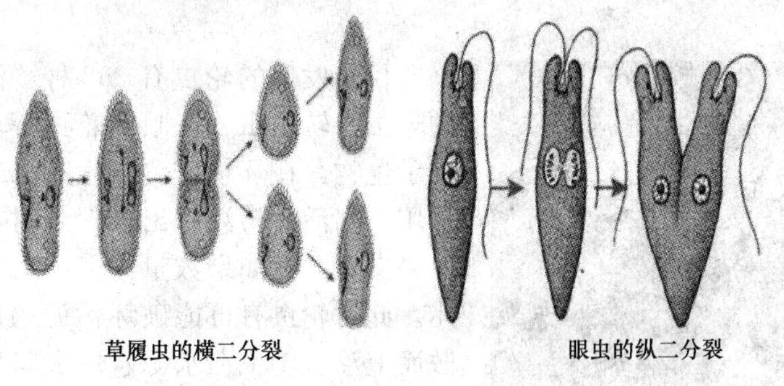

图 3-11　原生动物无性繁殖

3.3.4 原生动物的分布与污水处理

原生动物生态分布广泛，大部分土壤和水环境中都可发现其踪影，例如有机物质丰富的水沟、池沼、污泥中。

原生动物在污水生物处理中的作用：

（1）直接参与污水废物的去除。动物性营养型的原生动物（图 3-12），如动物性鞭毛虫、变形虫、纤毛虫等能直接利用水中的有机物质，对水中有机物的净化起一定的积极作用。

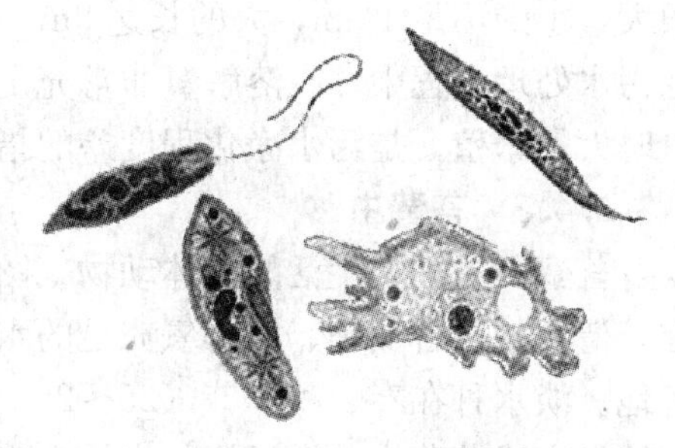

图 3-12　污水处理中常见的原生动物

（2）产生絮凝物质，促进活性污泥的形成。小口钟虫、累枝虫和尾草履虫等纤毛虫能分泌一些促进凝聚的糖类，使它们能够附着在小的絮凝体上，同时促进絮凝体进一步黏附细菌使污泥絮体增大。

（3）吞噬细菌，净化出水水质。

（4）以原生动物为指示生物。不同种类的原生动物对环境条件的要求不同，对环境变化的敏感程度也不同，所以可以利用原生动物种群的生长情况，判断生物处理构筑物的运转情况及污水净化的效果。

3.4　后　生　动　物

除原生动物外，后生动物是所有其他动物的总称。由于个体微小需借助显微镜或放大镜才能看清，所以也称为微型后生动物。主要包括：轮虫、线虫、苔藓虫和缀体虫等。它们是市政污水生物处理系统中的常见类群，可用作生物处理工况的指示生物。

3.4.1 轮虫（rotifer）

轮虫形体微小，多数轮虫身体由头、躯干和足三部分组成，多数不超过 0.5mm（图 3-13）。它们分布广，多数自由生活，有寄生的，有个体也有群体。废水生物处理中的轮虫为自由生活的，身体为长形，分头部、躯干及尾部，头部有一个由 1～2 圈纤组成的、能转动的轮盘，形如车轮故叫轮虫。轮虫广泛分布于湖泊、池塘、江河、近海等各类淡、咸水水体中，甚至潮湿土址和苔藓丛中也有它们的踪迹。轮虫因其极快的繁殖速率，生产量很高。

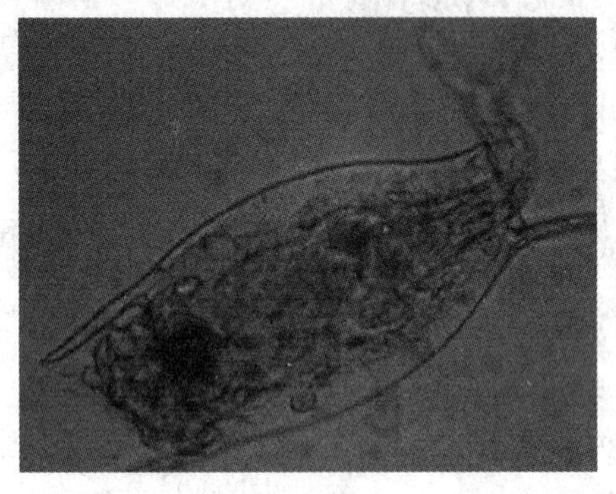

图 3-13　轮虫

目前发现的轮虫有 252 种，活性污泥中常见的轮虫有转轮虫、红眼旋轮虫等。轮虫也是一类指示生物，在环境监测和生态毒理研究中被普遍采用。当活性污泥中出现轮虫时，往往表明处理效果良好。但如果数量太多，则是污泥膨胀的前兆。此时轮虫有可能破坏污泥的结构，使污泥松散而上浮。轮虫在水源水中大量繁殖时，有可能阻塞水厂的砂滤池。大多数轮虫以细菌、霉菌、酵母菌、藻类、原生动物及有机颗粒为食。

3.4.2 线虫

线虫通常呈乳白、淡黄或棕红色。大小差别很大，小的不足 1mm，大的长达 8m（图 3-14）。在净化效果较好的污水中还会出现线虫。在污水处理过程中，在溶解氧非常充足的条件下才出现线虫，线虫属于兼性厌氧者，在缺氧时大量繁殖，是污水净化程度差的指示生物。

3.4.3 苔藓虫

苔藓虫是固定生活的群体动物（图 3-15）。个体小，不分节，具有体腔。苔藓虫喜欢在较清洁、富含藻类、溶解氧充足的水体中生活，能适应各地带的温度，广泛分布于世界各地。淡水种在春、秋季节（25～28℃）生长旺盛，水面有很多上一年的休眠芽，遇适宜环境发育成苔藓虫。微污染的水体中也有苔藓虫。在微污染源水生物预处理过程中如有大量苔藓虫出现，将对水体的净化有一定的积极作用。但如果极度大量繁殖，会降低水流速度，给工程运行造成一定不利影响。

3.4.4 浮游甲壳动物

浮游甲壳动物在浮游动物中占重要地位，数量大，种类多，是鱼类的基本食料。浮游甲壳动物的数量对鱼类影响大。它们广泛分布于河流、湖泊和水塘等淡水水体及海洋中，以淡水种为最多。

这类生物的主要特点是具有坚硬的甲壳，水生浮游生活。它们是水体污染和水体自净的指示生物。常见的有剑水蚤和水蚤（图 3-16），属节肢动物门的甲壳纲，都是水生，营浮游生活。摄食方式有滤食性和肉食性两种。

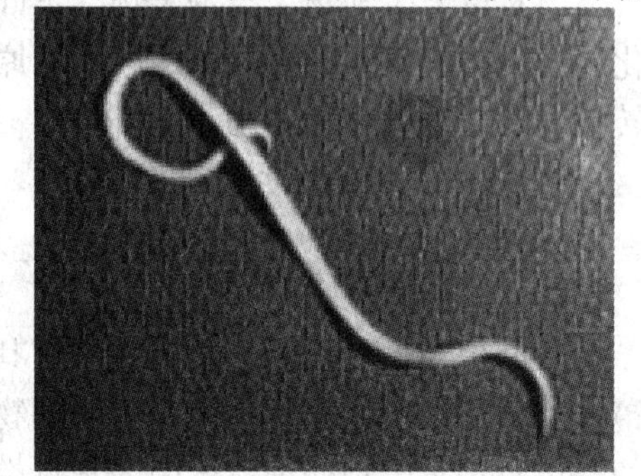

图 3-14　线虫

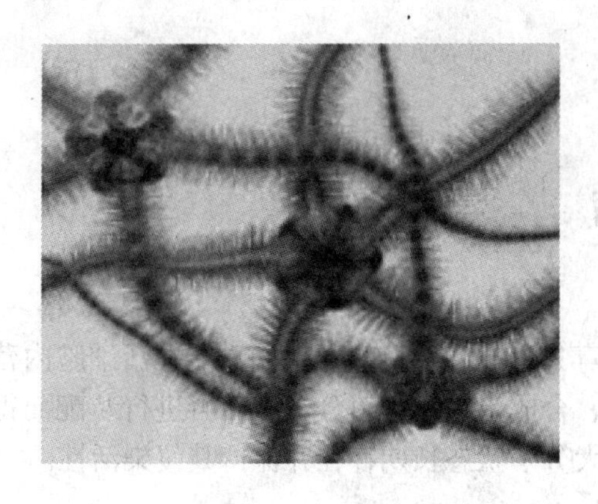

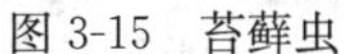

图 3-15　苔藓虫

图 3-16　剑水蚤

甲壳动物是鱼类的基本食料。广泛分布于河流、湖泊和水塘等淡水水体及海洋中，以淡水种为多。在给水排水工程中常见的甲壳类动物有水蚤。甲壳类动物以细菌和藻类为食料。浮游甲壳动物若大量繁殖，则可能影响水厂滤池的正常运行。

思　考　题

1. 真菌的无性孢子有几种类型？各类型有何特点？
2. 原生动物在污水生物处理中有何作用？
3. 原核生物与原生动物相比有何特点？
4. 试述藻类的营养特征？
5. 霉菌菌丝和放线菌菌丝有何异同？
6. 影响藻类生长的因素有哪些？
7. 比较细菌、放线菌、酵母菌和霉菌的细胞形态及菌落特征差异？

第4章 病　　毒

病毒是一类超显微的非细胞生物，每一种病毒只含有一种核酸；它们只能在活细胞内营专性寄生，靠其宿主代谢系统的协助来复制核酸、合成蛋白质等组分，然后再进行装配而得以增殖；在离体条件下，它们能以无生命的化学大分子状态长期存在并保持其侵染活性。

4.1 病毒的特征及其分类

4.1.1 病毒的特征

病毒在寄主细胞外，不能独立地进行代谢和繁殖，它们是严格的寄生物，与其他生物相比有明显不同，具有其本身的特征：①形体极其微小，一般可通过细菌滤器，故必须在电镜下才能观察到；②无细胞构造，其主要成分仅有核酸和蛋白质两种，故又称分子生物；③每一种病毒只含一种核酸，DNA 或 RNA；④既无产能酶系，也无蛋白质和核酸合成酶系，只能利用宿主活细胞现成的代谢系统合成自身的核酸和蛋白质组分；⑤以核酸和蛋白质等“元件”的装配实现其大量繁殖；⑥在离体的条件下，能以无生命的生物大分子状态存在，并可长期保持其侵染活力；⑦对一般抗生素不敏感，对干扰素敏感；⑧有些病毒的核酸还能整合到宿主的基因组中，并诱发潜伏性感染。

4.1.2 病毒的分类

病毒有自己单独的分类系统，其分类依据主要有：病毒的宿主，所致疾病，核酸种类，病毒粒子的大小，病毒的结构，有无被膜等。

根据病毒不同的专性宿主，可把病毒分为：动物病毒，植物病毒，细菌病毒（噬菌体），放线菌病毒（噬放线菌体），藻类病毒（噬藻类体），真菌病毒（噬真菌体）。

动物病毒寄生在人体和动物体内引起人和动物疾病：如流行性感冒、水痘、麻疹、腮腺炎、乙型脑炎、脊髓灰质炎、甲型肝炎、乙型肝炎、天花、艾滋病等。

植物病毒寄生于植物体内可引起植物疾病，如烟草花叶病毒、马铃薯 Y 病毒、黄瓜花叶病毒、番茄丛矮病毒等。

噬菌体是侵染细菌、放线菌和真菌等细胞型微生物的病毒。噬菌体寄生在细菌体内引起细菌疾病，1917 年，D. Herelle 在人的粪便中发现噬菌体。大肠杆菌噬菌体广泛分布在废水和被粪便污染的水体中。由于它们比其他病毒较易分离和测定，花费少，有人建议用噬菌体作为细菌和病毒污染的指示生物，环境病毒学已使用噬菌体作为模式病毒。噬菌体与动物病毒之间存在相似性和相关性，故已被用于评价水和废水的处理效率。蓝细菌病毒广泛存在于自然水体，已在世界各地的稳定塘、河流或鱼塘中分离出来。由于蓝细菌可引起周期性的“水华”，产生的毒素可造成水体中的鱼类大量死亡，因而有人提出将蓝细菌的病毒用于生物防治，从而控制蓝细菌的分布和种群动态。

按核酸分类，可把病毒分为：DNA 病毒（除细小病毒组的成员是单链 DNA 外，其余所有的病毒都是双链 DNA）和 RNA 病毒（除呼肠孤病毒组的成员是双链 RNA 外，其余所有的病毒都是单链 RNA）。DNA 病毒很少，绝大多数都是 RNA 病毒。

4.2 病毒的形态及结构

病毒的种类繁多，形态结构各具特点，有的呈棒状，有的为球形或多角形，还有的呈蝌蚪形等。病毒体积极其微小，只有借助于电镜才能观察到，绝大多数病毒能通过细菌滤器，常用纳米（nm）表示。大小为 10～250nm（100～2500Å）不等，2000 个细菌病毒可装入一个细菌体中，一个人的细胞可容纳 5 亿个脊髓灰质炎病毒。病毒的基本组成单位是核酸和壳体，有些病毒还有包膜、刺突等结构（图 4-1）。

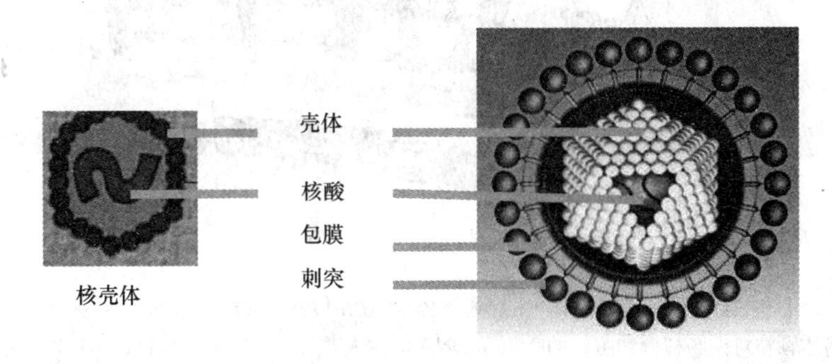

图 4-1　病毒的结构

1. 核酸

一种病毒只含有一种类型的核酸（DNA 或 RNA）。核酸可以是线状的，也可以是环状的。大多数病毒粒子中只含有一个核酸分子，少数 RNA 病毒含有两个或两个以上的核酸分子，分别具有不同的遗传功能，它们一起构成病毒的基因组。病毒核酸（基因组）储存着病毒的遗传信息，控制着其遗传变异、增殖和对宿主的感染性等。

2. 壳体

壳体是包裹在病毒核酸之外的蛋白质外壳，由许多壳粒组成。壳粒是指在电子显微镜下可以辨认的组成壳体的亚单位，由一个或多个多肽分子组成。病毒蛋白质的作用主要是构成病毒壳粒外壳，保护病毒核酸，决定病毒感染的特异性，与易感染细胞表面存在的受体有特异亲和力，还具有抗原性，能刺激机体产生相应抗体。

3. 包膜

包膜也称封套或囊膜，是指包被在病毒核酸壳体外的一层包膜，主要由磷脂、糖脂、中性脂肪、脂肪酸、脂肪醛、胆固醇等组成。囊膜表面往往具有突起物，称为刺突。有囊膜的病毒有利于其吸附寄主细胞，破坏宿主细胞表面受体，使病毒易于侵入细胞。

4.3 病毒的增殖

病毒增殖所需原料、能量和生物合成的场所均由宿主细胞提供，在病毒核酸的控制下合成病毒的核酸（RNA 或 DNA）与蛋白质等成分，然后在宿主细胞的细胞质或细胞核内装配成为病毒粒子再以各种方式释放到细胞外，感染其他细胞。无论是动物、植物病毒或噬菌体，其增殖过程基本相同（图 4-3），分为吸附、侵入（及脱壳）（图 4-2）、生物合成、装配与释放等连续步骤。

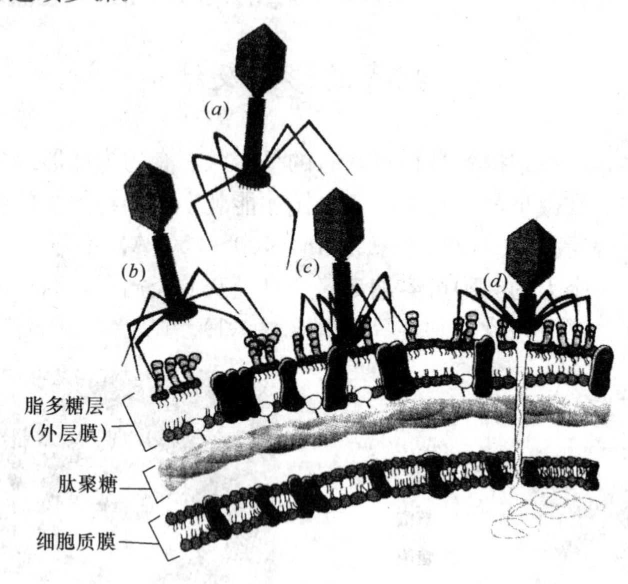

图 4-2　T4 噬菌体吸附和侵染过程

T4 噬菌体颗粒对大肠杆菌细胞壁的吸附和 DNA 的注入：(*a*) 未吸附的颗粒；(*b*) 长的尾丝与核心多糖相互作用吸附在细胞壁上；(*c*) 尾针接触细胞壁；(*d*) 尾鞘收缩和 DNA 注入

4.3.1　吸附

吸附是病毒感染细胞的第一步，病毒对寄主细胞的吸附有高度的特异性，是吸附在寄主细胞表面的某种特定受体上。受体实际上是细胞表面的一定化学组成部分，如流感病毒的受体是糖蛋白，存在于敏感动物红细胞及黏膜细胞上。脊髓灰质炎病毒的受体是脂蛋白，存在于对病毒敏感的人或猴的肠道和神经细胞表面。没有受体位点时，病毒不能吸附，也就不能感染。如果受体位点发生改变，寄主细胞就对病毒感染产生了抗性。

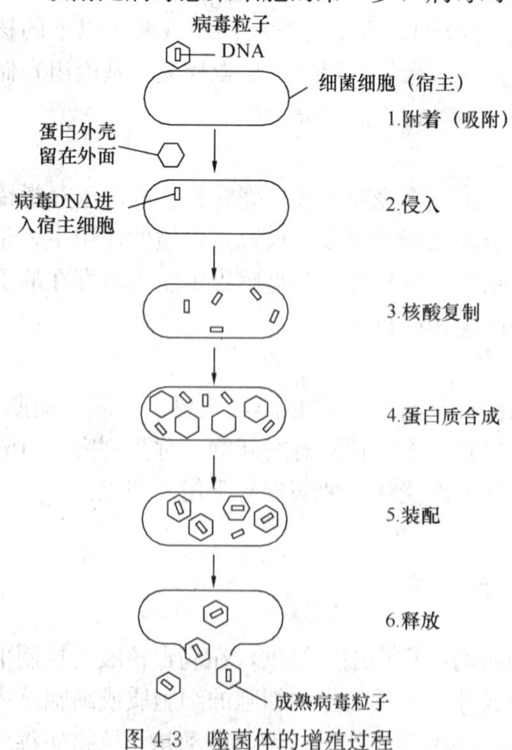

图 4-3　噬菌体的增殖过程

4.3.2　侵入和脱壳

不同病毒粒子侵入宿主细胞内的方式不同，大部分噬菌体吸附在细菌细胞壁的受体上以后，核酸注入细菌细胞中，蛋白质壳体留在外面。从吸附到侵入，时间间隔很短，只有几秒到几分钟。病毒侵入的方式决定于寄主细胞的性质。最复杂的侵入方式是噬菌体对细菌的感染，如大肠杆菌噬菌体 T4 借助其尾部末端附着在敏感细胞的表面，并通过尾丝固着于敏感细胞上，尾部的酶水解细胞壁的肽聚糖使细胞壁产生一小孔，然后尾鞘收缩将尾髓压入细胞，头部的DNA通过尾髓被注入细菌细胞，蛋白质外壳则留在细胞外。

4.3.3 生物合成

病毒的生物合成包括核酸复制和蛋白质合成两部分。病毒侵入寄主细胞后，引起寄主细胞代谢发生改变。细胞的生物合成不再由细胞本身支配，而受病毒核酸携带的遗传信息所控制，并利用寄主细胞的合成机制和机构（如核糖体、tRNA、mRNA、酶、ATP等）复制出病毒核酸，并合成大量病毒蛋白质结构。

4.3.4 装配与释放

新合成的核酸与蛋白质，在细胞的一定部位装配，成为成熟的病毒颗粒。如大多数DNA病毒（除痘病毒等少数外）的装配在细胞核中进行，大多数RNA病毒则在细胞质中进行。一般情况下，T4噬菌体的装配是先由头部和尾部连接，然后再接上尾丝，完成噬菌体的装配。装配成的病毒颗粒离开细胞的过程称为病毒的释放。随种类不同，一个寄主细胞释放10～1000个噬菌体粒子，释放出的病毒可再次进行新的感染。

4.4 病毒的培养和检测

4.4.1 病毒的培养基

由于病毒是专性寄生在活的敏感宿主细胞内才能生长繁殖的微生物，因此病毒的培养基要求苛刻，专一性强。敏感细胞要求具备以下条件：①必须是活的敏感宿主或是活的敏感宿主组织细胞；②能够提供病毒附着的受体；③敏感细胞内没有破坏特异性病毒的限制性核酸内切酶，病毒进入细胞就可生长繁殖。

病毒的培养基随病毒种类不同而不同。和各种病毒有特异亲和力的敏感细胞就是病毒的培养基。脊椎动物病毒的敏感细胞有：①人胚组织细胞（如人胚肾、肌肉、皮肤、肝、肺、肠等器官的细胞）；②人组织细胞（如扁桃体、胎盘、羊膜、绒毛膜等）；③人肿瘤细胞（如Hela细胞、上皮癌细胞等）；④动物组织细胞（如猴肾、心脏、兔肾、猪肾细胞等）。植物病毒用与它相应的敏感植物组织细胞或敏感植株培养，噬菌体则用与之相应的敏感细菌培养，如大肠杆菌噬菌体是用大肠杆菌培养。

4.4.2 病毒的培养特征

病毒的培养可以在液体或固体培养基中进行，并呈现不同的培养特征。在细菌培养液中，细菌被噬菌体感染，细胞裂解，浑浊的菌悬液变成为透明的裂解溶液。在固体培养基上形成噬菌斑，将少量噬菌体与大量宿主细胞混合后，将此混合液与45℃左右的琼脂培养基在培养皿中充分混匀，铺平后培养。经数小时至10余小时后，在平板表面布满宿主细胞的菌苔上，可以用肉眼看到一个个透亮不长菌的小圆斑，这就是噬菌斑（图4-4）。

每一个噬菌斑一般是由一个噬菌体粒子形成的。当一个噬菌体侵染一个敏感细胞后，隔不久即释放出一群子代噬菌体，它们通过琼脂层的扩散又侵染周围的宿主细胞，并引起它们裂解，如此经过多次重复，就出现了一个由无数噬菌体粒子构成的群—噬菌斑。噬菌斑的形成与细菌菌落的形成有些相似，所不同的只是噬菌斑更像一个“负菌落”。噬菌斑的形成可用于检出、分离、纯化噬菌体和进行噬菌体的计数。

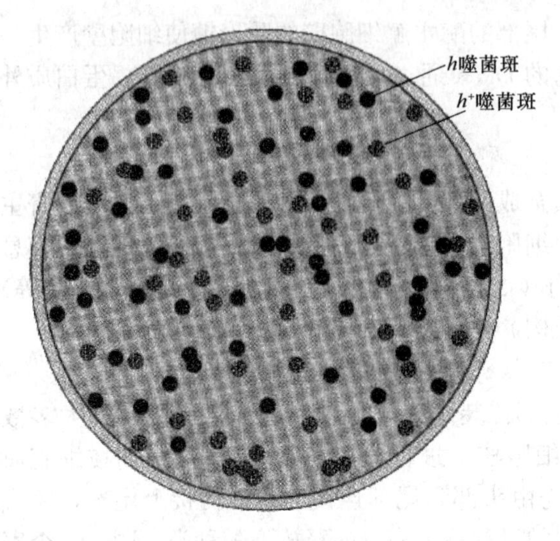

图 4-4　噬菌斑

4.4.3　病毒的培养

病毒是严格的活细胞内寄生物，利用寄主接种、鸡胚培养和细胞培养，可进行病毒的分离培养。

(1) 寄主接种　分离的标本接种于实验寄主的种类和接种途径主要取决于病毒寄主范围和组织嗜性，同时考虑操作、培养及结果判定的简便。噬菌体标本可接种于生长在培养液或培养基平板中的细菌培养物。植物病毒标本可接种于敏感植物叶片，产生坏死斑或枯斑。动物病毒标本可接种于敏感动物的特定部位，嗜神经病毒接种于脑内，嗜呼吸道病毒接种于鼻腔。常用动物有小白鼠、大白鼠、地鼠、家兔和猴子等。接种病毒后，隔离饲养，每日观察动物发病情况，根据动物出现的症状，初步确定是否有病毒增殖。

(2) 鸡胚培养不同的病毒可选择不同日龄的鸡胚和不同的接种途径，如痘类病毒接种于 10～12d 的鸡胚绒毛尿囊膜上，鸡新城疫病毒宜接种在 10d 尿囊腔和羊膜腔内，虫媒病毒宜接种于 5d 卵黄囊，继续培养观察。

(3) 细胞培养　用机械方法或胰蛋白酶将离体的活组织分散成单个的细胞，在平皿中制成贴壁的单层细胞，然后铺上动物病毒悬液进行培养。

4.4.4　病毒的检测

病毒的检测有直接法和间接法两种。直接法是在电子显微镜下直接观察病毒粒子。间接法是根据病毒感染寄主细胞后所产生的效应进行的。例如，噬菌体在细菌平板上形成噬菌斑，植物病毒在茎叶等组织上产生坏死斑，动物病毒在动物细胞单层培养物上形成病毒空斑，受感染动植物细胞中形成的包涵体，以及病毒在寄主体内、组织培养或鸡胚中引起的细胞病变效应等。

思　考　题

1. 何为病毒？病毒有什么特征？
2. 噬菌体的增殖过程？
3. 简述病毒的培养特征？
4. 病毒的各部分结构有何功能？

第5章 微生物的营养

5.1 微生物的营养及类型

营养（nutrition）是指生物体从外部环境中摄取对其生命活动必需的能量和物质，以满足正常生长和繁殖需要的一种基本生理功能。营养是代谢的基础，代谢是生命活动的表现。营养物（nutrient）是指具有营养功能的物质，在微生物学中，它还包括非常规物质形式的光辐射能。细菌所需的营养物质与细菌细胞的化学组成、营养类型和代谢遗传特性等有关。

5.1.1 微生物细胞的化学组分及生理功能

1. 微生物细胞的化学组成

微生物细胞中最重要的组分是水，约占细胞总重量的80%，一般为70%～90%，其他10%～30%为干物质。干物质中有机物占90%～97%，其主要化学元素是C、H、O、N、P、S；另外约3%～10%为无机盐分（或称灰分）（图5-1）。

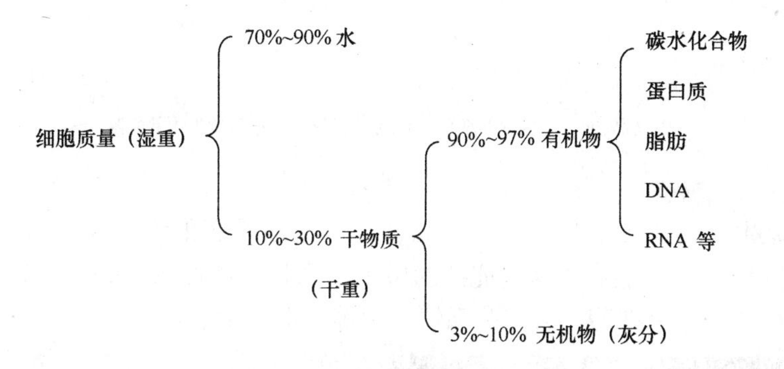

图5-1 微生物细胞的化学组成

有关微生物细胞的化学组分还应注意以下几个特点：不同的微生物细胞化学组分不同；同一种微生物在不同的生长阶段，其化学组分也有差异。

2. 微生物的营养

无论从元素水平或营养要素的水平来分析，微生物的营养要求都与摄食型的动物（包括人类）和光合自养型的绿色植物十分接近，它们之间存在着“营养上的统一性”。在元素水平上都需要20种左右，且以碳、氢、氧、氮、硫、磷为主。在营养水平上则都在六大类的范围内，即碳源、氮源、能源、生长因子、无机盐和水。

（1）碳源

提供细胞组分或代谢产物中碳素来源的各种营养物质称为碳源（carbon source）。微生物细胞含碳量约占细胞干重的50%，除水分外，碳源是需要量最大的营养物质，分为有机碳源和无机碳源两种。凡是必须利用有机碳源作主要碳源的微生物，称异养微生物（heterotroph）；反之，凡是以无机碳源作主要碳源的微生物，则称自养微生物（autotroph）。

碳源的作用是提供细胞骨架和代谢物质中碳素的来源以及生命活动所需要的能量。微生物可利用的有机碳源包括各种糖类、蛋白质、脂肪、有机酸等。无机碳源主要是 CO_2（CO_3^{2-} 或 HCO_3^-）。

（2）氮源

提供细胞组分中氮素来源的各种物质称为氮源（nitrogen source），氮是构成重要生命物质蛋白质和核酸等的主要元素，氮占细菌干重的 12%～15%。

氮源也可分为两类：有机氮源（如蛋白质、蛋白胨、氨基酸等）和无机氮源（如 NH_4Cl、NH_4NO_3 等）。氮源的作用是提供细胞新陈代谢中所需的氮素合成材料。极端情况下（如饥饿状态），氮源也可为细胞提供生命活动所需的能量。

（3）能源

能为微生物生命活动提供最初能量来源的营养物质和辐射能，称为能源（energy source）。各种异养生物的能源就是碳源。微生物的能源种类如图 5-2 所示。

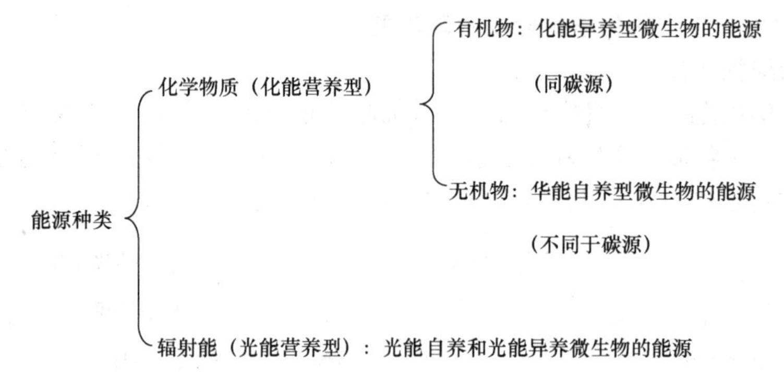

图 5-2 微生物能源种类

化能自养微生物的能源十分独特，它们都是一些还原态的无机物，如 NH_4^+、NO_3^-、S、H_2S、H_2 和 Fe^{2+} 等。能利用这些能源的微生物都是一些原核生物，包括亚硝酸细菌、硝酸细菌、硫化细菌、硫细菌、氧细菌和铁细菌等（图 5-3）。

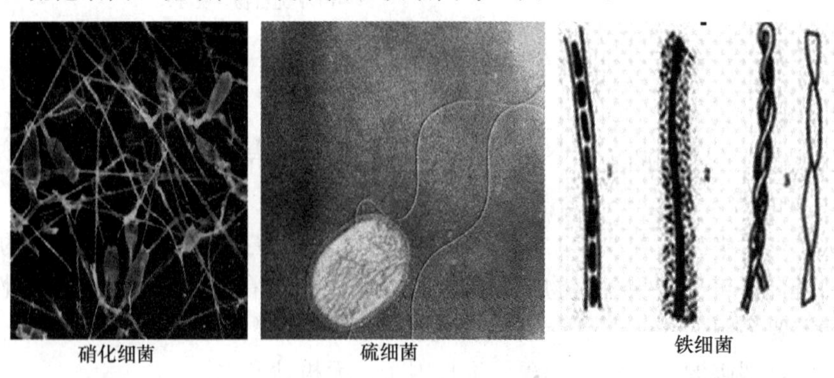

图 5-3 化能自养微生物

（4）生长因子

生长因子（growth factor）是一类调节微生物正常代谢所必需，但不能利用简单的碳、氮源自行合成的有机物。由于它没有能源和碳源、氮源等结构材料的功能，其需要量一般很少。广义的生长因子包括维生素、碱基、卟啉及其衍生物、甾醇、胺类、$C_4 \sim C_6$的分枝或直链脂肪酸，有时还包括氨基酸；狭义的生长因子一般指维生素，如维生素B2与能量的产生直接有关，能够促进生长发育和细胞的再生。

（5）无机盐

无机盐（mineral salts）或矿质元素主要为微生物提供碳、氮源以外的各种重要元素。凡生长所需浓度在$10^{-3} \sim 10^{-4}$ mol/L范围内的元素，可称为常量元素（macroelement），如P、S、K、Mg、N和Fe等。凡生长所需浓度在$10^{-6} \sim 10^{-8}$ mol/L范围内的元素，可称为微量元素（microelement），如Cu、Zn、Mn、Ni、Co、Mo、Sn和Se等。

无机盐类在细胞中的主要作用是：

1）构成细胞的组成成分，如H_3PO_4是DNA和RNA的重要组成成分。

2）酶的组成成分，如蛋白质和氨基酸的－SH。

3）酶的激活剂，如Mg^{2+}、K^+。

4）维持适宜的渗透压，如Na^+、K^+、Cl^-。

5）自养型细菌的能源，如S、Fe^{2+}。

（6）水

除蓝细菌等少数微生物能利用水中的氢来还原CO_2以合成糖类以外，其他微生物并非真正把水当作营养物，但由于水在微生物代谢活动中的不可或缺性，仍应将水作为营养要素考虑。

水分是生物最重要的组分之一，也是不可缺少的化学组分。水在微生物细胞内有两种存在状态：自由水和结合水。它们的生理作用主要有以下几点：

1）溶剂作用。所有物质都必须先溶解于水，然后才能参与各种生化反应。

2）参与生化反应（如脱水、加水反应）。

3）运输物质的载体。

4）维持和调节机体的温度。

在实际应用中还应注意以下几方面问题：

第一，不同的微生物，营养要求不同。

第二，不同的生境条件，同一微生物的营养要求也会不同。

第三，总体来说，微生物的代谢能力很强，可利用的化合物种类很广。

碳源、氮源、能源、无机盐、维生素和水等营养物都是细菌等微生物所需要的，但不同的微生物对每一种营养元素需要的数量是不同的，并且要求各种营养元素之间有一定的比例关系，主要是指碳氮的比例关系，通常称碳氮比。

如根瘤菌要求的碳氮比为11.5∶1，固氮菌要求的碳氮比为27.6∶1。土壤中许多微生物在一起生活，综合要求的碳氮比约为25∶10，水生物处理中，微生物群体对营养物质也有一定的比例要求。污（废）水生物处理中好氧微生物群体（好氧活性污泥）对碳氮磷比的要求为BOD_5∶N∶P＝100∶5∶1；厌氧消化污泥中的厌氧微生物群体对碳氮磷比的要求为BOD_5∶N∶P＝100∶6∶1；有机固体废弃物堆肥发酵要求碳氮比为30∶1，碳磷比为(75～100)∶1。城市生活污水能满足活性污泥的营养要求，一般不存在营养不足的问题。但有些工业废水往往缺乏某种营养，应额外供给或补足，如缺氮可用粪便污水或尿素补充氮，缺磷则可用磷酸二氢钾补充。

实际应用中微生物先利用现成的、容易被吸收利用的有机物质，如果这种现成的有机物质的量已满足它的要求，它就不利用其他的物质。在工业废水生物处理中，常加生活污水以补充工业废水中某些营养物质的不足。但如果工业废水中的各种成分已基本满足细菌的营养要求，则反而会把细菌“惯娇”，因在一般情况下生活污水中的有机物比工业废水中的有机物容易被细菌吸收利用，从而影响工业废水的净化程度。

5.1.2 营养类型

微生物种类繁多，各种微生物要求的营养物质不尽相同，自然界中的所有物质几乎都可以被这种或那种微生物所利用，甚至对一般机体有毒害的某些物质，如硫化氢、酚等，也是某些细菌的必需营养物。因此，微生物的营养类型是多种多样的。但就某一种微生物来说，它们对其必需的营养物有特定的要求。

营养类型是指根据微生物需要的主要营养元素即能源和碳源的不同而划分的微生物类型。前文已述及根据碳源的不同，微生物可分成自养微生物和异养微生物。根据生活所需能量来源的不同，微生物又分为光能营养（phototroph）和化能营养（chemotroph）两类。将两者结合则一共有光能自养、化能自养、化能异养和光能异养四种营养类型。表5-1列出了各种微生物的营养类型及特点。

微生物的营养类型 **表 5-1**

营养类型	能　源	氢供体	基本碳源	实　例
光能自养型（光能无机营养型）	光	无机物	CO_2	蓝细菌、紫硫细菌、绿硫细菌、藻类
光能异养型（光能有机营养型）	光	有机物	CO_2 及简单有机物	红螺旋科细菌（即紫色无硫细菌）
化能自养型（化能无机营养型）	无机物	无机物	CO_2	硝化细菌、硫化细菌、铁细菌、氢细菌、硫磺细菌等
化能异养型（化能有机营养型）	有机物	有机物	有机物	绝大多数细菌和全部真核微生物

1. 光能自养（photoautotroph）

属于这一类的微生物都含有光合色素，能以光作为能源，CO_2 作为碳源。例如：绿色细菌（Chlorodium）含有菌绿素能利用光能，利用二氧化碳合成细胞所需的有机物质。但这种细菌进行光合作用时，除了需要光能以外，还要有硫化氢存在，它们从硫化氢中获得氧，而高等植物则是在水的光解中获得氢以还原二氧化碳。

2. 化能自养（chemoautotroph）

这一类微生物的生长需要无机物，从氧化无机物的过程中获取能源，同时无机物又作为电子供体，使 CO_2 还原为有机物，一般反应通式如下，这一作用称为化学合成作用。这类菌有氨氧化菌、硝化细菌、铁细菌、某些硫磺细菌。

$$\text{无机物}+2O_2 \rightarrow \text{氧化产物}+\text{能量}$$

$$\downarrow$$

$$CO_2+[4H] \longrightarrow [CH_2O]+H_2O$$

几乎所有化能自养菌都为专性好氧菌。它们的专性很强，一种细菌只能氧化某一种无机物质，如氨氧化菌就只能氧化氨氮。自然界中化能营养细菌的分布较光能营养细菌更加普遍，对于自然界中氮、硫、铁等物质的转化具有重大的作用。

3. 化能异养（chemoheterotroph）

大部分细菌都以这种营养类型生活和生长，利用有机物作为生长所需的碳源和能源。化能异养微生物又可分成腐生（metatrophy）和寄生（paratrophy）两类，前者利用无生命有机物，后者则依靠活的生物体而生活。在腐生和寄生之间，存在着不同程度的既可腐生又可寄生的中间类型，称为兼性腐生或兼性寄生。腐生微生物在自然界的物质转化中起着决定性作用，然而很多寄生微生物则是人和动植物的病原微生物。

4. 光能异养（photoheterotroph）

这类微生物利用光能作为能源，以有机物作为电子供体，其碳源来自有机物，也可利用CO_2。属于这一营养类型的微生物很少，主要包括紫色非硫细菌与绿色非硫细菌等微生物，其光合作用反应式如下。一般来说，光能异养型细菌生长时大量需要生长因子。

$$2(CH_3)_2CHOH + CO_2 \longrightarrow [CH_2O] + 2CH_3COCH_3 + H_2O$$

以上介绍的是微生物的四种基本营养类型。一种微生物通常以一种营养类型的方式生长。但有些微生物随着生长条件的改变，其营养类型也会由一种向另一种改变。微生物的营养和营养类型的划分是研究微生物生长的重要方面。在应用微生物进行水和污水处理的过程中，应充分注意微生物的营养类型和营养需求，通过控制运行条件，尽可能地提供并满足微生物所需的各种营养物质，使微生物生长在最佳状态，以实现最佳的处理效果。

5.2 培 养 基

培养基是人工配制的适合于不同微生物生长繁殖或积累代谢产物的培养基质。培养基（medium 或 culture medium）指由人工配制的、适合微生物生长繁殖或产生代谢产物的混合营养物。任何培养基都应具备微生物生长所需的六大营养元素，且它们之间的比例是适当的。

5.2.1 配制原则

配制培养基过程中，应遵循以下几个原则：

（1）根据不同细菌的营养需要配制不同的培养基。如培养细菌采用牛肉膏、蛋白胨培养基，放线菌采用高氏一号培养基，霉菌采用蔡氏培养基，酵母菌采用麦芽汁培养基等。

（2）营养协调：对微生物细胞元素组成的调查分析是设计培养基的重要参考依据。要注意各种营养物的浓度及配比，同时还要注意添加生长因子。如水处理中要注意进水中BOD_5∶N∶P的比值，好氧生物处理中对BOD_5∶N∶P要求一般为100∶5∶1。

（3）理化条件适宜：培养基的pH值、渗透压、水活度和氧化还原电位等物理化学条件适宜。

（4）经济节约：培养基应物美价廉。

5.2.2 培养基的分类

培养基种类很多，组分和形态各异。一般根据不同的考察角度可以作如下的具体分类。

1. 物理状态

依据物理状态的不同，培养基可分为液体、固体和半固体三大类。

（1）液体培养基（differential media）指未加入任何凝固剂呈液体状态的培养基（图5-4）。这类培养基在细菌学研究及发酵工业中用途广泛，如微生物生理、代谢研究；获得大量菌体；发酵工业大规模生产，如面包的酵母的生产、食用调味剂味精的生产、大多数抗生素的生产等。水处理中被处理的对象—污水也可看作是一种广义的液体的培养基。

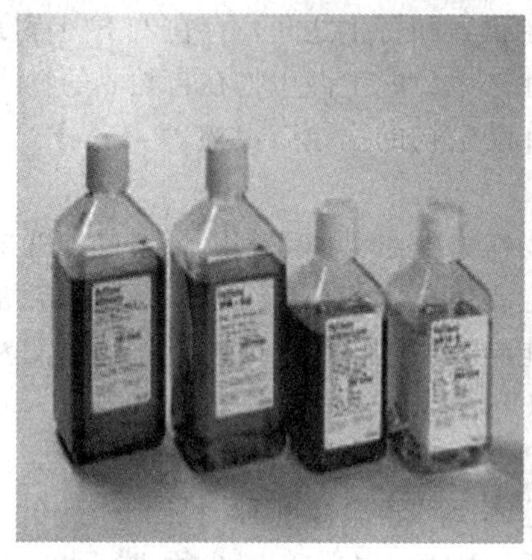
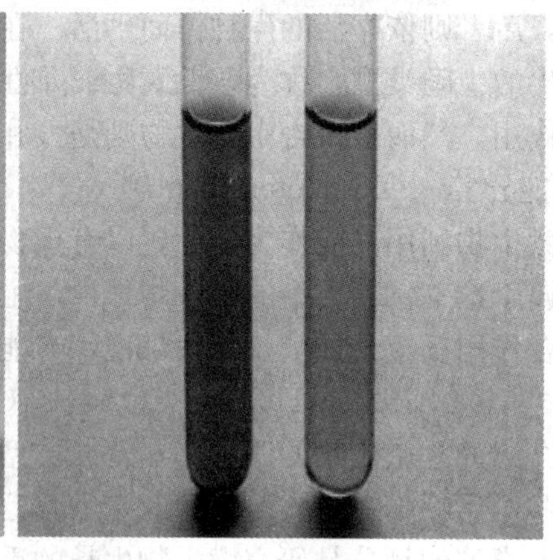

图 5-4　液体培养基

（2）固体培养基（solid media）在液体培养基中加入一定量的凝固剂，使其外观呈固化状态的培养基即为固体培养基（图 5-5），或直接用马铃薯块、胡萝卜条等作为天然固体培养基。常用的凝固剂有琼脂、明胶和硅胶。琼脂是从藻类中提取的一种高度分支的复杂多糖——聚半乳糖的硫酸酯，是应用最广泛的凝固剂，通常在液体培养基中加入1.5%～2%（重量）的琼脂配制固体培养基。由于大多数微生物不能分解琼脂，采用琼脂作为凝固剂配制的固体培养基具有良好的生物稳定性。

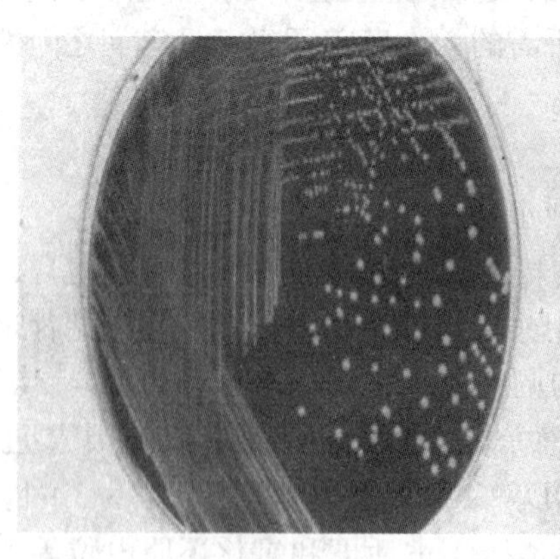
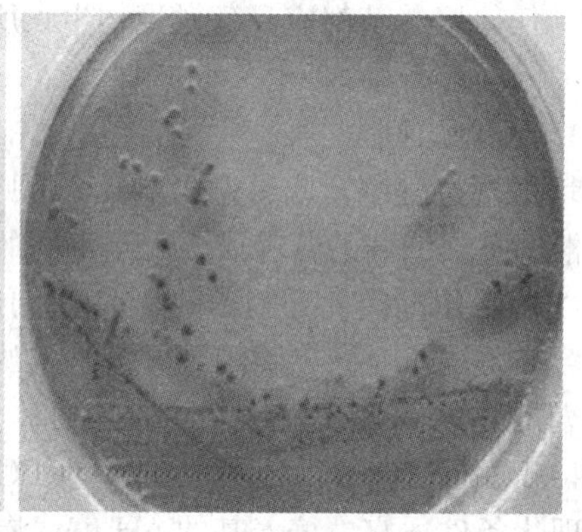

图 5-5　固体培养基

由天然固体状基质直接制成的培养基，如马铃薯片、大米、米糠、木屑、纤维等也属于这一类。固体培养基主要用于普通的微生物学研究，如菌种分离计数、选种育种、检验杂菌、菌种保藏、生物活性物质的生物测定、微生物固体培养和大规模生产等。

（3）半固体培养基（semi-solid media）介于固体和液体之间的是半固体培养基（图

5-6)，通常是在液体培养基中加入 0.5%～1.0%的琼脂作凝固剂制成，其用途主要是用作细菌运动特性、趋化性的观察，厌氧菌的培养、分离和计数，以及菌种的保藏等。

图 5-6 半固体培养基

(4) 脱水培养基（dehydrated culture media）指含有除水以外的一切成分的培养基，只需加水并灭菌即可使用，是一类商品培养基，成分精确。

2. 培养基组分

根据化学组分的不同，培养基可以分成以下 3 类：天然培养基、合成培养基和半合成培养基。

(1) 天然培养基（complex media，undefined media）是指利用动物、植物或微生物体或其提取液制成的培养基，其最大特点是培养基的确切化学组分不清楚。这种培养基的优点是取材方便，营养丰富，种类多样，配制容易。缺点是组分不清，故不同批次配制的培养基成分不完全一致，会给试验数据的分析带来一些困难。

(2) 合成培养基（synthetic media，chemical defined media）是一类按微生物的营养要求精确设计后用多种化学试剂配制成的培养基。它的优点是成分精确，重复性好，利于保持培养基组分的一致。缺点是价格较贵，配制繁杂。多用于微生物的营养、代谢、生理生化、遗传育种等方面的研究。

(3) 半合成培养基（semi-synthetic media）既含有天然组分又含纯化学试剂的培养基。如培养真菌的马铃薯加蔗糖培养基。半合成培养基的特性及价格介于天然培养基和合成培养基之间。

3. 培养基用途

根据用途的不同，培养基可分成以下 3 类：选择性培养基、鉴别培养基和加富培养基。

(1) 选择性培养基（selected media）是按照某种或某些微生物的特殊营养要求而专门设计的培养基。其特点是可使分离样品中的微生物得到选择性的生长和分离，并使待分离的目的微生物由劣势种变为优势种，从而提高分离效果。例如欲分离降解纤维素的细菌可以设计只投加纤维素作为基质的选择性培养基培养，这样只有分解纤维素的细菌才能生长，借此就很容易分离得到分解纤维素的细菌。

(2) 鉴别培养基（differentia lmedia）是一类根据微生物的代谢反应或其产物的反应特性而设计，可借助肉眼直接判断微生物种类的培养基。水处理中常用的伊红美蓝（Eosin Methylene Blue，EMB）培养基就是典型的鉴别培养基，利用它可直接观察到糖被微生物分解后是否产酸，常用于鉴别肠道菌的种类。

(3) 加富培养基（enriched media）是根据微生物的营养要求人为地投加多种营养物质，从而大量促进微生物生长的培养基。这种培养基往往用于微生物分离前的富集。

4. 培养基的配制方法

培养基的配制方法及过程大致如下：适量水→加入各营养组分、无机盐→加入凝固剂→调节 pH 值→加入生长因子或指示剂等→高压蒸汽灭菌→冷却放置备用。一般最好现用现配。

5.3 微生物对营养物质的吸收和运输

除微型原生与后生动物外，其他各类微生物细胞都是通过细胞膜的渗透和选择性吸收作用从外界吸收营养物质。由于细胞膜及其半渗透性的存在，各种营养物质并不能自由地透过和进出微生物细胞，它们必须通过特殊的吸收和运输途径才能进入细胞内部参与生化代谢反应。因此，营养物质的吸收和运输是很重要的一个环节。概括地说，营养物质的吸收和运输主要有下述四种途径（图 5-7）。

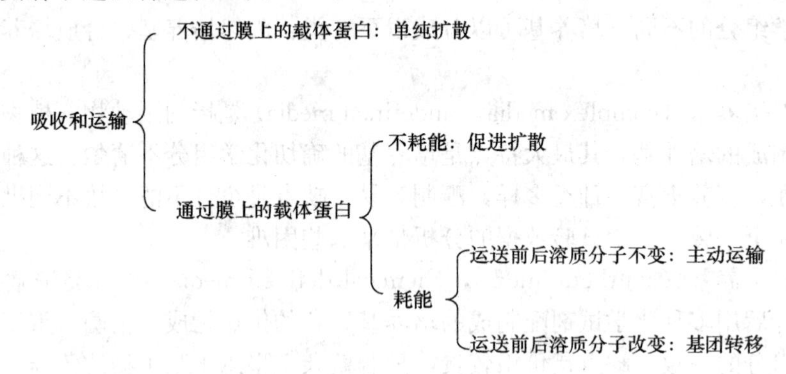

图 5-7　微生物营养物质的吸收与运输途径

1. 单纯扩散

单纯扩散（simple diffusion）又称被动运输，是最简单的方式，也是微生物吸收水分及一些小分子有机物的运输方式。它的特点是物质的转运顺着浓度差进行，运输过程不需消耗能量，物质的分子结构不发生变化。水、气体和甘油等依靠这种方式进行吸收，但这种方式不是主要的吸收途径。

2. 促进扩散

促进扩散（facilitated diffusion）的特点基本与单纯扩散相似，但是它须借助细胞膜上的一种蛋白质载体进行，因此对转运的物质有选择性，即立体专一性。除了细胞内外的浓度差外，影响物质转运的另一重要因素是与载体亲合力的大小。这种方式存在于真核微生物，如厌氧酵母菌对某些物质的吸收和代谢产物的分泌。

3. 主动运输

主动运输（active transport）是微生物吸收营养物质的最主要方式。它的最大特点是吸收运输过程中需要消耗能量，因此可以逆浓度差进行。其余特点与促进扩散相似，需要载体蛋白的参与，通过载体蛋白的构象及亲合力的改变完成物质的吸收运输过程。由于它可以逆浓度梯度运输营养物质，因而对许多堆存于低营养物浓度的贫营养菌（oligophyte，或称寡养菌）的生存极为重要。

4. 基团转位

基团转位（group translocation）与主动运输非常相似，但有一点不同，即基团转位过程中被吸收的营养物质与载体蛋白之间发生化学反应，因此物质结构有所改变。通常是营养物质与高能磷酸键结合，从而处于“活化”状态，进入细胞以后有利于物质的代谢反应。高能磷酸则来自其他的蛋白质或含有高能键的代谢物，如磷酸烯醇式丙酮酸等。

思 考 题

1. 划分微生物营养类型的依据是什么？简述微生物的四大营养类型？
2. 微生物对营养物质的吸收和运输主要有哪些途径？
3. 何为选择性培养基？有何特点？
4. 配制培养基过程中，应遵循什么原则？
5. 什么是天然培养基、合成培养基、半合成培养基？它们各有哪些用途？
6. 微生物需要哪些营养物质？这些营养物质在微生物细胞中的作用是什么？

第6章　微生物的代谢

生物的生命活动以新陈代谢为基础，即以同化作用和异化作用的对立统一过程为基础。

新陈代谢（metabolism）是指生物有机体从环境中将营养物质吸收进来，加以分解再合成，同时将不需要的产物排泄到环境中去，从而实现生物体的自然更新的过程。它是生物的最基本特征之一，包括合成代谢和分解代谢。

合成代谢（anabolism）是指生物从内外环境中取得原料合成生物体的结构物质或具有生理功能的物质的过程，也是从简单的物质转化为复杂的物质的过程，这个过程需要能量。

分解代谢（katabolism）是指在生物体内进行的一切分解作用，往往伴随着能量的释放，释放的能量用于合成代谢，分解作用中形成的小分子物质为合成提供原料。而生物体内能量的输入、转变和利用的过程，则称为能量代谢（energy metabolism）。

微生物产能代谢具有多样性，可归纳为两类途径和三种方式，即发酵、呼吸（有氧呼吸和无氧呼吸）两类通过营养物分解代谢产生和获得能量的途径，以及通过底物水平磷酸化、氧化磷酸化（电子转移磷酸化）和光合磷酸化三种化能与光能转换为生物通用能源物质（ATP）的转换方式。

6.1　微生物的能量代谢

6.1.1　生物氧化

分解代谢实际上是指物质在生物体内经过一系列连续的氧化还原反应，逐步分解并释放能量的过程，这个过程也称为生物氧化，是一个能量代谢过程。在生物氧化过程中释放的能量可被微生物直接利用，也可通过能量转换贮存在高能化合物（如ATP）中，以便逐步被利用，还有部分能量以热的形式被释放到环境中去。不同类型微生物进行生物氧化所利用的物质是不同的，其中异养微生物利用有机物，自养微生物则利用无机物，通过生物氧化来进行能量代谢。

1. 异养微生物的生物氧化

异养微生物氧化有机物的方式，根据氧化还原反应中电子受体的不同可分成发酵和呼吸两种类型，而呼吸又可分为有氧呼吸和无氧呼吸两种方式。

（1）发酵

发酵是指微生物细胞将有机物氧化释放的电子直接交给底物本身未完全氧化的某种中间产物，同时释放能量并产生各种不同的代谢产物。在发酵条件下有机化合物只是部分地被氧化，因此，只释放出一小部分的能量。发酵过程的氧化是与有机物的还原偶联在一起的，被还原的有机物来自于初始发酵的分解代谢，即不需要外界提供电子受体。

发酵的种类有很多，可发酵的底物有糖类、有机酸、氨基酸等，其中以微生物发酵葡萄糖最为重要。生物体内葡萄糖被降解成丙酮酸的过程称为糖酵解，主要分为四种途径：已糖双磷酸降解（EMP）途径、已糖单磷酸降解或磷酸戊糖循环（HMP）途径、2-酮-3-脱氧-6-磷酸葡萄糖酸（ED）途径、磷酸解酮酶（PK）途径。

1）糖酵解途径

又称 EMP 途径或已糖二磷酸途径，是绝大多数生物所共有的一条主流代谢途径（图 6-1）。

EMP 的途径以 1 分子葡萄糖为底物，经历两个阶段（耗能和产能）、10 个反应步骤、

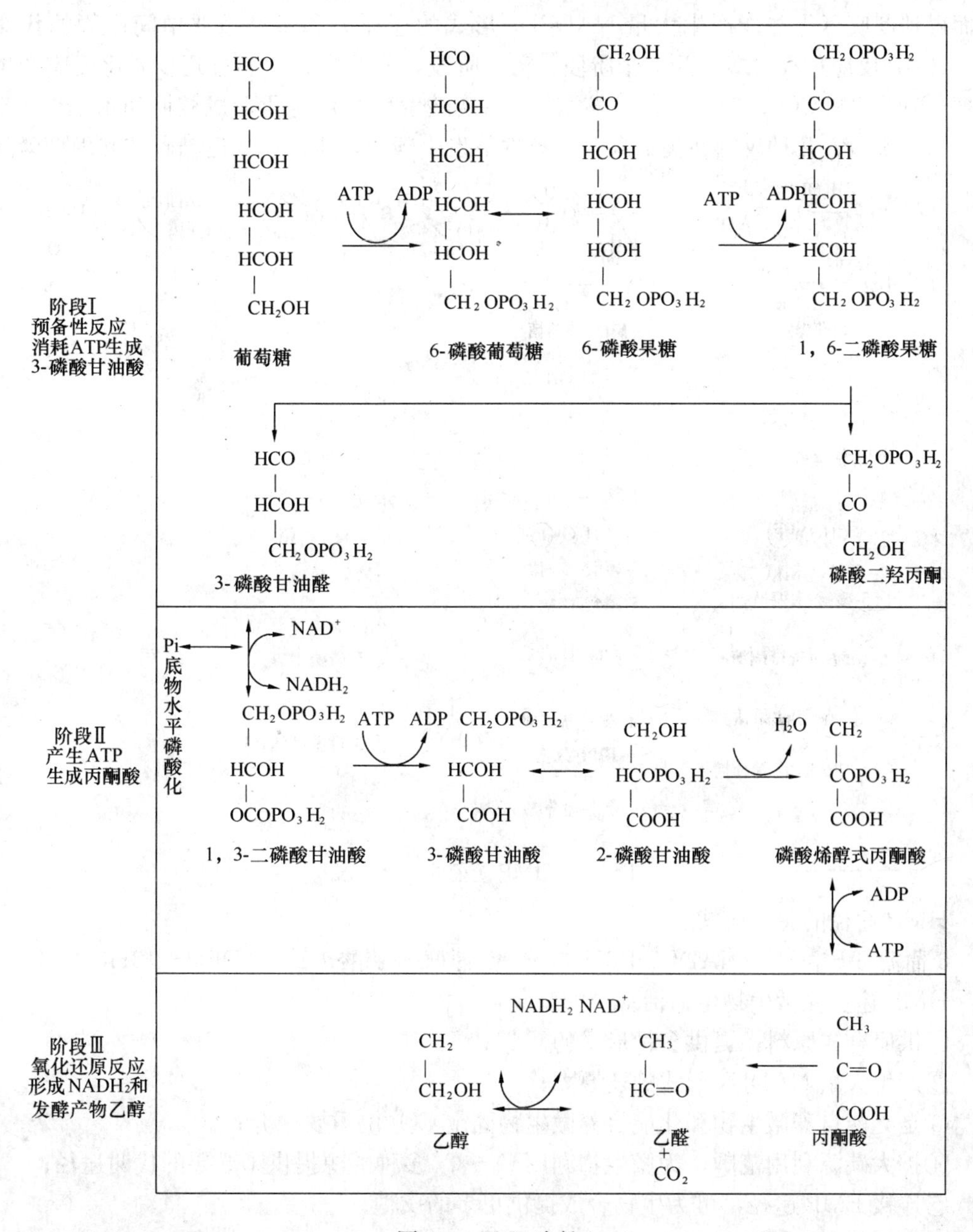

图 6-1　EMP 途径

产生 3 种产物：2 分子丙酮酸、2 分子 ATP、2 分子 $NADH_2$，其总反应式为：

$$C_6H_{12}O_6 + 2NAD^+ + 2ADP + 2Pi \longrightarrow 2CH_3COCOOH + 2NADH_2 + 2H_2O$$

EMP 途径的生理功能有：①供应 ATP 形式的能量和 $NADH_2$ 形式的还原力；②是连接其他几个重要代谢途径的桥梁，包括三羧酸循环（TCA），HMP 途径和 ED 途径等；③为生物合成提供多种中间代谢物；④通过逆向反应可进行多糖合成。EMP 途径与乙醇、乳酸、甘油、丙酮和丁醇的发酵生产关系密切，对人类的生产实践有重要的意义。

2）HMP 途径（Hexose monophosphate pathway）

又称 WD 途径或磷酸戊糖途径（图 6-2）。其特点是葡萄糖不经 EMP 途径和 TCA 循环而得到彻底氧化并能产生大量 $NADPH_2$ 形式的还原力和多种重要中间产物的代谢途径。HMP 反应过程可概括为三个阶段：第一阶段，葡萄糖分子通过几步氧化反应产生核酮糖一5-磷酸和 CO_2；第二阶段，核酮糖一5-磷酸发生结构变化形成核糖和木酮糖一5-磷酸；第三阶段，几种戊糖在无氧参与的条件下发生碳架重排，产生已糖磷酸和丙糖磷酸。

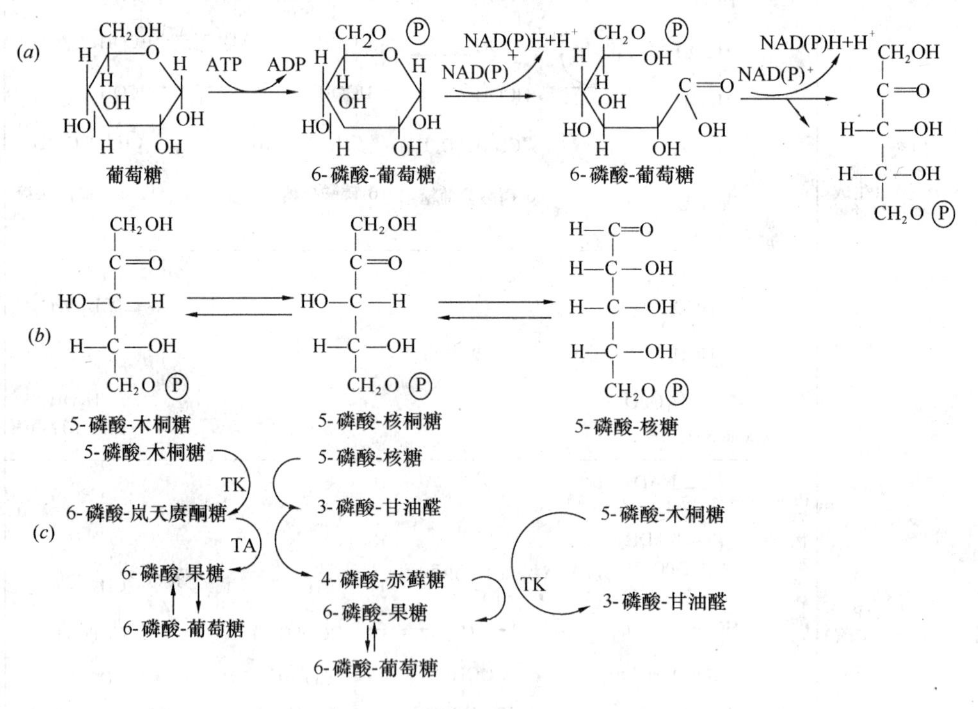

图 6-2　HMP 途径的三个阶段

HMP 途径的总反应式：

6 葡糖-6-磷酸 $+ 12NADP^+ + 6H_2O \longrightarrow$ 5 葡糖-6-磷酸 $+ 12NADPH + 12H^+ + CO_2 + Pi$

HMP 途径在微生物生命活动中的意义：

①供应合成原料，提供多种形式的 C 架；

②产生大量 $NADH_2$ 形式的还原力；

③是光能自养微生物和化能自养微生物固定 CO_2 的重要中介；

④扩大碳源利用范围，为微生物利用 $C_3 \sim C_7$ 多种碳源提供了必要的代谢途径；

⑤连接 EMP 途径，可为生物合成提供更多的戊糖。

多数好氧菌和兼性厌氧菌中都存在 HMP 途径，而且通常还与 EMP 途径同时存在。

只有 HMP 途径而无 EMP 途径的微生物很少。

3）ED 途径（Entner-Doudoroff pathway）

ED 途径的总反应式为：

$$C_6H_{12}O_6 + ADP + Pi + NADP^+ + NAD^+ \longrightarrow 2CH_3COCOOH + ATP + NADPH + H^+ + NADH + H^+$$

其反应过程可见图 6-3，其过程为：葡糖-6-磷酸先脱氢产生葡糖酸-6-磷酸，接着在脱水酶和醛缩酶作用下，产生一分子甘油醛-3-磷酸和一分子丙酮酸。然后甘油醛-3-磷酸进入 EMP 途径转变成丙酮酸。一分子葡萄糖经 ED 途径最后生成两分子丙酮酸、一分子 ATP、一分子 NADPH 和 NADH。

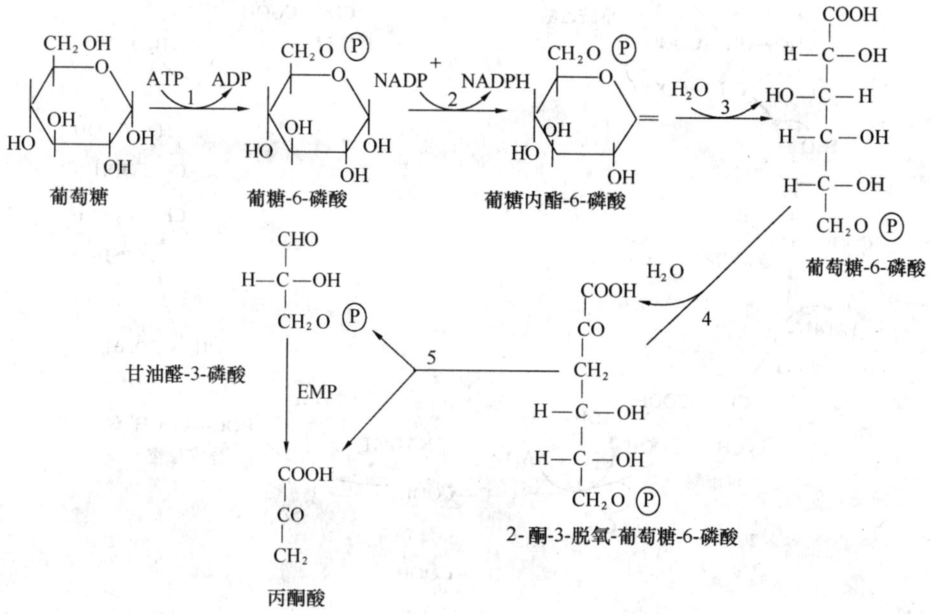

图 6-3　ED 途径

ED 途径的特点是：①具有一特征性反应—KDPG 裂解为丙酮酸和 3-磷酸甘油醛；②存在一特征性酶—KDPG 醛缩酶；③其终产物 2 分子丙酮酸的来历不同，即一个由 KDPG 裂解而来，另一个由 EMP 途径转化而来；④产能效率低（1molATP/1mol 葡萄糖）。

4）TCA 循环（tricarboxylic acide cycle）

又称三羧酸循环、柠檬酸循环（citric acide cycle）、Krebs 循环，由诺贝尔获奖者（1953 年）德国学者 H. A. Krebs 于 1937 年提出，是指由丙酮酸通过一系列循环式反应而彻底氧化、脱羧，形成 CO_2、H_2O 和 $NADH_2$ 的过程。在各种好氧微生物中都普遍存在。

由图 6-4 可知，TCA 循环：丙酮酸脱羧后，形成 $NADH^+$ 和乙酰－CoA，乙酰－CoA 与草酰乙酸缩合形成柠檬酸。通过一系列的反应，又重新回到草酰乙酸，再由它来接受下一个循环的乙酰－CoA 分子。TCA 循环总反应式为：

$$CH_3COCOOH + 4NAD^+ + FAD + GDP + Pi + 3H_2O \longrightarrow 2CO_2 + 4(NADH^+) + FADH_2 + GTP$$

TCA 循环位于一切分解代谢和合成代谢中的枢纽地位，与微生物的发酵产物如柠檬酸、谷氨酸、苹果酸、琥珀酸、延胡索酸等的生产密切相关。例如，谷氨酸发酵就是由

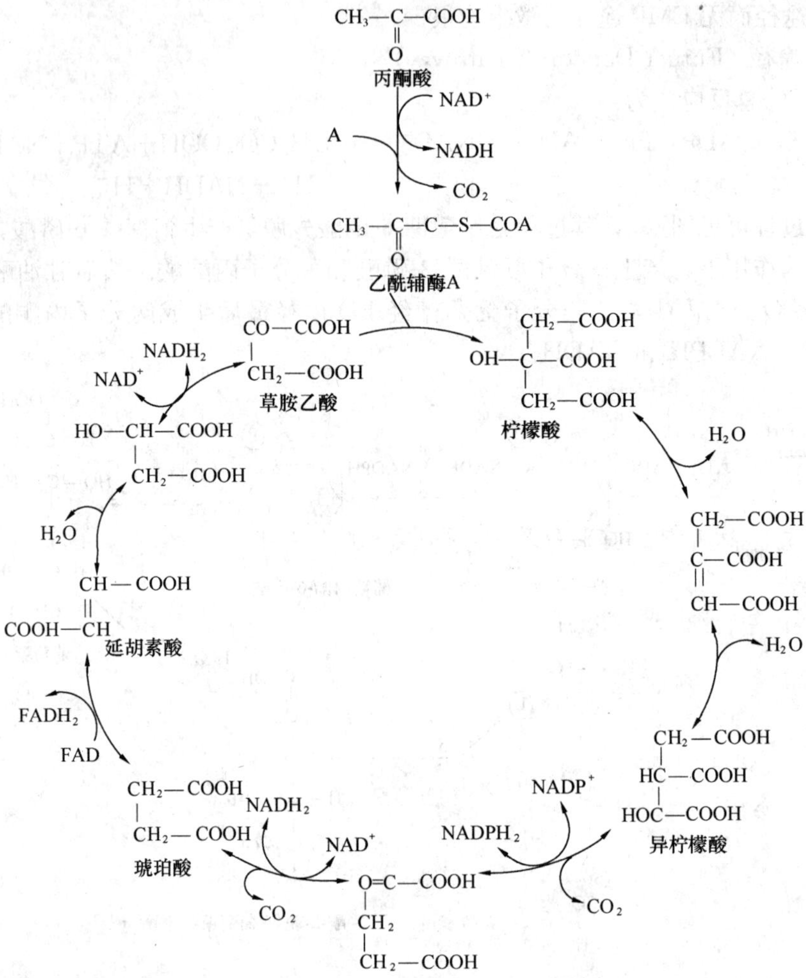

图 6-4　TCA 循环

TCA 循环中产生的。

由于微生物种类繁多，能在不同条件下对不同物质或对基本相同的物质进行不同的发酵，而不同微生物对不同物质发酵时可以得到不同的产物；不同的微生物对同一种物质进行发酵，或同一种微生物在不同条件下进行发酵都可得到不同的产物，这些都取决于微生物本身的代谢特点和发酵条件。

（2）呼吸作用

上面讨论了葡萄糖分子在没有外源电子受体时的代谢过程。在这个过程中，底物中所具有的能量只有一小部分被释放出来，并合成少量 ATP。造成这种现象的原因有两个，一是底物的碳原子只被部分氧化，二是初始电子受体存在时，底物分子可被完全氧化为 CO_2，且在此过程中可合成的 ATP 的量大大多于发酵过程。微生物在降解底物的过程中，将释放出的电子交给 NAD $(P)^+$、FAD 或 FMN 等电子载体，再经电子传递系统传给外源电子受体，从而生成水或其他还原型产物并释放出能量的过程，称为呼吸作用。其中，以分子氧作为最终电子受体的称为有氧呼吸，以氧化型化合物作为最终电子受体的称为无氧呼吸。呼吸作用与发酵作用的根本区别在于：电子载体不是将电子直接传递给底物降解的中间产物，而是交给电子传递系统，逐步释放出能量后再交给最终电子受体。

许多不能被发酵的有机化合物能够通过呼吸作用而被分解，这是因为进行呼吸作用的生物的电子传递系统中发生了 NADH 的氧化和 ATP 的生成，因此只要生物体内有一种能将电子从该化合物转移给 NAD^+ 的酶存在，而且该化合物的氧化水平低于 CO_2 即可。能通过呼吸作用分解的有机物包括某些碳氢化合物、脂肪酸和许多醇类。但某些人造化合物对于微生物的呼吸作用具显著抗性，可在环境中积累，造成有害的生态影响。

1）有氧呼吸

在发酵过程中，葡萄糖经过糖酵解作用形成的丙酮酸在厌氧条件下转变成不同的发酵产物，而在有氧呼吸过程中，丙酮酸进入三羧酸循环（简称 TCA 循环），被彻底氧化生成 CO_2 和水，同时释放大量能量。

对于每个经 TCA 循环而被氧化的丙酮酸分子来讲，在整个氧化过程中共释放出 3 个分子的 CO_2。一个是在乙酰辅酶 A 形成过程中产生的，一个是在异柠檬酸的脱羧时产生的，另一个是在 α一酮戊二酸的脱羧过程中产生的。与发酵过程相一致，TCA 循环中间产物氧化时所释放出的电子通常先传递给含辅酶 NAD^+ 的酶分子。然而，NADH 的氧化方式在发酵及呼吸作用中是不同的。在呼吸过程中，NADH 中的电子不是传递给中间产物，如丙酮酸，而是通过电子传递系统传递给氧分子或其他最终电子受体。因此，在呼吸过程中，因有外源电子受体的存在，葡萄糖可以被完全氧化成 CO_2，从而可产生比发酵过程更多的能量。

在三羧酸循环过程中，丙酮酸完全氧化为 3 个分子的 CO_2，同时生成 4 分子的 NADH 和 1 分子的 $FADH_2$。NADH 和 $FADH_2$ 可经电子传递系统重新被氧化，每氧化 1 分子 NADH 可生成 3 分子 ATP，每氧化 1 分子 $FADH_2$ 可生成 2 分子 ATP。另外琥珀酰辅酶 A 在氧化成延胡索酸时，包含着底物水平磷酸化作用，由此产生 1 分子 GTP，随后 GTP 可转化成 ATP。每一次三羧酸循环可生成 15 分子 ATP。此外，在糖酵解过程中产生的 2 分子 NADH 可经电子传递系统重新被氧化生成 6 分子 ATP。在葡萄糖转变为两分子丙酮酸时还可借底物水平磷酸化生成 2 分子的 ATP。因此，需氧微生物在完全氧化葡萄糖的过程中总共可得到 38 分子的 ATP。ATP 中的高能磷酸键有 38.1kJ/mol 的能量，那么每 1mol 葡萄糖完全氧化成 CO_2 和 H_2O 时，就有 1208kJ 的能量转变为 ATP 高能磷酸键的键能。因为完全氧化 1mol 的葡萄糖可得到的总能量大约是 2822kJ，所以呼吸作用的效率大约是 43%，其余的能量以热的形式散失。

在糖酵解和三羧酸循环过程中形成的 NADH 和 $FADH_2$ 通过电子传递系统被氧化，最终形成 ATP，为微生物的生命活动提供能量。电子传递系统是由一系列氢和电子传递体组成的多酶氧化还原体系。NADH、$FADH_2$ 以及其他还原型载体上的氢原子，以质子和电子的形式在其上进行定向传递，其组成酶系是定向有序的，又是不对称地排列在原核微生物的细胞质膜上或真核微生物的线粒体内膜上。这些系统具有两种基本功能：一是从电子供体接受电子并将电子传递给电子受体；二是通过合成 ATP 把在电子传递过程中释放的一部分能量保存起来。电子传递系统中的氧化还原酶包括 NADH 脱氢酶、黄素蛋白、铁硫蛋白、细胞色素、醌及其化合物。

2）无氧呼吸

某些厌氧和兼性厌氧微生物在无氧条件下进行无氧呼吸。无氧呼吸的最终电子受体不是氧，而是某些氧化态化合物。根据呼吸链末端氢受体的不同，可把无氧呼吸分为以下几种类型：

① 硝酸盐呼吸（Nitrate respiration）：以硝酸盐作为最终电子受体的生物学过程，也称为硝酸盐的异化作用。NO_3^-只能接收 2 个电子，产能效率低；NO_3^-对细胞有毒；有些菌可将 NO_3^-进一步还原成 N_2，这个过程称为反硝化作用。能进行硝酸盐呼吸的细菌被称为硝酸盐还原菌，主要生活在土壤和水环境中，如假单胞菌、依氏螺菌、脱氮小球菌等。硝酸盐还原细菌被认为是一种兼性厌氧菌，无氧且当环境中存在硝酸盐时进行厌氧呼吸，而有氧时其细胞膜上的硝酸盐还原酶活性被抑制，细胞进行有氧呼吸。

②硫酸盐呼吸（Sulfate respiration）：是一种由硫酸盐还原细菌（或称反硫化细菌）把经呼吸链传递的氢交给硫酸盐而将硫酸盐还原成 H_2S 的过程。

③硫呼吸（Sulphur respiration）：以无机硫作为无氧呼吸链的最终氢受体，结果硫被还原成 H_2S。

④碳酸盐呼吸（Carbonate respiration）：是一类以 CO_2 或重碳酸盐作为无氧呼吸链的末端氢受体的无氧呼吸。

厌氧呼吸的产能较有氧呼吸少，但比发酵多，它使微生物在没有氧的情况下仍然可以通过电子传递和氧化磷酸化来产生 ATP，因此对很多微生物是非常重要的。除氧以外仍有多种物质可被各种微生物用作最终电子受体，充分体现了微生物代谢类型的多样性。

2. 自养微生物的生物氧化

有些微生物可以从氧化无机物中获得能量，同时合成细胞物质，这类细菌称为化能自养型微生物。它们在无机能源氧化过程中通过氧化磷酸化产生 ATP。

（1）氨的氧化　NH_3 同亚硝酸（NO_2^-）是可以用做能源的最普通的无机氮化合物，能被硝化细菌所氧化。硝化细菌可分为两个亚群：亚硝化细菌和硝化细菌。氨氧化为硝酸的过程可分为两个阶段：先由亚硝化细菌将氨氧化为亚硝酸，再由硝化细菌将亚硝酸氧化为硝酸。硝化细菌都是一些专性好氧的革兰氏阳性细菌，以分子氧为最终电子受体，绝大多数是专性无机营养型。它们的细胞都具有复杂的膜内褶结构，这有利于增加细胞的代谢能力。硝化细菌无芽孢，多数为二分裂繁殖，生长缓慢，平均世间在10h以上，分布非常广泛。

亚硝化细菌：$NH_4^+ + 3/2O_2 \longrightarrow NO_2^- + H_2O + 2H^+ + 270.0kJ$

硝化细菌：$NO_2^- + 1/2O_2 \longrightarrow NO_3^- + 77.4kJ$

（2）硫的氧化　硫杆菌能够利用一种或多种还原态或部分还原态的硫化合物（包括硫化物、元素硫、硫代硫酸盐、多硫酸盐和亚硫酸盐）作为能源。H_2S 首先被氧化成元素硫，随之被硫氧化酶和细胞色素系统氧化成亚硫酸盐，放出的电子在传递过程中可以偶联产生 4 个 ATP。亚硫酸盐的氧化可分为两条途径，一是直接氧化成 SO_4^{2-}，由亚硫酸盐—细胞色素 c 还原酶和末端细胞色素系统催化，产生 1 个 ATP；二是经磷酸腺苷硫酸的氧化途径，每氧化 1 分子 SO_4^{2-} 产生 2.5 个 ATP。

硫细菌：$S^{2-} + 2O_2 \longrightarrow SO_4^{2-} + 794.5kJ$

（3）铁的氧化　从亚铁到高铁状态，铁的氧化对于少数细菌来说也是一种产能反应，但从这种氧化中只有少量的能量可以被利用。亚铁的氧化仅在嗜酸性的氧化亚铁硫杆菌中进行了较为详细的研究。在低 pH 环境中这种菌能利用亚铁氧化时放出的能量生长。在该菌的呼吸链中发现了一种含铜蛋白质，它与几种细胞色素 c 和一种细胞色素 a_1 氧化酶构成电子传递链。虽然电子传递过程中的放能部位和放出有效能的数量还有待研究，但已知在电子传递到氧的过程中细胞质内有质子消耗，从而驱动 ATP 的合成。

铁细菌：$2Fe^{2+}+1/2O_2+2H^+ \longrightarrow 2Fe^{3+}+H_2O+44.4kJ$

(4) 氢的氧化　氢细菌都是一些革兰氏阴性的兼性化能自氧菌，它们能利用分子氢氧化产生的能量同化 CO_2，也能利用其他有机物生长。氢细菌的细胞膜上有泛醌、维生素 K_2 及细胞色素等呼吸链组分。在该菌中，电子直接从氢传递给电子传递系统，电子在呼吸链传递过程中产生 ATP。多数氢细菌中有两种与氢的氧化有关的酶，一种是位于壁膜间隙或结合在细胞质膜上的不需 NAD^+ 的颗粒状氧化酶，它能够催化以下反应：

氢细菌：$H_2+1/2O_2 \longrightarrow H_2O+237.2kJ$

6.1.2　能量转移

在产能代谢过程中，微生物通过底物水平磷酸化和氧化磷酸化将某种物质氧化释放的能量贮存于 ATP 等高能分子中，对光合微生物而言，则可通过光合磷酸化将光能转变为化学能贮存于 ATP 中。

1. 底物水平磷酸化

物质在生物氧化过程中，产生一种含高自由能的中间体，而这些化合物可直接偶联 ATP 或 GTP 的合成，这种产生 ATP 等高能分子的方式称为底物水平磷酸化。底物水平磷酸化既存在于发酵过程中，也存在于呼吸作用过程中。

2. 氧化磷酸化

物质在生物氧化过程中形成的 NADH 和 $FADH_2$ 可通过位于线粒体内膜和细菌质膜上的电子传递系统将电子传递给氧或其他氧化型物质，在这个过程中偶联着 ATP 的合成，这种产生 ATP 的方式称为氧化磷酸化（图 6-5）。1 分子 NADH 和 $FADH_2$ 可分别产生 3 个 ATP 和 2 个 ATP。

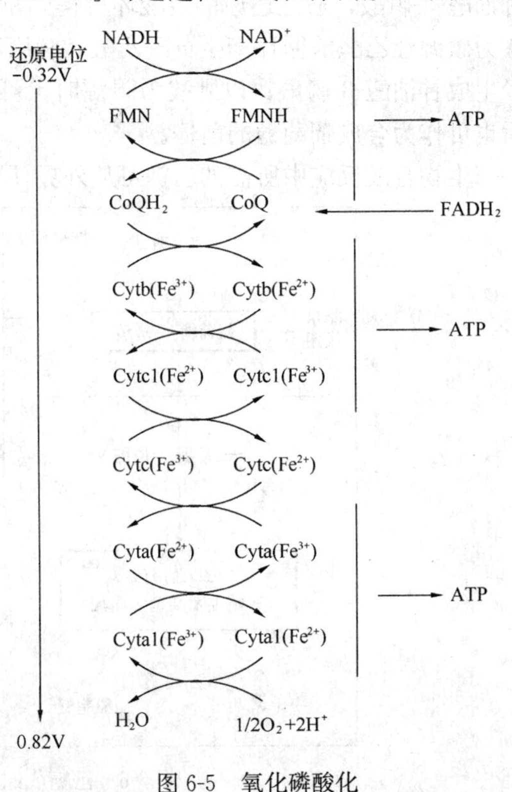

图 6-5　氧化磷酸化

3. 光合磷酸化

光合作用是自然界的一个极其重要的生物学过程，其实质是通过光合磷酸化将光能转变成化学能，以用于 CO_2 合成细胞物质的过程中。光合作用的生物体除了绿色植物外，还包括光合微生物，如藻类、蓝细菌和光合细菌（包括紫色硫细菌、绿色硫细菌、嗜盐菌等）。它们利用光能维持生命，同时也为其他生物（如动物和异养型微生物）提供了赖以生存的有机物。

光合磷酸化是指光能转变为化学能的过程。当一个叶绿素分子吸收光量子时，叶绿素性质即被激化，导致叶绿素（或细菌叶绿素）释放一个电子而被氧化，释放出的电子在电子传递系统中逐步释放能量，这就是光合磷酸化的基本动力。

6.2 微生物的物质合成

为了生长和繁殖，微生物必须合成新的细胞物质，这种过程称为生物合成。微生物利用能量代谢所产生的能量、中间产物以及从外界吸收的小分子物质，合成复杂的细胞物质。在微生物细胞物质的合成过程中，首先是合成各种前体物质，如单糖、氨基酸、脂肪酸等，然后进一步合成大分子物质，如多糖、蛋白质、核酸等。

微生物的种类很多，其生物合成途径也比较复杂多样。这里仅介绍几个主要的细胞物质合成途径。

6.2.1 糖类的生物合成

微生物在生长过程中，除了有分解糖类的能量代谢外，还能不断地从简单化合物合成糖类，以构成细胞生长所需要的单糖、多糖等。单糖在微生物中很少以游离形式存在，一般以多糖或多聚体的形式，或是以少量的糖磷酸酯和糖核苷酸形式存在。单糖和多糖的合成对自养型和异养型微生物的生命活动十分重要。

1. 单糖的合成

无论自养微生物还是异养微生物，其合成单糖的途径一般都是通过 EMP 途径逆行合成葡糖-6-磷酸，然后再转化为其他的糖。因此单糖合成的中心环节是葡萄糖的合成。但自养微生物和异养微生物合成葡萄糖的前体来源不同：自养微生物通过卡尔文循环可产生甘油醛-3-磷酸，通过还原的羧酸环可得到草酰乙酸或乙酰辅酶 A；异养微生物可利用乙酸为碳源经乙醛酸循环产生草酰乙酸；利用乙醇酸、草酸、甘氨酸为碳源时通过甘油酸途径生成甘油醛-3-磷酸；以乳酸为碳源时，可直接氧化成丙酮酸；将生糖氨基酸脱去氨基后也可作为合成葡萄糖的前体。

生物合成反应中所需的已糖可从外界环境获得或用非糖前体物来合成（图 6-6）。

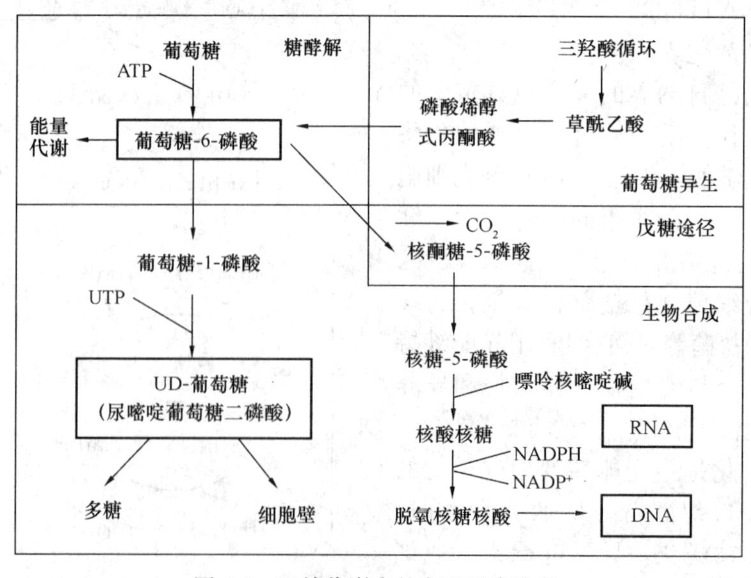

图 6-6 已糖代谢中的主要反应途径

2. 多糖的合成

微生物细胞内所含的多糖是一种多聚物，包括同多糖和杂多糖。同多糖是由相同单糖分子聚合而成的糖类，如糖原、纤维素等。杂多糖是由不同单糖分子聚合而成的糖类，如肽聚糖、脂多糖和透明质酸等。多糖的合成不仅仅是分解反应的逆转，而是以一种核苷糖为起始物，接着糖单位逐个地添加在多糖链末端的过程。促进合成的能量是由核苷糖中高能糖一磷酸键水解中得到。多糖的合成是靠转移酶类的特异性来决定亚单位在多聚链上的次序的，并且在合成的起始阶段需要一个引子作为添加单位的受体并利用糖核苷酸作为糖基载体，将单糖分子转移到受体分子上，使多糖链逐步加长。

6.2.2 脂肪酸的生物合成

微生物可以利用乙酰 CoA 与 CO_2 等物质合成脂肪酸。脂肪酸的合成必须借助一种对热、酸都稳定的酰基载体蛋白（ACP）。首先乙酰 CoA 与 CO_2 通过羧化反应产生丙二酰 CoA，再经过转移酶作用转到 ACP 上，生成丙二酰-ACP。脂肪酸链是周期性地逐步延长，每一个周期增加 2 个碳原子，每次增加的 2 个碳原子均由丙二酰 CoA 提供，并放出一个 CO_2。

6.2.3 氨基酸和核苷酸的生物合成

1. 氨基酸的生物合成

氨基酸是组成蛋白质的基本单位，胞内的游离氨基酸随着蛋白质的合成不断被消耗，必须获得补充。微生物可直接从周围环境中获取氨基酸，而当环境缺乏氨基酸或遇到不能获得的氨基酸时，细胞则必须自身合成。

在蛋白质中通常存在着 20 种氨基酸。对于那些不能从环境中获得部分或全部现成氨基酸的生物，就必须从另外的途径去合成它们。在氨基酸合成中，主要包含着两个方面的问题：各氨基酸碳骨架的合成以及氨基的结合。合成氨基酸的碳骨架来自糖代谢产生的中间产物，而氨有以下几种来源：一是直接从外界环境获得；二是通过体内含氮化合物的分解得到；三是通过固氮作用合成；四是由硝酸还原作用合成。另外，在合成含硫氨基酸时，还需要硫的供给。大多数微生物可从环境中吸收硫酸盐作为硫的供体，但由于硫酸盐中的硫是高度氧化状态的，而存在于氨基酸中的硫是还原状态的，所以无机硫要经过一系列的还原反应才能用于含硫氨基酸的合成。

2. 核苷酸的生物合成

核苷酸作为核酸的基本结构单位，它是由碱基、戊糖、磷酸所组成。根据碱基成分可把核苷酸分为嘌呤核苷酸和嘧啶核苷酸。

（1）嘌呤核苷酸的生物合成　嘌呤环几乎是一个原子接着一个原子地合成。它的碳和氮来自氨基酸、CO_2 和甲酸。它们逐步地添加到核苷酸这一起始物质上。微生物合成嘌呤核苷酸有两种方式，第一种方式是由各种小分子化合物，全新合成次黄嘌呤核苷酸（IMP），然后再转化为其他嘌呤核苷酸（图 6-7）。次黄嘌呤核苷酸是在 5-磷酸核酮糖的基础上合成的。

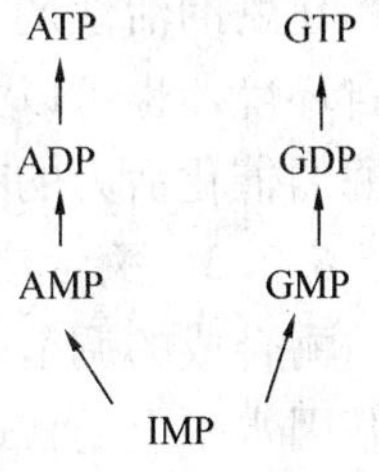

图 6-7　次黄嘌呤核苷酸（IMP）转化为其他嘌呤核苷酸示意图

第二种方式是由自由碱基或核苷组成相应的嘌呤核苷酸。有的微生物不具备全新合成嘌呤核苷酸的能力，就以这种方式合成嘌呤核苷酸，这是一种补救途径，以便更经济地利用已有成分。

(2) 嘧啶核苷酸的生物合成　微生物合成嘧啶核苷酸也有两种方式：一种方式是由小分子化合物全新合成鸟嘧啶核苷酸，然后再转化为其他嘧啶核苷酸；另一种方式是利用完整的嘧啶或嘧啶核苷酸分子，组成嘧啶核苷酸。

6.3　微生物的代谢调控

微生物的营养和代谢需在酶的参与下才能正常进行。酶是一类由活性细胞产生的具有催化作用和高度专一性的特殊蛋白质。简单说，酶是一类由活性细胞产生的生物催化剂。

微生物拥有一套灵敏而精确的代谢调节系统，以保证各种酶正确无误、有条不紊地进行复杂的新陈代谢作用。由于酶是微生物代谢的核心，许多调节都是针对酶而展开的。对酶的调节有“粗调”和“细调”两个层次。“粗调”是调节酶的合成量，“细调”则是调节酶的活性。

6.3.1　酶的组成

根据酶的组成情况，可以将酶分为两大类：单成分酶和全酶。单成分酶指组成为单一蛋白质；全酶指某些酶分子中除了蛋白质外，还含有非蛋白组分。全酶的蛋白质部分称为酶蛋白，非蛋白质部分包括辅酶及金属离子（或辅助因子）。酶蛋白与辅助因子组成的完整分子称为全酶。全酶中的各种成分缺一不可，否则全酶会丧失催化特性，单纯的酶蛋白无催化功能。

6.3.2　酶活性调节

酶活性调节是以酶分子结构为基础的，它是指细胞通过调节胞内已有酶分子的构象或分子结构来改变酶活性，从而调节所催化的代谢反应速率。这种调节方式使微生物细胞对环境的变化能够做出迅速反应，具有作用直接、响应快、可逆等特点。

1. 调节方式

酶活性调节的方式主要有激活和抑制两种。激活是指在分解代谢途径中，催化后面反应的酶的活性可被前面反应的中间产物所促进。抑制指某一代谢途径的末端终产物过量产生后，它会直接作用于该途径中第一个酶，使其活性受到抑制，从而促使整条途径的反应速度减慢或停止，避免末端产物的过多积累，属于反馈抑制。反馈抑制具有作用直接、效果快速以及当末端产物浓度降低时又可重新解除等优点。

2. 调节机制

在酶的活性调节中往往由效应物介入或引起。效应物通常是低分子量的化合物，可以来自环境，也可以是细胞代谢中间产物。能提高酶的催化能力的效应物称为激活剂，而降低酶的催化活力的效应物称为抑制剂。

6.3.3　酶合成的调节

酶合成的调节是通过调控酶的合成量来调节代谢速率的一种机制，从本质上看是发生在基因水平上的代谢调节。能否合成某种酶，取决于微生物有无合成该酶的基因以及环境条件。与酶活性的调节相比，这类调节是一类间接、缓慢的调节方法，但具有节约生物合成原料和能量的优点。

1. 调节方式

酶合成调节的方式主要有诱导（induction）和阻遏（repression）两种。凡能促进酶生物合成的现象，称为诱导，而阻止酶生物合成的现象，则称为阻遏。

酶的合成调节也是由效应物介入而引起，能促使酶产生的效应物称为诱导物，它可以是该酶的底物，也可以是难以代谢的底物类似物或者底物的前体物质。例如β-半乳糖苷酶的底物乳糖及不被利用的异丙基-β-D-硫代半乳糖苷都是该酶的良好诱导物；而阻止酶合成的物质称为辅阻遏物，它可以是合成代谢途径的末端产物或分解代谢途径的中间产物。

(1) 诱导

根据酶的合成对代谢环境所作出的反应，可以把微生物的酶划分成组成酶和诱导酶两类。

组成酶是细胞固有的酶类，其合成是在相应的基因控制下进行的。它对环境不敏感，不因效应物的存在与否而受影响。例如 EMP 途径的有关酶类。

诱导酶对环境敏感，受效应物（外来底物或其结构类似物）存在与否的影响而合成或中止，它是细胞为适应环境而临时合成的一类酶。

组成酶和诱导酶的遗传基因都存在于细胞染色体上，但两者在表达上不同，后者的表达依赖于环境中的诱导物的存在，而前者不需要。

(2) 阻遏

在微生物的代谢过程中，细胞内有过量效应物（合成代谢的末端产物或分解代谢的产物）存在时，通过阻止代谢途径中所有酶的生物合成，彻底地关闭代谢途径，停止产物的继续合成。阻遏作用也是一种反馈调节，并且相比于酶活性调节中通过降低途径中关键酶活性的反馈抑制而言，阻遏作用有利于生物体节省有限的养料和能量。

2. 调节类型

(1) 酶的诱导

酶的诱导合成可分为两种类型，即同时诱导和顺序诱导。

1) 同时诱导指加入一种诱导物能同时（或几乎同时）诱导与其代谢有关的几种酶的合成，主要存在于短代谢途径中。例如，在 E. *coli* 培养基中加入乳糖，可同时诱导β-半乳糖苷透性酶、β-半乳糖苷酶和半乳糖苷转乙酰酶的合成。

2) 顺序诱导是加入诱导物后，会产生一系列酶，先合成能分解底物的酶，再依次合成代谢途径中多个中间代谢物的酶。微生物通过顺序诱导来实现复杂代谢途径的分段调节。

(2) 酶的阻遏

酶合成的阻遏调节主要有末端代谢产物阻遏和分解代谢产物阻遏两种类型。

1) 末端产物阻遏（end-product repression）是指在生物合成途径中，由于效应物（代谢途径的末端产物）过量累积而阻遏该途径中所有酶的生物合成，属于反馈控制。

末端产物阻遏保证细胞内各种物质维持在适当的浓度。例如，与嘌呤、嘧啶和氨基酸生物合成有关的酶就受到末端产物阻遏的调节，因而在正常的生理条件下，微生物不会过量合成细胞物质。

2) 分解代谢物阻遏（catabolite repression）指分解代谢反应中，某些代谢物（中间或末端代谢物）的过量积累而阻遏其他代谢途径中一些酶合成的现象。

当同时存在有两种可分解的底物（碳源或氮源）时，能被细胞快速利用的底物甲会阻遏与缓慢利用的底物乙分解有关的酶的合成。在这一阻遏作用中，效应物并非底物甲本身，而是其分解过程中所产生的中间代谢物。二次生长现象就是这种调节类型的典型例子。

思考题

1. 比较有氧呼吸、厌氧呼吸和发酵的异同？
2. 何为合成代谢和分解代谢？
3. 何为无氧呼吸？各类型无氧呼吸有何特点？
4. 什么是酶？酶的组成如何？全酶各部分的作用是什么？
5. 酶合成的调节方式主要有几种？是如何来调节酶合成？
6. 糖酵解途径的生理意义？
7. 硝化细菌和硫化细菌获得能量的方式？
8. 生物体是通过何种方式合成单糖？

第 7 章　微生物的生长和遗传变异

7.1　微生物的生长与繁殖

7.1.1　微生物的生长与繁殖

微生物在适宜的条件下，不断从周围环境中吸收营养物质转化为构成细胞物质的组分和结构，使个体细胞质量增加和体积增大的过程，称为生长。单细胞微生物，细菌个体细胞增大是有限的，体积增大到一定程度就会分裂，分裂成两个大小相似的子细胞，子细胞又重复上述过程，使细胞数目增加的过程，称为繁殖。单细胞微生物的生长实际是以群体细胞数目的增加为标志的。霉菌和放线菌等丝状微生物的生长主要表现为菌丝的伸长和分枝，其细胞数目的增加并不伴随着个体数目的增多而增加。因此，其生长通常是以菌丝的长度、体积及质量的增加来衡量。

除了特定的目的以外，在微生物的研究和应用中只有群体的生长才有实际意义，因此，在微生物学中提到的“生长”均指群体生长。这一点与研究大生物时有所不同。

微生物的生长繁殖是其内外各种环境因素相互作用下的综合反映，因此，生长繁殖情况就可作为研究各种生理生化和遗传等问题的重要指标。同时，微生物在生产实践上的各种应用或对致病、霉腐微生物、引起食品腐败的微生物的控制，也都与它们的生长繁殖和抑制紧密相关。

7.1.2　生长量的测定方法

微生物个体微小，很难测定单个个体的生长状况，实际工作中，通常以微生物群体数量的变化来反映微生物的生长情况。测定方法有细胞数量的测定和生长量的测定。

1. 细胞数目的测定

微生物细胞数量的测定包括总数和活菌数的测定。

（1）细胞总数的测定

测定方法有涂片染色法、计数器法、电子自动计数法和比浊法等。最终可计算出每毫升或每克样品中的总菌数量，包括死亡的细菌和活细菌。这些计数法简便、快速，但只能测定单细胞微生物的数量，不适于多细胞微生物的计数，也无法区分出死细胞和活细胞，同时易受培养基中杂质的干扰。

（2）活菌数的测定

测定方法包括稀释平皿菌落计数法、滤膜培养法、稀释液体试管培养法，也称多管培养法和最大可能数（MPN）法。平皿菌落计数法和滤膜培养法常用每毫升或每克样品的菌落形成单位（colony formation unit，CFU）来表示样品的含菌数（图 7-1）。该法适用于细菌和酵母菌等单细胞微生物的计数，不适用于霉菌等多细胞微生物的计数。

（3）霉菌数量的测定

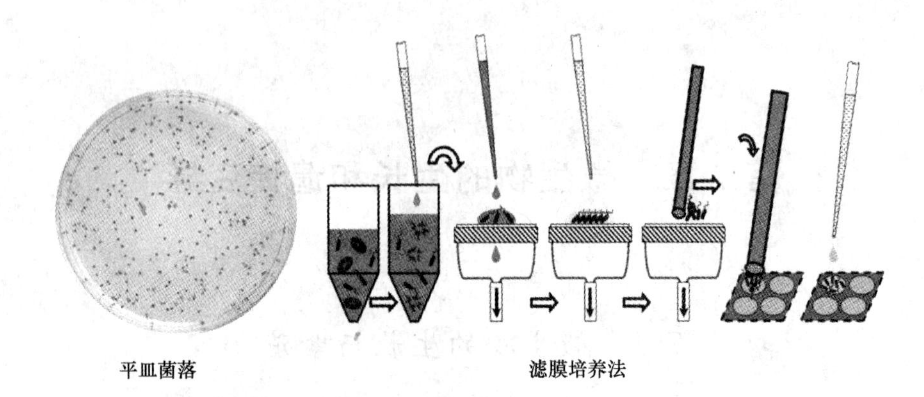

图 7-1 活菌数的测定方法

包括平皿培养法和 U 形管培养法，但该法不能反映出霉菌菌丝总量。

2. 生物量的测定

微生物生物量的测定方法包括：①菌体干重的测定，用清水洗净培养后的菌体，然后在 80～100℃将菌体烘干或减压干燥，由菌体干重计算生物量。菌体鲜重则可由干重换算。②菌体含氮量的测定，从培养物中分离菌体，洗净（排除培养基带入的含氮物质），再用凯氏定氮法测定菌体含氮量。由菌体含氮量计算出微生物的生物量。③菌体 DNA 含量的测定，微生物菌体 DNA 的含量相对稳定，每个细菌平均 DNA 含量为 8.4×10^{-5}mg。利用 DNA 与 3，6-二氨基苯甲酸-盐酸溶液的特殊荧光反应，测定出菌悬液的 DNA 总量后，进一步算出细菌数量。

7.1.3 分批培养（batch culture）

微生物学中，将在实验室条件下从一个细胞或一种细胞群繁殖得到的后代称为纯培养。纯培养是研究某具体微生物的必备材料。

把微生物接种于一定容积的培养基中，培养后一次收获，这种培养称为分批培养。在分批培养中，培养基一次加入，不予补充，不再更换。这种培养方式中，随培养时间的延长，消耗的营养物得不到补充，代谢产物未能及时排出培养系统，其他对微生物生长有抑制作用的环境条件得不到及时改善，使微生物细胞生长繁殖所需的营养条件与外部环境逐步恶化，从而使微生物群体生长表现出从细胞对新的环境的适应到逐步进入快速生长，而后较快转入稳定期，最后走向衰亡的阶段的分明的群体生长过程。分批培养由于它的相对简单与操作方便，在微生物学研究和生产实践中被广泛采用，生长曲线的研究所用的方法就是分批培养法，废水处理的 SBR 工艺中一个循环周期就可近似看成是一个分批培养的过程，只是该系统中有多种微生物而不是只有一种微生物的纯培养。

在无菌条件下，取适量的细菌纯培养物接种在恒定体积的液体培养基中，在适宜的温度和通气量情况下进行纯培养，在培养过程中，定时取样计数，以培养时间为横坐标，以细菌个数或细菌数的对数或细菌的干重为纵坐标，将坐标系上各点连接成一条反映细菌在整个培养期间变化规律的曲线，这种曲线称为细菌的生长曲线（Bacterial growth curve）（图 7-2）。各种不同的微生物由于其生长速率不同，因而生长曲线也不同，但是曲线的形状基本相同。根据生长特点，该曲线可以划分为四个时期：适应期、对数期、平稳期和衰亡期。每个时期的特点如下：

(1) 适应期：也称为调整期，这个时期由于菌体进入新鲜的培养基中，需要适应新的环境，一般不会立即繁殖。在初始阶段，细菌数目（或菌体重量）几乎不增加，甚至稍有减少。培养一段时间后，菌体细胞物质开始增加，细胞体积增大；细胞代谢机能活化，大量合成诱导酶、辅酶以及其他产物；核糖体合成加快，RNA 含量升高。采用对数期的菌体作为菌种可以缩短适应期，加大接种量也可以缩短适应期。

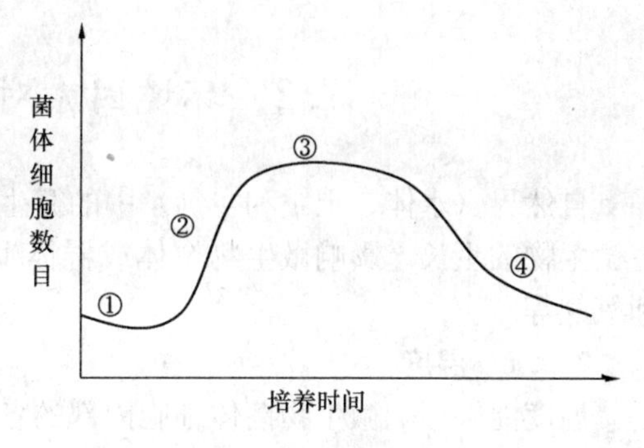

图 7-2　细菌的生长曲线示意图

(2) 对数期：也称为指数期，经过延滞生长期的适应，细胞分裂速率加快，菌体细胞增长以对数增长（2^1，2^2，2^3，2^4，……，2^n）。对数生长期细菌的特征是：个体生长繁殖迅速、代时最短；细胞生理活性强、代谢活动旺盛。细菌菌体大小、个体形态、化学组成和生理特性等相对一致，细胞增殖速率大于死亡速率。

(3) 平稳期：也称为稳定期，经过对数生长期，营养物质被大量消耗，比例失调，代谢产物开始积累，营养液 pH 值发生变化，致使生长条件恶化，环境条件逐渐不适宜于细菌生长，细菌增殖速率逐渐下降，死亡速率上升。当增殖速率与死亡速率基本持平时，培养液中活菌数保持相对稳定，这一时期称为稳定生长期。

在稳定生长期，细菌净增长速率为零，但细胞并未停止分裂；此时细菌个体增加数与死亡数相等。当培养液中的营养物质消耗殆尽后，细菌开始消耗细胞内的贮藏物质，同时菌体死亡后裂解，释放出的营养物质，也作为其他细菌的养料，称之为内源代谢。稳定生长期细菌的特征是：细菌总数达到最高；细胞活性逐渐下降，内含物如肝糖粒、脂肪粒、PHB 等开始积累；芽孢细菌开始形成芽孢。

(4) 衰亡期：在稳定生长期后，由于营养物质的进一步消耗，代谢产物积累，细菌增殖逐渐停止，死亡率不断增加，菌体死亡速率大于增殖速率，总的活菌数明显下降，细胞进入衰亡期。衰亡生长期的细菌代谢活性降低，菌体会呈现畸形或多形态，细胞内产生液泡和空泡，芽孢菌开始释放芽孢。

7.1.4　连续培养（continuous culture）

与分批培养相对应，连续培养指在培养器中不断补充新鲜营养物质，并不断排出部分培养物（包括菌体和代谢产物），以保持长时间生长状态的一种培养方式。连续培养的显著特点是：可以根据研究或生产的目的，在一定程度上，人为控制微生物处于生长曲线中的某个时期，使持续时间缩短或延长，使某个时期的细胞加速或降低代谢速率，从而大大提高培养过程的人为可控性和效率。

连续培养主要有恒浊连续培养和恒化连续培养两类。恒浊连续培养通过不断调节流速，使培养液浊度保持恒定，因而可不断提供具有一定生理状态的细胞，并可得到以最高生长速率进行生长的培养物。恒化连续培养通过控制恒定的流速使营养物浓度基本恒定，从而使微生物保持恒定的生长速率。用不同浓度的限制性营养物进行恒化培养，可得到不同生长速率的培养物。

7.2 环境因素对微生物生长的影响

自然界（水体、土壤和空气）中的微生物与环境因子发生着互作关系，环境因素调控着微生物的生长。影响微生物个体或群体生长的环境因素主要包括：温度、pH、渗透压和氧气等。

7.2.1 温度

温度能够影响微生物菌体细胞内部的各种生物化学反应的酶促反应速率，因此是微生物生长的限制因子。从总体上看，微生物生长和适应的温度范围从－12～100℃或更高，根据不同微生物对温度的要求和适应能力，可以把它们区分为低温菌、中温菌和高温菌3种不同的类型。

低温型微生物（psychrophiles）或嗜冷微生物，一般分布在高纬度的陆地和海洋、中高纬度陆地及冷藏食品上，包括细菌、真菌和藻类等许多类群，它们往往是造成冷冻食品腐败的主要原因。嗜冷性微生物能在低温下生长的主要原因是：它们有能在低温下保持活性的酶和细胞质膜类脂中的不饱和脂肪酸含量较高，因而能在低温下继续保持其半流动性和生理功能，进行活跃的物质传递，支持微生物生长。

中温型微生物（mesophiles），可进一步分为体温型和室温型两大类。体温型绝大多数是人或温血动物的寄生或兼性寄生微生物，以35～40℃为最适宜温度。室温型则广泛分布于土壤、水、空气及动植物表面和体内，是自然界中种类最多、数量最大的一个温度类群，其最适温度为25～30℃。

高温型微生物（thermophiles），主要分布在高温的自然环境（如火山、温泉和热带土壤表层）及堆肥、沼气发酵等人工高温环境中。比如堆肥在发酵过程中温度常高达60～70℃。能在55～70℃中生长的微生物有芽孢杆菌属、梭状芽孢杆菌属、高温放线菌属、甲烷杆菌属等。分布于温泉中的细菌，有的可在接近于100℃的高温中生长。

高温对微生物的致死作用，现已广泛用于消毒灭菌。高温灭菌的方法分为干热与湿热两大类。在同一温度下，湿热灭菌法比干热灭菌法的效果好。这是因为蛋白质的含水量与其凝固温度成反比。

1. 干热灭菌

（1）灼热灭菌法　灼热灭菌法即在火焰上灼烧进行灭菌，灭菌彻底，迅速简便，但使用范围有限。常用于金属工具、污染物品及实验材料等废弃物的处理。

（2）干热灭菌法　干热灭菌法主要在干燥箱中利用热空气进行灭菌。通常160～170℃处理1～2h便可达到灭菌的目的。如果被处理物品传热性差、体积较大或堆积过挤时，需适当延长时间。此法只适用于玻璃器皿、金属用具等耐热物品的灭菌。其优点是可保持物品干燥。

2. 湿热灭菌

（1）煮沸消毒法　煮沸消毒法是将物品在水中煮沸（100℃）15min以上，可杀死细菌的所有营养细胞和部分芽孢的灭菌方法。这种方法适用于注射器、解剖用具等的消毒。

（2）高压蒸汽灭菌法　此法为实验室及生产中常用的灭菌方法。常压下水的沸点为100℃，如加压则可提供高于100℃的蒸汽。加之热蒸汽穿透力强，可迅速引起蛋白质凝固变性。所以高压蒸汽灭菌在湿热灭菌法中效果最佳，应用较广。它适用于各种耐热物品的灭菌，如一般培养基、生理盐水、各种缓冲液、玻璃器皿、金属用具、工作服等。常采用1.05kg/cm^2 的蒸汽压，121℃的温度下处理15～30min，即可达到灭菌的目的。灭菌所需的时间和温度取决于被灭菌物品的性质、体积与容器类型等。对体积大、热传导性差的物品，加热时间应适当延长。

(3) 间歇灭菌法　间歇灭菌法是用蒸汽反复多次处理的灭菌方法。将待灭菌物品置于阿诺氏灭菌器或蒸锅（蒸笼）及其他灭菌器中，常压下100℃处理15～30min，以杀死其中的营养细胞。冷却后，置于一定温度（28～37℃）保温过夜，使其中可能残存的芽孢萌发成营养细胞，再以同样方法加热处理。如此反复3次，可杀灭所有芽孢和营养细胞，以达到灭菌的目的。此法的缺点是灭菌比较费时费力，一般只用于不耐热的药品、营养物、特殊培养基等的灭菌，且易破坏培养基的营养成分。在缺乏高压蒸汽灭菌设备时亦可用于一般物品的灭菌。

当环境温度低于微生物生长最低温度时，微生物代谢速率降低，进入休眠状态，但原生质结构通常并不破坏，不致很快死亡，能在一个较长时间内保存其活力，提高温度后，仍可恢复其正常生命活动。在微生物学研究中，常用低温保藏菌种。

7.2.2　pH

每种微生物生存都有最适合的酸碱度范围，最适宜于微生物菌体生长的酸碱度称为最适pH，细菌的最适pH为6.5～7.5，酵母菌为5～6，放线菌为7～8。一些具有特殊功能的微生物最适pH范围比较窄，褐球固氮菌为7.4～7.6，大豆根瘤菌为6.8～7.0，亚硝化单胞菌为7.8～8.0。

各种微生物处于最适pH范围时酶活性最高，如果其他条件适合，微生物的生长速率也最高。当低于最低pH值或超过最高pH值时，将抑制微生物生长甚至导致死亡。pH值影响微生物生长的机制主要有以下几点：①氢离子可与细胞质膜上及细胞壁中的酶相互作用，从而影响酶的活性，甚至导致酶的失活。②pH值对培养基中有机化合物的离子化有影响，因而也间接地影响微生物。酸性物质在酸性环境下不解离，而呈非离子化状态。非离子化状态的物质比离子化状态的物质更易渗入细胞。碱性环境下的情况正好相反，在碱性pH值下，它们能离子化，离子化的有机化合物相对不易进入细胞。当这些物质过多地进入细胞，会对生长产生不良影响。③pH值还影响营养物质的溶解度。pH值低时，CO_2 的溶解度降低，Mg^{2+}、Ca^{2+}、Mo^{2+} 等溶解度增加，当达到一定的浓度后，对微生物产生毒害；当pH值高时，Fe^{2+}、Ca^{2+}、Mg^{2+} 及 Mn^{2+} 等的溶解度降低，以碳酸盐、磷酸盐或氢氧化物形式生成沉淀，对微生物生长不利。

7.2.3　湿度与渗透压

湿度一般是指环境空气中含水量的多少，有时也泛指物质中所含水分的量。一般的生物细胞含水量在70%～90%。湿润的物体表面易长微生物，这是由于湿润的物体表面常有一层薄薄的水膜，微生物细胞实际上就生长在这一水膜中。放线菌和霉菌基内菌丝生长在水溶液或含水量较高的固体基质中，气生菌丝则暴露于空气中，因此，空气湿度对放线菌和霉菌等微生物的代谢活动有明显的影响。如基质含水量不高，空气干燥，胞壁较薄的气生菌丝易失水萎蔫，不利于甚至可终止代谢活动；空气湿度较大则有利于生长。

高渗透压会使得细胞质脱水发生质壁分离，从而使得菌体细胞破碎或者生长受到抑制，影响微生物代谢活性，能够在高渗透压环境下生存的微生物称为耐高渗透压微生物，如盐湖中生存的微生物。我们生活中也存在利用高渗环境来抑制微生物生长的例子，如盐渍产品、蜜渍食品等。

7.2.4 氧气

微生物与氧气关系密切，依据微生物对氧气的需求，可以将微生物分为厌氧微生物、专性好氧微生物和兼性厌氧微生物。

(1) 专性好氧菌（obligate aerobes）这类微生物具有完整的呼吸链，以分子氧作为最终电子受体，只能在较高浓度分子氧的条件下生长，大多数细菌、放线菌和真菌是专性好氧菌，如醋杆菌属（*Acetobacter*）、固氮菌属（*Azotobacter*）、铜绿假单胞菌（*Pseudomonas aeruginosa*）等属种。

(2) 兼性厌氧菌（facultative anaerobes）兼性厌氧菌也称兼性好氧菌。这类微生物的适应范围广，在有氧或无氧的环境中均能生长。一般以有氧生长为主，有氧时靠呼吸产能，兼具厌氧生长能力；无氧时通过发酵或无氧呼吸产能，如大肠杆菌（*E. coli*）、产气肠杆菌（*Enterobacter aerogenes*）等。

(3) 微好氧菌（microaerophilic bacteria）这类微生物只在非常低的氧分压下才能生长。它们通过呼吸链，以氧为最终电子受体产能，如发酵单胞菌属（*Zymontonas*）、弯曲菌属（*Gampylobacter*）、氢单胞菌属（*Hydrogenomonas*）等属种成员。

(4) 耐氧菌（aerotolerant anaerobes）它们的生长不需要氧，但可在分子氧存在的条件下进行发酵性厌氧生活，分子氧对它们无用，但也无害，故可称为耐氧性厌氧菌。氧对其无用的原因是它们不具有呼吸链，只通过发酵经底物水平磷酸化获得能量。一般的乳酸菌大多是耐氧菌，如乳链球菌（*Streptococcus lactis*）、肠膜明串珠菌（*Leuconostoc mesenteroides*）和粪肠球菌（*Enterobacter faecalis*）等。

(5) 厌氧菌（anaerobes）分子氧对这类微生物有毒，氧可抑制其生长（一般厌氧菌）甚至导致死亡（严格厌氧菌）。因此，它们只能在无氧或氧化还原电位很低的环境中生长。常见的厌氧菌有双歧杆菌属（*Bifidobacterium*）、拟杆菌属（*Bacteroides*）和着色菌属（*Chromatium*）等。产甲烷菌类群和硫酸盐还原细菌类群也属于厌氧菌。氧对厌氧性微生物产生毒害作用的机理主要是厌氧微生物在有氧条件下生长时，会产生有害的超氧基化合物和过氧化氢等代谢产物，这些有毒代谢产物在胞内积累而导致机体死亡。

7.3 微生物的遗传变异

微生物的遗传变异、菌种选育和其他生物一样，都具有遗传性和变异性。遗传性，指微生物在一定条件下，其形态、结构、代谢、毒力及对药物的敏感性等都相对稳定，并可由亲代传给子代，由此保持种属稳定性。变异性，指微生物在生长繁殖过程中，子代较之亲代在性状上发生某些变异。变异导致了微生物的进化，以适应新环境。变异可使微生物产生变种和新种。

7.3.1 微生物的遗传物质

随着人们对微生物遗传物质的研究，科研人员通过3个经典的遗传实验（经典转化实验、噬菌体感染实验和植物病毒重建实验）证明了核酸（DNA和RNA）是微生物的遗传物质。染色体DNA是微生物菌体最重要的遗传物质。原核微生物细胞中DNA的为裸露，一般是一条染色体、分子量小。原核微生物基因组为只有一个复制起点、具有操纵子的结构，没有内含子、重复序列较少。

DNA是一种高分子化合物，它由四种核苷酸组成，每一种核苷酸均含环状碱基、脱氧核糖和磷酸根三种组分。四种核苷酸的差异仅仅在于碱基的不同。四种碱基为：腺嘌呤（Adenine，简称A）、鸟嘌呤（Guanine简称G）、胸腺嘧啶（Thymine，简称T）、胞嘧啶（Cytosine，简称C）（图7-3），含这四种碱基的核苷酸分别称为腺嘌呤核苷酸、鸟嘌呤核苷酸、胸腺嘧啶核苷酸和胞嘧啶核苷酸。

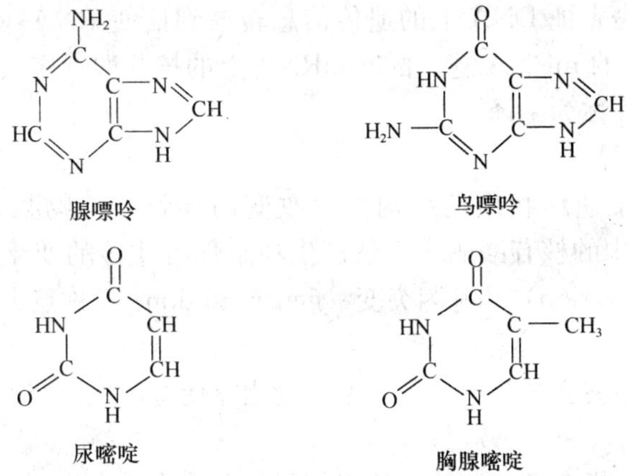

腺嘌呤　　鸟嘌呤

尿嘧啶　　胸腺嘧啶

图7-3　腺嘌呤、鸟嘌呤、尿嘧啶和胸腺嘧啶结构示意图

Watson-Crick的理论认为DNA分子不是一根“多核苷酸链”，而是两个“多核苷酸链”，整齐地排列呈双螺旋结构（图7-4），一个链上的碱基总是和另一链上的碱基相对应而存在，具体地说，即A必须与T配对，C必须与G配对。DNA分子以特有的半保留方式进行复制。通过其复制过程而将无数遗传信息传递至子代。在细胞内，无论是真核微生物还是原核微生物，它们的全部或大部分DNA都集中在细胞核或核质体中。真核微生物其DNA与蛋白质结合在一起而形成了染色体，在全部染色体外还有一层核膜包裹，从而构成了在光学显微镜下清晰可见的完整细胞核。原核微生物的DNA在细胞内单独以核质体的状态存在，外面也未包有核膜。不论是真核微生物还是原核微生物，它们除在细胞核或核质体中集中绝大部分的DNA以外，还在细胞质中存在一些遗传物质，一般称这一部分DNA为质粒。

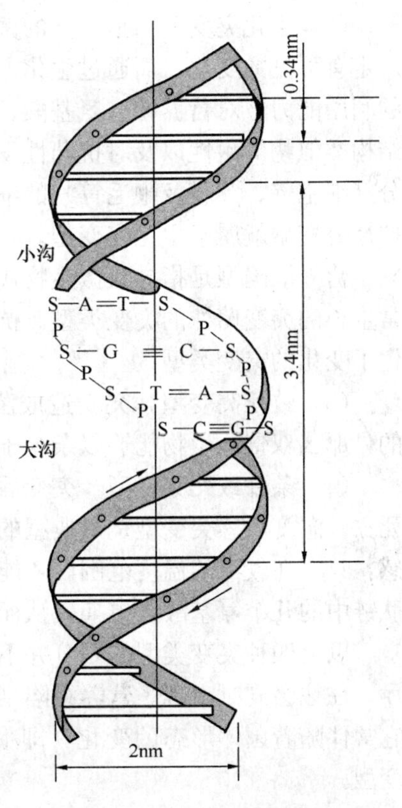

图7-4　DNA双螺旋结构

7.3.2　基因

基因是指生物体携带和传递遗传信息的基本单位。它是DNA分子上一段特定的核苷酸序列。按照功能的不同基因可分为：①结构基因，转录为mRNA、tR-

NA 和 rRNA 的基因；其中，mRNA 编码蛋白质（包括酶）。②操纵基因，一段可以与有活性的阻遏蛋白结合从而阻止转录起始的 DNA 序列。一个典型的操纵基因通常含有回文序列，可以位于启动子和第一个结构基因之间，也可以与启动子重叠，还可以位于启动子内。③调节基因，编码调节蛋白，是控制结构基因表达的基因。

基因通过 DNA 链上的特定核苷酸排列顺序来记载遗传信息。每三个核苷酸顺序决定了一个密码，称为密码子，它是记载遗传信息的基本单位。生物体内的无数蛋白质是生物体各种生理功能的执行者，但是蛋白质并不能自我复制，它是由 DNA 分子结构上的遗传信息来合成的。过程是先把 DNA 上的遗传信息转录到信使 RNA（mRNA）上去，形成一条与 DNA 碱基互补的 mRNA 链，再由 mRNA 上的核苷酸顺序去决定蛋白质中氨基酸的排列顺序，这一过程称为翻译。

7.3.3 遗传型变异

遗传型变异是由于遗传物质的结构发生改变而导致微生物某些性状的改变。突变（mutation）是指核酸中的核苷酸顺序突然产生稳定性可遗传的变化。突变包括染色体畸变（chromosomal aberration）和基因突变（genemutation. 又称点突变）。

1. 突变的现象

从突变的表型可将突变分为形态突变型、生化突变型、致死突变型和条件致死突变型四类。

（1）形态突变型　指突变的菌体发生形态可见的变化，如细胞的大小、形状、鞭毛、纤毛、孢子、芽孢、荚膜，以及群体形态结构（菌落和噬菌斑等）的改变。

（2）生化突变型　指突变的菌体原有特定的生化功能发生改变或丧失，但在形态上不一定有可见的变化，而通过生化方法却可以检测到。如菌体对底物（糖、纤维素及烃等）的利用能力、对营养物（氨基酸、维生素及碱基等）的需求、对过量代谢产物或代谢产物结构类似物的耐性以及对抗药性发生的变化；另外，它也包括细胞成分尤其是细胞表面成分（细胞壁、荚膜及鞭毛等）的细微变异而引起抗原性变化的突变。常见的营养缺陷型和抗性突变型就属于生化突变型。

营养缺陷型是指导致微生物代谢过程中的某种酶缺失，必须添加某种营养成分才能正常生长的突变菌株的突变类型。抗性突变型就是指导致微生物抗药性或抗噬菌体的性能发生了变化的突变类型。

（3）致死突变型　突变造成菌体死亡或生活能力下降。致死突变若是隐性基因决定的，那么双倍体生物能够以杂合子的形式存活下来，一旦形成纯合子，则发生死亡。

（4）条件致死突变型　突变后的菌体在某些条件下可以生存，但在另一些条件下则会死亡。温度敏感突变型是最典型的条件致死突变型，有些菌体发生突变后对温度变得较敏感，只有在较窄的温度范围内才能存活，超出此温度范围则会死亡，其原因是有些酶蛋白肽链中的几个氨基酸被更换，从而降低了原有的抗热性。

以上四种突变类型的划分并不是绝对的，只是依据不同的要求。它们彼此之间并不排斥，往往会同时出现。营养缺陷型突变是生化突变型，但也是一种条件致死突变型，而且它常伴随着菌体形态的变化，即形态突变型。所有的突变从本质上看都可认为是生化突变型。

2. 突变的诱发因素

现在认为突变是可以诱发的，即用已知的物理、化学或生物因素去作用于生物体，生物体将发生突变。突变也可以是自发的，自发突变是指生物在没有人工参与的条件下所发生的突变，但这并不意味着它的发生是没有原因的，大多数自发突变本质也是诱发的，只不过它不是人为的，而是自然环境或细胞内环境诱发的。人们将引起突变的因素称为诱发因素，诱发因素是多方面的，主要可以分为细胞外因素、细胞内因素和DNA分子内部因素三个方面。

(1) 细胞外的诱发因素　包括自然环境或人工条件下的物理和化学因素，如自然环境中，宇宙间的短波辐射、宇宙线和紫外线等，虽然在自然条件下，它们对地球上的生物的辐射量并不大，但是一般认为辐射的诱变作用不存在界限值，任何微弱的辐射均有诱变效应。多因素低剂量长期辐射的综合效应，将会引起生物的自发突变。自然环境中存在低剂量的金属离子、高分子化合物、生物碱药物、染料及微生物产生的过氧化物等都能成为引起生物突变的化学因素。人造的紫外线、丁射线、X射线、快中子、激光以及加热等都能成为基因突变的物理因素。人造的化学诱变因素有碱基类似物、烷化剂及亚硝酸盐等。

(2) 细胞内的诱发因素　生物体细胞的代谢活动会产生一些诱变物质，如过氧化氢、咖啡因和重氨丝氨酸等，它们是引起自发突变的内源诱变剂。在许多微生物的陈旧培养物中易出现自发突变株，可能就是这类原因。

(3) DNA分子内部因素　DNA分子中的碱基存在着互变异构效应。所谓互变异构就是指正常的碱基上的一些基团出现了互变异构式，而这些互变异构式的出现导致了不正常的碱基配对。

总之，诱发因素是普遍存在的，因为所有基因的结构都是由四种核苷酸所组成，而一旦核苷酸上的碱基发生了变化，基因就发生了突变，所以所有基因都可能发生突变。至于什么基因发生突变，什么时候发生，则都是随机的。采用人工物理或化学诱变的方法可以提高突变发生的几率。

3. 基因突变的特点

(1) 自发性　各种性状的突变，可以在没有人为的诱变因素处理下自发地发生。

(2) 稀有性　自发突变率极低而且稳定，一般在 10^{-6}～10^{-9}之间。

(3) 诱变性　在诱变剂作用下，自发突变几率可提高 10～10^{5} 倍。

(4) 不对应性　突变的性状与引起突变的原因之间无直接的对应关系。例如，在紫外线作用下，除产生抗紫外线的突变体外，还可诱发任何其他性状的变异。

(5) 独立性　某一基因的突变，既不提高也不降低其他任何基因的突变率，说明突变不仅对某一细胞是随机的，而且对某一基因也是随机的。

(6) 稳定性　由于突变的根源是遗传物质结构上发生了稳定的变化，所以产生的新的变异性状也是稳定的、可遗传的。

(7) 可逆性　任何性状都可发生正向突变，也都可以发生相反的过程——回复突变。

7.3.4　基因工程

基因工程是20世纪70年代初发展起来的育种新技术，是用人为方法，将所需的某一供体生物的遗传物质（DNA）提取出来，在离体条件下用适当的工具酶切割后，与作为载体的DNA分子连接，然后导入受体细胞，使之进行正常的复制和表达，从而获得新物种。

这一基因水平上的遗传工程，是在分子生物学理论指导下的一种自觉的、能像工程一样可以事先设计和控制的育种技术。切割的供体 DNA 可与同种、同属或异种、异属甚至异界的基因连接，因而有望实现超远缘杂交。基因工程的主要操作步骤包括基因分离、体外重组、载体传递、复制、表达及筛选、繁殖等。

基因工程的操作步骤（图 7-5）如下：

（1）获得目的基因，从合适的生物体中提取基因或者经过 mRNA 合成 DNA；

（2）选择优良的载体，比如 Ti 质粒、SV40 病毒等；

（3）将目的基因和载体进行重组；

（4）重组载体导入感受态细胞。

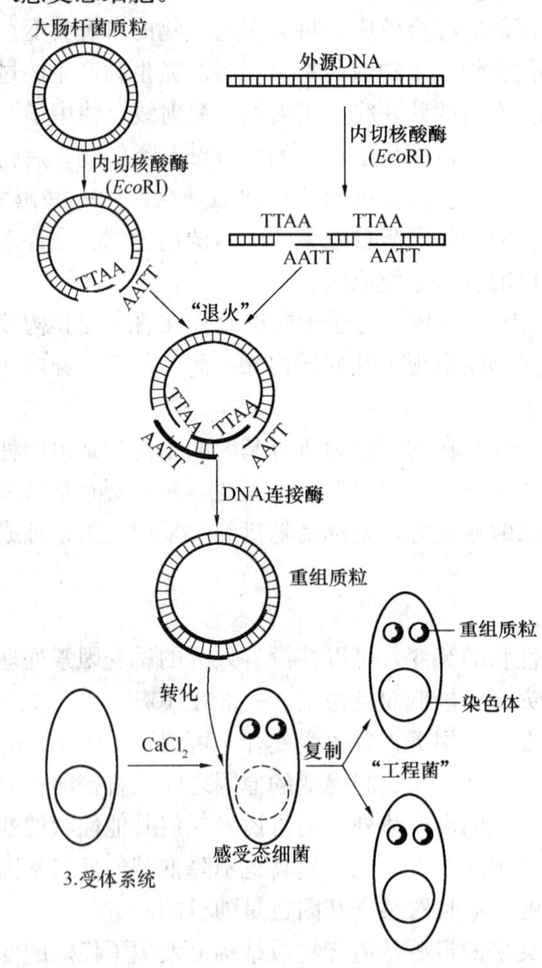

图 7-5　基因工程的主要操作步骤

7.3.5　菌种的培育与保藏

1. 菌种退化、老化

由于微生物受到外界环境的影响，会发生代谢活性降低和遗传变异等现象，从而使得菌株的活性退化，例如一些大型子实体真菌菌丝很容易退化，利用适当的菌种贮藏方法，减少传代次数可以降低退化和老化几率。

2. 菌种复壮

菌种复壮是指在菌种的生产性能尚未衰退前，有意识地进行纯种分离和生产性能的测定工作，以期菌种的生产性能逐步有所提高。菌株复壮首先划线培养得到单菌落，然后将原始菌株在选择条件下反复培养，直到使菌株功能恢复。

不同类型的微生物可以选择不同的复壮方式。例如，从石油污染土壤中分离的石油降解菌株，在复壮过程中，可以在培养基中添加适量的石油醚物质。共生微生物的复壮可以通过回接到宿主上来进行，然后通过分离纯化，得到复壮后的菌株。如根瘤菌和菌根真菌。

3. 菌种保藏措施

由于微生物菌体具有易变异的特性，因此，在保藏过程中，必须使微生物的代谢处于相对静止的状态，才能在一定的时间内使其不发生变异而又保持生活能力。低温、干燥和隔绝空气是使微生物代谢能力降低的重要因素。目前的保存方法主要有以下六种：

（1）斜面传代保藏法（定期移植法）：该保藏方法是将微生物菌种定期接种在新鲜斜面培养基上，然后在低温条件下保存。该法简单易行，且不要求任何特殊的设备。但是该方法易发生培养基干枯、菌体自溶、基因突变、菌种退化、菌株污染等不良现象。

（2）液体石蜡保藏法（图 7-6）：采用该方法，霉菌、放线菌、芽孢细菌可保藏两年以上不死，酵母菌可保藏 1～2 年，一般无芽孢细菌也可保藏 1 年左右，甚至用一般方法很难保藏的脑膜炎球菌，在 37℃温箱内亦可保藏 3 个月之久。此法的优点是制作简单、不需特殊设备，且不需经常移种。缺点是保存时必须直立放置，所占位置较大，同时也不便携带。

（3）沙土管保藏法（图 7-6）：本法方法简便，设备简单，适用于产孢子和有芽孢的菌种保藏，可保存两年，但对营养细胞不适用。

液体石蜡保藏法

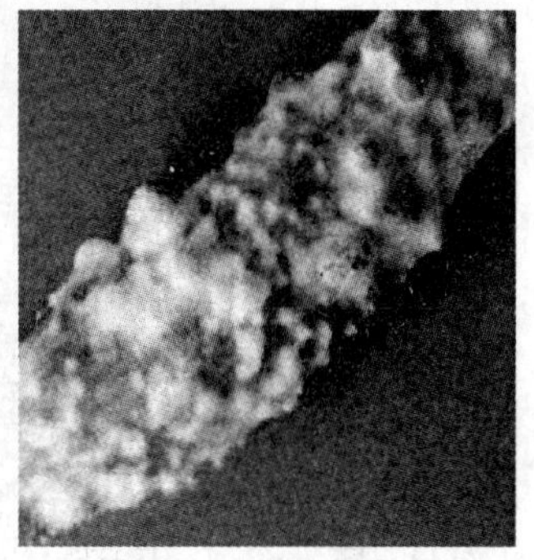

沙土管保藏法

图 7-6　菌种保藏措施

（4）甘油保藏法：该方法适合于中、长期菌种保藏，保藏时间一般为 2～4 年左右。

（5）冷冻干燥保藏法：此法为菌种保藏方法中最有效的方法之一，对一般生命力强的微生物及其孢子以及无芽孢菌都适用，即使对一些很难保存的致病菌，如脑膜炎球菌与淋病球菌等亦能保存。适用于菌种长期保存，一般可保存数年至十余年，但设备和操作都比较复杂。

（6）液氮超低温保藏法：液氮低温保藏的保护剂，一般是选择甘油、二甲基亚砜、糊精、血清蛋白、聚乙烯氮戊环、吐温 80 等，但最常用的是甘油（10%～20%）。不同微生物要选择不同的保护剂，再通过试验加以确定保护剂的浓度，原则上是控制在不足以造成微生物致死的浓度。此法操作简便、高效、保藏期一般可达到 15 年以上，是目前被公认的最有效的菌种长期保藏技术之一。

思考题

1. 纯培养微生物的典型生长曲线可分几期？各期的特点是什么？
2. 测定微生物生长有何意义？常用微生物生长测定方法有哪些？
3. 依据微生物对氧气的需求，可以将微生物分为几种类型？各有何特点？
4. 微生物的培养方式有哪几种？不同的培养方式对微生物生长繁殖有何影响？
5. 基因突变的特点？
6. 什么是菌种退化、复壮？
7. 菌种保存的主要方法有哪些？各自的特点是什么？
8. 什么是基因工程？基因工程的主要操作步骤是什么？

第8章　微生物生态

8.1　微生物生态学

生态学（ecology）是一门研究生物系统与环境条件间相互作用规律的科学。微生物生态学（microbial ecology）就是研究处于环境中的微生物与微生物之间、微生物与其他生物之间以及微生物同环境因子之间相互关系的一门学科。它是生命科学的重要内容，对于开发利用微生物资源，发挥微生物在农业生产、医药卫生与环境保护中的作用，有着十分重要的意义。

微生物生态学于20世纪60年代形成了一个独立的学科，随着人们对环境问题的日益关注，70年代后期，微生物生态学得到了迅速的发展，90年代分子生物学技术开始向微生物生态学领域渗透，使微生物生态学研究得到进一步的发展。

微生物在自然界的分布有一定的规律性，它们的分布范围主要取决于它们对环境的适应性。例如：单细胞藻类和营光合作用的细菌在有光条件下，它们进行光合作用，大量生长繁殖，而在无光的环境下数量和种类都很少；沼气池中的产甲烷细菌是严格厌氧微生物，只能在没有氧气的环境下生长，遇到氧气便会死亡。除了氧气、光照影响微生物的分布外，温度、酸碱度、湿度、营养条件等许多因子都与微生物的分布有密切关系。一个地区在各种因素相互影响下，会形成特定微生物种类的分布区域。而微生物分布区域又常常受某种因素影响使其发生变动，如某一块土壤内的微生物体系随季节发生变化，表现为微生物种类和数目的增加或减少。

研究微生物的分布规律，有利于发现一些新的微生物种质资源；研究微生物间及与其他种生物间的相互关系，有助于发展新的微生物农药、微生物肥料；研究微生物在自然界物质循环中的作用，有利于促进探矿、冶金、提高土壤肥力以及开发生物能源等科技的发展，特别是在控制环境污染和生态退化方面将发挥重要的作用。

8.2　自然环境中的微生物

微生物具有个体小、营养类型多样、代谢旺盛、繁殖迅速、适应能力强、容易发生变异、并可以形成各种类型的休眠体以抵抗不良环境等特点，使得微生物是自然界中分布最广的一类生物，无论是在高山、陆地、淡水、海洋、空气以及动植物体内外，甚至在其他生物不能生存的极端环境中也有它们的存在，可以说微生物无所不在。

8.2.1　土壤中的微生物

在自然界中，土壤是微生物生活最适宜的环境，是微生物生活的“大本营”。因为土壤具有微生物所需要的一切营养物质和微生物进行生长繁殖及生活的各种条件。据估计，

1克土壤中大致含有1万个细菌物种，所以说土壤有“微生物天然培养基”之称，土壤中微生物数量最大，类型最多，是人类最丰富的“菌种资源库”。

1. 土壤中微生物的种类及分布

（1）土壤中微生物的种类

1）土壤中的细菌种类。土壤中的细菌主要为异养型，自养型种类较少。细菌适宜在潮湿的土壤中生长，最适温度范围为25～30℃，一般在15～45℃范围内均能生长。大部分细菌的最适酸碱度接近中性，氢离子浓度越高，菌数和种类就越少。土壤中可培养的常见细菌属有：不动杆菌属、土壤杆菌属、产碱菌属、节杆菌属、固氮菌属等。

2）土壤中的放线菌种类。土壤中的放线菌皆为异养型。在有机质丰富的土壤中，放线菌的种类和数量都特别多。中性或微碱性条件有利于放线菌的生长，pH=6.5～8时，种类最丰富；放线菌较耐干旱，在潮湿土壤中比在干旱土壤数量少，在渍水条件下，如土壤持水量为85%～100%时，放线菌很少出现；大部分放线菌是中温性，最适温度范围为28～30℃。土壤中常见的放线菌属有：链霉菌属、诺卡氏菌属、小单孢菌属和高温放线菌属。

3）土壤中的真菌种类。土壤中的真菌是异养型。真菌是严格好氧类群，在通气良好的耕作土壤内，都有广泛的分布，大部分真菌生活在近地面的土层中，在渍水的土壤中，真菌的数量和种类都会减少；大多数种类是中温性，在温度高于65℃时不能繁殖；有些真菌表现出对植物的选择作用，如连续种植燕麦的土壤，比连续栽培玉米或小麦的土壤，含有更多的真菌。土壤中常见的真菌有：链格孢属、曲霉属、葡萄团毛属、葡萄球菌属、枝孢属等。

（2）土壤微生物分布及其影响因素

土壤中微生物的分布取决于碳源。例如油田地区存在以碳氢化合物为碳源的微生物，森林土壤中存在分解纤维素的微生物，含动物和植物残体多的土壤中含氨化细菌、硝化细菌较多。

土壤中微生物分布随着土壤类型的不同而有很大的变化。在有机物含量丰富的黑土、草甸土、磷质石灰土和植被茂盛的暗棕土壤中，微生物含量较高；而在西北干旱地区的棕钙土，华中、华南地区的红壤和砖红壤，以及沿海地区的滨海盐土中，微生物的含量较少。

2. 土壤自净和污染土壤的微生物生态

（1）土壤自净

土壤对施入一定负荷的有机物或有机污染物具有吸附和生物降解能力，通过各种物理、化学过程自动分解污染物使土壤恢复到原有水平的净化过程，称土壤自净。

土壤自净能力的大小取决于土壤中微生物的种类、数量和活性，也取决于土壤结构、通气状况等理化性质。土壤有团粒结构，并栖息着数量极为丰富、种类繁多的微生物群落，这使土壤具有强烈的吸附、过滤和生物降解功能。当污（废）水、有机固体废物进入土壤后，各种物质（有毒和无毒）先被土壤吸附，随后被微生物和小动物部分或全部降解，使土壤恢复到原来的状态。

（2）污染土壤的微生物生态

土地是天然的生物处理场所，可用土地处理污（废）水。生活污水和易被微生物降解的工业废水经土地处理后得到净化。污（废）水长期灌溉会引起土壤“土著”微生物区系和数量的改变，并诱导产生分解各种污染物的微生物新品种。例如节细菌和诺卡氏菌原是“土著”菌，由于长期接触，它们也具有分解聚氯联苯的能力，这是诱导变异的结果。如果污（废）水灌溉量适中，不超过土壤自净能力，是不会造成土壤污染的。汞、砷、镉、硒等毒物能被微生物吸收和转化，如铜绿假单胞菌、恶臭假单胞菌可将无机汞转化为毒性更强的有机汞积累在微生物体内。大肠埃希氏菌和荧光假单胞菌可使汞甲基化形成甲基汞［$Hg(CH_3)_2$］，使二价汞还原为单质汞。如果汞被植物吸收、富集、浓缩，进入食物链，则最后可进入人体，危害人体健康。砷能被黄单胞菌、节杆菌、假单胞菌及产碱菌等氧化为砷酸盐，降低毒性。

土壤中的细菌、放线菌和真菌还能还原硒氧化物为单质硒，使毒性降低。重金属虽能被微生物氧化或还原，但不能彻底清除毒性。所以，农田灌溉要适当，要根据不同物质积累在植株的不同部位（如：根、茎、叶、种子等）的特点，合理实施。有毒废水不可进行农田灌溉和土地处理。为了避免毒物进入食物链，工业废水应以灌溉非食用的经济作物为宜。

8.2.2 水体中的微生物

水体分为天然水体和人工水体两种。天然水体包括海洋、江河、湖泊、溪流等，人工水体有水库、运河、下水道及各种污（废）水处理系统。在自然界中，水从地球表面蒸发聚集在大气的云层中，并以雨、雪、雹等形式降落，再回到地球的表面。降落到陆地上的水或直接进入河流和湖泊中，或透过土壤然后成为泉水或渗透水，而大部分水最终归入大海。除地下深层水外，无论哪种水体皆分布着不同数量的各种微生物。

1. 水体中微生物的来源

（1）水体中固有的微生物

水体中固有的微生物有荧光杆菌、产红色和产紫色的灵杆菌、不产色的好氧芽孢杆菌、产色和不产色的球菌、丝状硫细菌、浮游球衣菌及铁细菌等。

（2）来自土壤的微生物

由于雨水冲刷地面，将土壤中的微生物带到水体中。来自土壤的微生物有枯草芽孢杆菌、巨大芽孢杆菌、氨化细菌、硝化细菌、硫酸盐还原菌、霉菌等。

（3）来自生产和生活的微生物

各种工业废水、生活污水和禽畜的排泄物挟带各种微生物进入水体。它们是大肠杆菌群、肠球菌、产气荚膜杆菌、各种腐生性细菌、厌氧梭状芽孢杆菌等。其中包含的致病微生物，如霍乱弧菌、伤寒杆菌、痢疾杆菌、病毒等（图 8-1）。

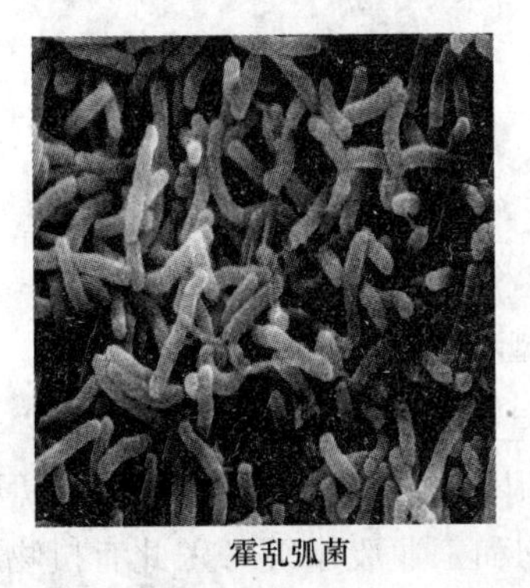

霍乱弧菌

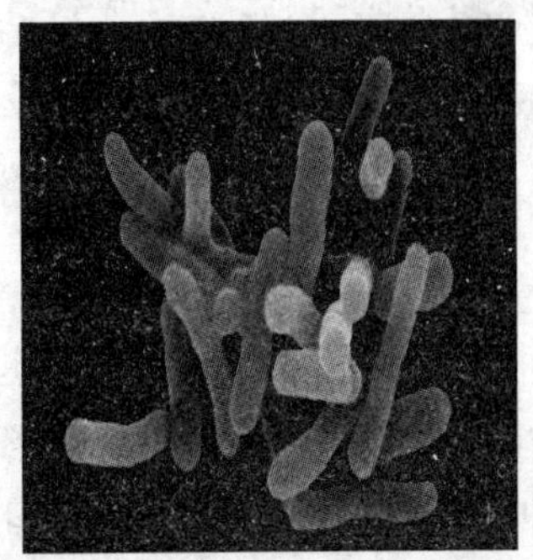

痢疾杆菌

图 8-1 致病细菌

（4）来自空气的微生物

雨雪降落时，将空气中的微生物挟带入水体中。初雨尘埃多，微生物也多；雨后空气的微生物含量减少。雪的表面积大，与尘埃接触面大，故所含微生物比雨水多。

水体中细菌种类多，微生物在水体中的分布与数量受水体的类型、有机物的含量、微生物拮抗作用、雨水冲刷、河水泛滥、工业废水、生活污水的排放量等因素影响。

2. 水体环境

水体中溶解或悬浮着各种有机和无机物质，虽然水体中有机质的含量没有土壤丰富，但基本上能供给微生物营养。尽管水体中的空气供应较差，在某些极端条件下，微生物的某些种类仍能存活。因此，水体也是微生物广泛分布的第二大天然环境，在各种水体中存在着大量的微生物。

3. 水体中微生物的种类和分布

（1）淡水微生物的分布和种类

淡水区域的自然环境多靠近陆地，因此，淡水中的微生物主要来源于土壤、空气、污水或死亡腐败的动植物尸体等。特别是土壤中的微生物，常随同土壤被雨水冲刷进入江河、湖泊之中。于是土壤中所有细菌、放线菌和真菌的大部分，在水体中几乎都能找到。雨水中含有少量的微生物，主要是由空气中尘埃所带入的细菌、放线菌孢子和一些霉菌孢子。地下水、自流水、山泉及温泉等，因为经过深厚的土层过滤，大部分微生物被阻留在土壤中。同时，深层土壤中缺乏可以利用的有机物，因此地下水所含微生物的数量和种类一般都较少。影响微生物群落的分布、种类和数量的因素有：水体类型、受污水污染程度、有机物的含量、溶解氧量、水温、pH及水深等。在自然界的江、河、湖、海等各种淡水与咸水水域中都生存着相应的微生物。水生微生物的区系可分为以下几类：

1）清水型水生微生物。在洁净的湖泊和水库蓄水中，有机物含量低，微生物数量很少（$10\sim10^3$个/mL）（图8-2）。典型的清水型微生物以化能自养微生物和光能自养微生物为主，如硫细菌、铁细菌和衣细菌等，以及含有光合色素的蓝细菌、绿硫细菌和紫细菌等。也有部分腐生性细菌，如色杆菌属，无色杆菌属和微球菌属的某些微生物就能在低含量营养物的清水中生长。单细胞和丝状的藻类以及一些原生动物在水面生长，它们的数量一般不大。

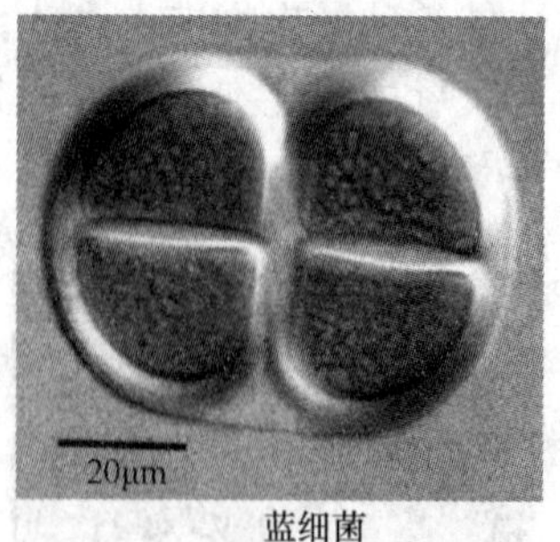

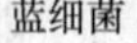

蓝细菌

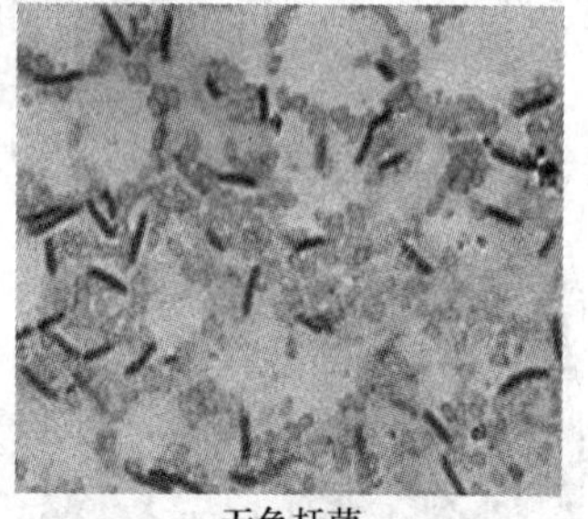

无色杆菌

图8-2 清水型水生微生物

2）腐败型水生微生物。上述清水型的微生物可认为是水体环境中“土生土长”的土居微生物或土著种。流经城市的河水、港口附近的海水、滞留的池水以及下水道的沟水中，由于流入了大量的人畜排泄物、生活污物和工业废水等，因此有机物的含量大增，同时也夹入了大量外来的腐生细菌，使腐败水生微生物尤其是细菌和原生动物大量繁殖，每毫升污水的微生物含量达到 10^7～10^8 个（图 8-3）。其中数量最多的是无芽孢革兰氏阴性细菌，如变形杆菌属、肠埃希氏菌、产气肠杆菌和产碱杆菌属等。原生动物有纤毛虫类、鞭毛虫类和根足虫类。这些微生物在污水环境中大量繁殖，逐渐把水中的有机物分解成简单的无机物，同时它们的数量随之减少，污水也就逐步净化变清。

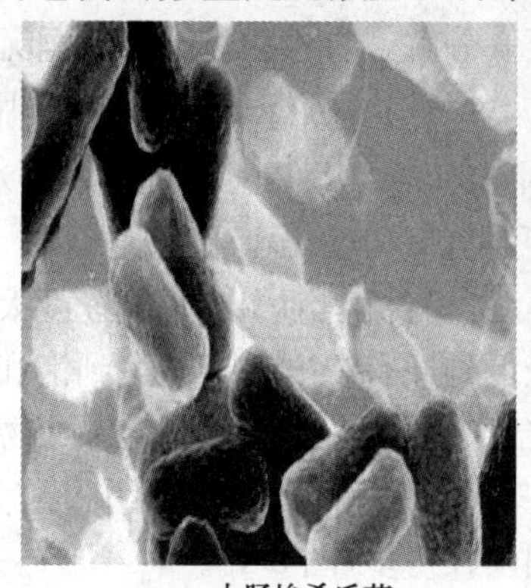

大肠埃希氏菌

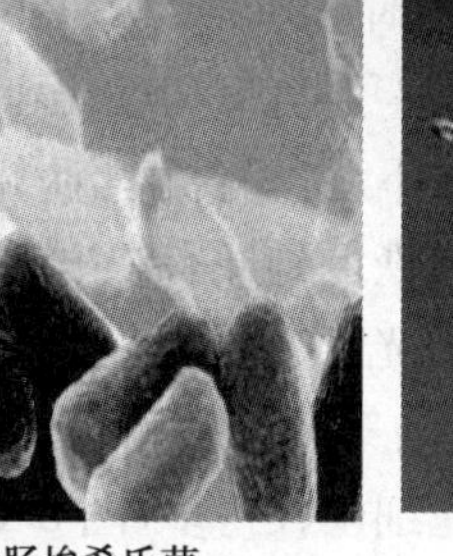

鞭毛虫

图 8-3　腐败型水生微生物

（2）海水微生物的分布和种类

嗜盐菌：海水中盐的质量浓度高约为 30g/L。所以，海洋微生物大多数是耐盐或嗜盐的。一般嗜盐菌在含盐 25～40g/L 的海水中生长最为适宜，超过 100g/L 微生物生长才受抑制。

嗜压菌：在海洋中耐压菌在 0～4×10^4kPa 下生存，嗜压菌在 4×10^4kPa 下生长最好，在 101kPa 下，也能生长。海洋中假单胞菌属在 40℃要在（4.0～5.0）$\times10^4$kPa 压力下才能生长繁殖。极端嗜压菌在 6.0×10^4kPa 或更高压力下才生长。

嗜冷菌：它们在冰和海水之间的分界面上生长繁殖。在海水和冰分界面冰片下层的冰核心块中找到的嗜冷菌有：极胞菌属、海杆菌属、嗜冷弯菌属、冰杆菌属等。

4. 水体自净

污染物随污水进入水体后，经过物理、化学和生物化学的作用，使污染物的总量减少或浓度降低，受污染的水体部分地或完全地恢复原状，这种现象称为水体的自净。

（1）水体自净的实现方式

水体自净主要通过以下三方面作用来实现：

1）物理作用　物理作用包括可沉性固体逐渐下沉，悬浮物、胶体和溶解性污染物稀释混合，浓度逐渐降低。其中稀释作用是一项重要的物理净化过程。

2）化学作用　污染物质由于氧化、还原、酸碱反应、分解、化合、吸附和凝聚等作用而使其存在形态发生变化和浓度降低。

3）生物作用　由于各种生物（藻类、微生物等）的活动特别是微生物对水中有机物的氧化分解作用使污染物降解。它在水体自净中起非常重要的作用。

水体中的污染物的沉淀、稀释、混合等物理过程，氧化还原、分解化合、吸附凝聚等化学和物理化学过程以及生物化学过程等，往往是同时发生，相互影响，并相互交织进行。一般说来，物理和生物化学过程在水体自净中占主要地位。

（2）水体自净过程

任何水体都有其自净容量，自净容量是指在水体正常生物循环中能够同化有机污染物的最大数量。水体自净过程大致如下：①有机污染物排入水体后被水体稀释，有机和无机固体物沉降至河底。②水体中好氧细菌利用溶解氧把有机物分解为简单有机物和无机物，并用以组成自身有机体，水中溶解氧急速下降至零，此时鱼类绝迹，原生动物、轮虫、浮游甲壳动物死亡，厌氧细菌大量繁殖，对有机物进行厌氧分解。有机物经细菌完全无机化后，产物为CO_2、H_2O、PO_4^{3-}、NH_4^+ 和 H_2S。NH_3 和 H_2S 继续在硝化和硫化细菌作用下生成 NO_3^- 和 SO_4^{2-}。③水体中溶解氧在异养菌分解有机物时被消耗，大气中的氧刚溶于水就迅速被用掉，尽管水中藻类在白天进行光合作用放出氧气，但复氧速度仍小于耗氧速度，在最缺氧点，有机物的耗氧速度等于河流的复氧速度。再往下游，有机物渐少，复氧速度大于耗氧速度。如果河流不再被有机物污染，河水中溶解氧将恢复到原有浓度，甚至达到饱和。④随着水体的自净，有机物的缺乏以及其他原因（例如阳光照射、温度、pH 变化、毒物及生物的拮抗作用等）导致细菌死亡，在一次污水污染后的第四天，存活细菌数约为最大菌数的 10%～20%以下，而病毒在水体中的存活时间则比细菌长得多(图 8-4)。

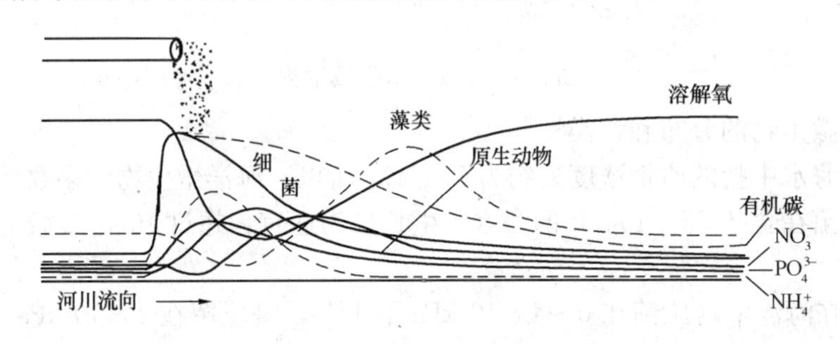

图 8-4　河流污染和自净过程

(3) 污染水体的微生物生态

当有机污染物排入河流后，在排污点的下游进行着正常的自净过程。沿着河流方向形成一系列连续的污化带，例如，多污带、α-中污带、β-中污带和寡污带，这是根据指示生物的种群、数量及水质划分的。污化指示生物包括细菌、真菌、藻类、原生动物、轮虫、浮游甲壳动物，底栖动物有寡毛类的颤蚯蚓、软体动物和水生昆虫。

1) 多污带　多污带位于排污口之后的区段，水呈暗灰色，很浑浊，含大量有机物，BOD 高，溶解氧极低（或无），为厌氧状态。在有机物分解过程中，将产生 H_2S、CO_2 和 CH_4 等气体。由于环境恶劣，水生生物的种类很少，以厌氧菌和兼性厌氧菌为主，种类多，数量大，每毫升水含几亿个细菌。它们中间有分解复杂有机物的菌种，有硫酸还原菌、产甲烷菌等。水底沉积许多由有机物和无机物形成的淤泥，有大量寡毛类（颤蚯蚓）动物。无显花植物，鱼类绝迹。

2) α-中污带　α-中污带在多污带的下游，水为灰色，溶解氧少，为半厌氧状态，有机物量减少，BOD 下降，水面上有泡沫和浮泥，有氨、氨基酸及 H_2S，微生物种类比多污带稍多。细菌数量较多，每毫升水约有几千万个。有蓝藻、裸藻、绿藻。原生动物有天蓝喇叭虫（图 8-5）、美观独缩虫、椎尾水轮虫、臂尾水轮虫及栉虾等。底泥已部分无机化，滋生了很多颤蚯蚓。

3) β-中污带　β-中污带在 α-中污带之后，有机物较少，BOD 和悬浮物含量低，溶解

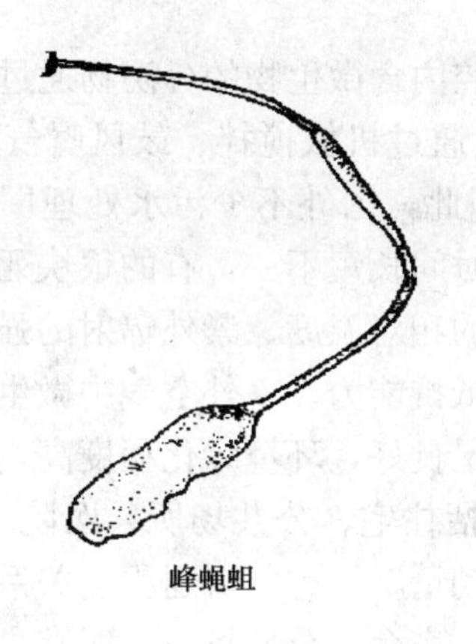

峰蝇蛆

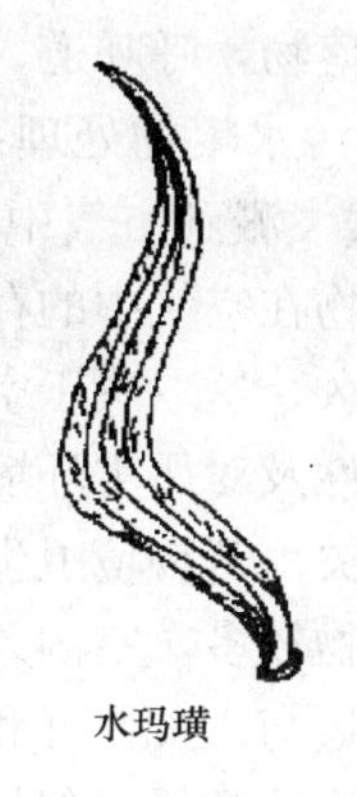

水玛瑱

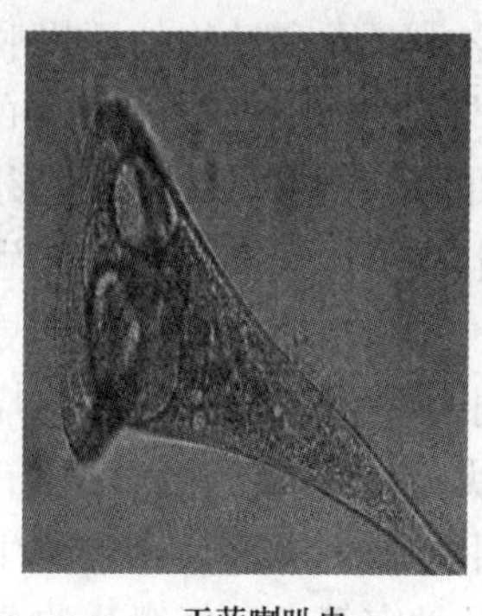

天蓝喇叭虫

图 8-5　污水中常见微生物

氧浓度升高，NH_3 和 H_2S 分别氧化为 NO_3^- 和 SO_4^{2-}，两者含量均少。细菌数量减少，每毫升水只有几万个，藻类大量繁殖，水生植物出现，原生动物有固着型纤毛虫（如独缩虫、聚缩虫等）活跃，轮虫、浮游甲壳动物及昆虫出现。

4）寡污带　寡污带在 β-中污带之后。它标志着河流自净过程已完成。有机物全部无机化，BOD 和悬浮物含量极低，H_2S 消失，细菌极少，水的浑浊度低，溶解氧恢复到正常含量。指示生物有：鱼腥藻、硅藻、黄藻、钟虫、变形虫、旋轮虫、浮游甲壳动物、水生植物及鱼。

8.2.3　空气中的微生物

空气是多种气体的混合物，其中含有尘埃和水蒸气。空气中能够被微生物吸收利用的营养物和水分少，还有紫外线的照射，因此它不是微生物生长繁殖的天然环境，在空气中没有相对固定的微生物种类。

1. 空气微生物的来源和生活环境

土壤、水体、各种腐烂的有机物以及人和动物体上的微生物，随着气流的运动不断以微粒、尘埃等形式而被携带到空气中去：①真菌孢子很容易通过外力，如风力的作用而被释放到空气中；②土壤中的微生物可以被吹到灰尘上，然后由灰尘带到空气中；③海洋的蒸汽可以携带微生物进入海洋上空；④各种水体经搅拌和曝气可以产生气溶胶，气溶胶可以携带微生物进入空气中；⑤人类的活动，如耕地、开动汽车等也会造成微生物进入空气中。携带有微生物的载体对微生物在空气中的生存起着非常重要的作用。例如，如果细菌存在于漂浮空气中的土壤颗粒上，就会受到土壤颗粒的保护，这时再受到紫外线和干燥条件的作用，其生存时间要比未受到保护的长。气溶胶和水滴在空气中很快就会干燥，但是干燥之后的颗粒对微生物还会起到保护作用。微生物身小体轻，能随着空气流动到处传播，因而微生物的分布是世界性的。

凡含尘埃越多的空气，其中所含的微生物种类和数量也就越多。因此，灰尘可被称作“微生物的飞行器”。一般在畜舍、公共场所、医院、宿舍、城市街道的空气中，灰尘含量多，微生物的含量最高，而在大洋、高山、高空、森林地带、终年积雪的山脉或极地上空的空气中，微生物的含量就极少。

2. 空气微生物的种类、数量和分布

空气中微生物的来源很多，尘土飞扬可将土壤微生物带至空中，小水滴飞溅将水中微生物带至空中，人和动物的干燥脱落物，呼呼道、口腔内含微生物的分泌物通过咳嗽、打喷嚏等方式飞溅到空气中。敞开的污水生物处理系统通过机械搅拌、鼓风曝气等可使污（废）水中的微生物以气溶胶的形式飞溅到空气中，因此，国外不少污水处理厂在曝气池的上方加上盖子。气溶胶中的微生物在空气中的存活时间长短不一，有的很快死亡，有的存活几天、几个星期、几个月或更久，这取决于空气的相对温度、紫外辐射的强弱、尘埃颗粒的大小和数量、微生物的适应性及对恶劣环境的抵抗能力。室外空气中微生物数量与环境卫生状况、环境绿化程度等有关。若环境卫生状况良好，环境绿化程度高，尘埃颗粒少，则微生物数量少；反之，微生物较多。室内（包括住宅、公共场所、医院、办公室、集体宿舍及教室等）空气微生物数量与人员密度和活动情况、空气流通程度关系很大，也与室内卫生状况有关。城市空气微生物数量比农村多；畜舍、公共场所、医院、宿舍、街道空气中微生物多；海洋、森林、终年积雪的山脉、高纬度地带的空气微生物少；雨、雪过后空气干净，微生物极少。不同地区上空的微生物数量见表 8-1。

不同场所上空微生物的数量（CFU/m^3 空气） **表 8-1**

场所	畜舍	宿舍	城市街道	市区公园	海洋上空	北纬 80°
微生物	（1～2）$\times10^6$	2×10^4	2×10^3	200	1～2	0

空气中微生物没有固定的类群，在空气中存活时间较长的主要有芽孢杆菌、霉菌和放线菌的孢子、野生酵母菌、原生动物及微型后生动物的胞囊。从高空分离到的细菌有产碱杆菌属、芽孢杆菌属、八叠球菌属及冠氏杆菌属等。此外，空气中还含有金黄色葡萄球菌、大肠杆菌、白喉杆菌、肺炎球菌、结核杆菌、军团菌、病毒粒子及立克次氏体等。

3. 空气微生物的卫生标准及生物洁净技术

空气是人类与动物赖以生存的重要环境因素，也是传播疾病的媒介。为了防止疾病传播，提高人类健康水平，要控制空气中的微生物的数量。空气污染的指示菌以咽喉正常菌丛中的绿色链球菌为最合适，绿色链球菌在上呼吸道和空气中比溶血性链球菌更易发现，且有规律性。通常用空气中的细菌总数作为衡量空气质量的指标。我国《室内空气细菌总数卫生标准》（GB/T 17093—1997）规定：室内空气细菌的卫生标准是，撞击法的细菌总数≤4000CFU/m^3（空气），沉降法的细菌总数≤45CFU/皿。日本建议的评价空气清洁程度的标准见表 8-2。

日本以细菌总数评价空气的卫生标准 **表 8-2**

清洁程度	细菌总数	清洁程度	细菌总数
最清洁的空气（有空调）	1～2	临界环境	约 150
清洁空气	＜30	轻度污染	＜300
普通空气	31～125	严重污染	＞301

8.3 微生物之间的相互关系

自然界中的各种微生物极少单独存在，它们总是与其他微生物、动植物共同混杂生活在某一生态环境中。因此，微生物的不同种类间，或微生物与其他生物之间便存在着各种相互作用，并由此构成微生物间以及微生物与其他生物间非常复杂而多样化的关系。它们之间相互联系、相互依赖、相互制约、相互影响的关系，促进了整个生物界的发展和进化。为了便于分析问题，在讨论微生物之间的相互关系时，主要是列举两种微生物间的相互关系。实际上，在自然环境中往往是多种微生物生活在一起，相互形成更为复杂的关系。

微生物之间的关系有种内关系和种间关系。相同种内的关系有竞争和互助。不同种间的关系有以下 8 种。

8.3.1 竞争关系

竞争关系（competition）是指两个微生物种群之间因需要占有相同的生活环境，利用相同的营养物质和生长基质而发生的相互竞争。竞争的结果势必要降低双方的种群增长速率，最终导致优胜劣汰。竞争关系除了使两个种群生长速度受到影响外，其他因素如毒物、光、温度、pH、氧、抗性等都会对两个种群的竞争结果产生影响。例如在海洋环境中，嗜冷菌和低温菌虽能长期生活在一起，但在较低的温度下（0～10℃），嗜冷菌以极强的生长速率抑制低温菌；而在较高温度下（20～30℃），低温菌则以较大的生长速率抑制嗜冷菌。在温度可变的环境中，随着温度的变化，两类微生物也会发生周期性的交替变化。

8.3.2 原始合作关系

原始合作关系（或称原始共生、互生，protocooperation），是指两种可以单独生活的生物共存于同一环境中，相互提供营养及其他生活条件，双方互为有利，相互受益。当两者分开时各自可单独生存。

例如，固氮菌具有固定空气中氮气（N_2）的能力，但不能利用纤维素作碳源和能源，而纤维素分解菌分解纤维素为有机酸对它本身的生长繁殖不利，但当两者在一起生活时，固氮菌固定的氮为纤维素分解菌提供氮源，纤维素分解菌分解纤维素的产物有机酸被固氮菌用作碳源和能源，也为纤维素分解菌解毒。在废水生物处理过程中原始合作关系也是普遍存在的。

8.3.3 共生关系

共生关系（symbiosis）是指两种不能单独生活的微生物共同生活于同一环境中，各自执行优势的生理功能，在营养上互为有利而所组成的共生体，这两者之间的关系就叫共生关系。地衣是藻类和真菌形成的共生体。藻类利用光能将 CO_2 和 H_2O 合成有机物供自身及真菌营养；真菌从基质中吸收水分和无机盐供两者营养。根瘤菌和豆科植物根系共生也是突出的例子。原生动物中的纤毛虫类、放射虫类、有孔虫类与藻类共生。绿草履虫使草履虫体内充满小球藻，袋状草履虫有趋光性使小球藻容易得到光，小球藻进行光合作用合成有机物供草履虫营养，两者共生互为有利。藻类还与水螅共生成绿水螅。

8.3.4 寄生关系

一种生物需要在另一种生物体内生活，从中摄取营养才得以生长繁殖，这种关系称为寄生关系（parasitism）。前者为寄生菌，后者称为寄主或宿主。

有的寄生菌不能离开寄主而生存，叫专性寄生；有的寄生菌离开寄主后能营腐生生活，叫兼性寄生。寄生的结果一般都会引起寄主的损伤或死亡。微生物还可以寄生在动物体，如发光细菌位于发光红眼鲷属鱼鳃，发光细菌发出极亮的绿色光，使鱼鳃呈现绿色光。有的发光细菌还可位于鱼的内脏生存。

8.3.5 捕食关系

捕食关系（predation）是指一种微生物直接吞食并消化另一种微生物的关系，捕食者可以从被捕食者中获取营养物。绝大多数原生动物、黏菌的变形虫阶段和某些黏细菌以捕食为生。捕食者可导致被捕食者种群灭绝，但总有部分生命力强的或获得抗吞噬功能的被捕食者得以逃脱，并在捕食者因食物减少而数量消减时重新繁殖起来，其交替消长使捕食者和被捕食者数量之间呈现周期性的交替消长，但实际情况要受环境和其他相互关系的制约（图 8-6）。

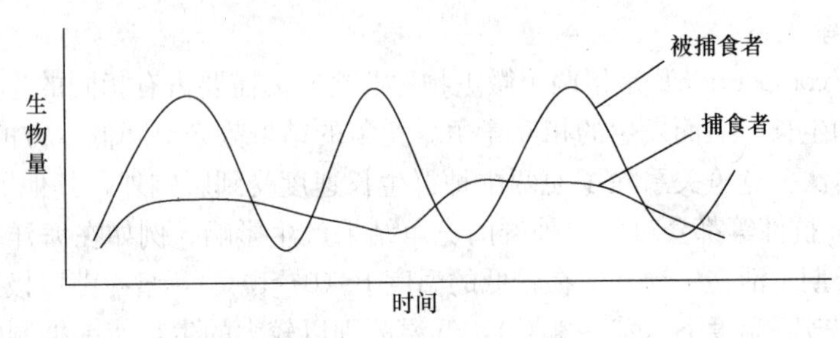

图 8-6　捕食关系的两种微生物种群数量变化关系

微生物之间的捕食关系和寄生关系一样，是控制某一种群数量过度增长的重要机制。在双方长期的捕食关系中，因双方产生的选择压力使得捕食者和被捕食者优胜劣汰，自动调节种群大小。因此根据这一原理可人为调节自然界中各个种群的比例，快速改变某一特定区域的生态关系，以达到生态平衡。

8.3.6　偏害关系

共存于同一环境的两种微生物，甲方对乙方有害，乙方对甲方无任何影响。一种微生物在代谢过程产生一些代谢产物，其中有的产物对一种（或一类）微生物生长不利，会抑制或杀死对方。上述这种微生物与微生物之间的对抗关系叫偏害关系（amensalism），亦叫拮抗关系（antagonism）。偏害关系可分为非特异性偏害和特异性偏害两种。

8.3.7　偏利关系

一个微生物种群因另一个群的存在或代谢活动而使单方面种群受益的现象称为偏利关系（commensalism）。这是微生物种群间普遍存在的相互关系，一方无意地为另一方提供合适的生态条件、营养，或去除对另一方有害的物质。如兼性厌氧微生物在微氧环境中优先消耗了环境中的氧，从而为厌氧微生物提供了合适的生存条件，而其自身也能在无氧环境中继续生存；又如脱硫弧菌在厌氧条件下能将乳酸盐和硫酸盐转化为氢气和乙酸盐，后者可为产甲烷菌利用，产生的甲烷又可为大量甲基营养菌生长所需；再如贝式硫细菌能氧化 H_2S，从而无意地解除了该物质对其他微生物的抑制作用等。

8.3.8　中性关系

两个微生物种群之间没有或仅存无关紧要的相互关系称为中性关系（neutralism）。中性关系只发生在对营养需求和代谢能力相差极大的微生物种群之间，或是生态环境中物种十分稀少、代谢水平很低的情况下。如代谢水平很低的空气中的微生物，极端环境中处于休眠状态的芽孢或厚垣孢子与其他微生物种群之间的关系皆是中性关系。

总之，在自然界中，微生物之间的相互关系是十分微妙和复杂的，其相互关系对某些微生物种群也是相对的。如在整个生物界中，还有一些处于过渡性质的宿主和共生，实际上是一个互相联系、密不可分的连续统一体，根据环境和营养状况时而共生，时而寄生。此外，微生物之间的相互关系也很少是单一的，在特定的生态环境中，微生物种群间可同时存在两种以上的相互关系，多种关系共存，且微生物种群间相互促进又相互制约的态势最终促进了微生物种群的进化。

8.4 微 生 物 群 落

群落是生态系统中的最高生物学单位，它具有多样性和稳定性。但群落的稳定性并不意味着静止不变，而是处于一种动态平衡。在自然生境中，许多种不同的微生物生活在一起，构成微生物群落（microbial community），其中每种微生物都以许多细胞（或个体）形成的群体（population）而存在。同一种微生物的群体中各个细胞也可能会有差别，呈现群体的多样性。群落中群体内部和各群体之间相互作用，形成复杂的关系并表现出这一群落的功能。需要指出的是，一个稳定的生态系统如果受到强烈而持续的外界因素干扰，则其中有的种类不但数量急剧下降，而且可能绝迹，使群落的稳定性遭到破坏。如大量工业废水向农田和湖泊中排放，将扰乱和破坏长期形成的自然微生物群落和生态平衡。

8.4.1 生态系统中微生物群落的特点

生态系统中，微生物与其生存环境构成有机的整体。与动植物生态系统比较起来，微生物群落的主要特点是分布的微环境性、相对稳定性和较强适应性。

（1）微环境性：在微生物生态系统中，除了大环境外，还有更为重要的微环境。微环境是指紧密围绕微生物细胞的环境。微环境与微生物的关系更密切，对微生物的生存和发展具有更明显的影响。如在同一类型土质内可存在许多不同类型的微环境，各类微生物都能找到适合其生存的环境，所以说土壤是自然界最丰富的基因库。

（2）稳定性：在微生物生态系统中，通常除优势种群外，还存在生物群落的多样性。优势种群是这一生态系统中物质流和能量流的主要作用者。群落中微生物种群的多样性是其具有稳定性的主要因素，高度多样性的种群能够在一定程度上应付环境条件的变化。一般来说，生态系统中生物群落组成愈复杂，则自我调节的能力愈强；生态系统的结构和功能愈复杂，系统的稳定性就愈高。

（3）适应性：微生物生态系统中的微生物群落改变环境的能力较弱，但由于微生物结构相对简单，容易受环境条件的影响而发生变异，因此，微生物生态系统一般通过改变群体结构以适应环境条件的变化，形成新的生态系统。正是由于这种生态适应性才使微生物在变化多端的环境中得以延续下去。

8.4.2 群落中种群的更替

自然界中除了某些大的生态系统（如海洋）较为恒定外，各种生态系统都表现明显的动态性。由于气候的周期性和地质因素等影响，许多环境因子是不断变化的，如温带夏季出现高温，冬季处于寒冷中，于是生态系统中群落内的微生物种群出现节奏性变化，使群落具有演替性，各种群及其活性在时间上发生变迁。上述微生物之间的复杂关系也是造成群落演替的重要原因。

陆地、河流、湖泊等环境中季节的变迁是微生物群落演替的重要外因。例如，副溶血弧菌在河口带表现周年性循环变化，温带地区这种菌于春夏季在水体中出现，冬季则消失，这同水温的变化有关。群落中种群随时间而变化是很普遍的现象。所以有人提出瞬间生态位的概念，即某些微生物仅在一定时间内占据该生态位，而后又让位于其他微生物。

维诺格拉德斯基根据土壤微生物对不同有机物质的分解能力将他们分为两大类：土著性（autochthonous）和发酵性（zymogenous）。土著性微生物是特定生态系统中固有的群落，其中的种群组成不因外界有机物质的加入而改变。发酵性微生物许多是随外界有机物质带来的，当有机物质进入土壤后他们迅速繁殖，是这些物质的主要分解者。这类微生物有的也是土壤中固有的，但只有在大量新鲜有机物质进入土壤后才旺盛发展，随着新鲜有机物质被分解，其数量和活性下降，土著性微生物（包括贫营养性微生物）随后活跃起来。所以，有机物质的性质和数量也是引起微生物群落演替的重要因素。

8.4.3 微生物对动态环境的适应

微生物生活的自然环境与实验室的培养条件是非常不同的，许多培养基不但营养丰富，而且可以人为地调控生长条件的恒定（如恒化器）。尽管有些自然环境也相对稳定（如海洋和温泉等），但多数环境由于季节变更等原因而表现环境因素的动态性。而且并非所有环境都具备丰富的微生物养料，有的生境是贫营养性的，或者出现周期性贫营养条件。一些微生物适应于这种环境条件，称为贫营养物。它们要求的碳源含量为1～15mg/L，而实验室培养基一般含碳达10000mg/L左右，这对贫营养性微生物的生长反而不利（有的甚至不生长）。

微生物为了生存必须适应变化着的环境，常见的有两种机制：①多数微生物是通过大量繁殖来维持物种的延续，当恶劣环境因素出现时大量细胞死亡，在条件适宜时残存下来的少数细胞又进行大量繁殖。②有些微生物则在长期进化过程中获得了多数生理功能，在变化的条件下也可进行正常的新陈代谢，最典型的是荚膜红细胞，它既能进行光能营养，又能进行化自养和异养，还可进行发酵作用和厌氧呼吸作用。

微生物遇到不适宜条件时进入休眠状态的现象是很普遍的，尤其是能形成芽孢和孢子的微生物。土壤和水体中某些细菌具有一种特殊形态：有生命但不可培养的状态。有些细菌种类在贫营养条件下细胞变小，甚至可以通过细菌过滤膜，但仍保持完整的细胞结构和代谢功能。

8.5 微生物与自然界的物质循环

物质循环即生物地球化学循环（Biogeochemical cycle），是指生物化学作用下自然界物质在生物与非生物之间反复交换和运转的过程。这一循环过程包括化学元素的有机质化和有机物质的无机质化两个对立过程。碳、氢、氧、氮、硫、磷、钾、铁等元素是组成生物体的化学元素，生物必须不断地从环境中取得这些元素才能生长、发育和繁殖。但是地球上这些元素的贮存量是有限的，而生命的延续和发展却是无穷尽的，因此，所有生物都参与生物地球化学循环。

微生物在自然界物质循环过程中最大的作用就在于其可以对有机物进行分解，分解生物圈内存在的动植残体，将其转化为无机物，提供给初级生产者，保持生态系统的物质和能量循环。另外，一些光能营养和化能营养的微生物可以直接利用太阳能、化学能作为能量来源，并使积累下来的能量在食物链中流动。

8.5.1 碳循环

1. 自然界的碳循环

碳素是生物体中最重要的一种营养元素，是构成细胞结构的骨架物质，约占细胞干物质的40%～50%。碳在土壤-生物（动植物和微生物）生态系统中以各种不同形式存在，并以较快的速度转化、循环，然后进入缓慢的地球化学循环。而碳素的主要来源依赖于大气中的CO_2和水中溶解的CO_2。只有通过生物所推动的碳循环，特别是微生物进行的分解作用，使不同形态的碳素相互转化，大气中的CO_2才不会被耗尽，生命才能得以维持。自然界中的碳循环如图8-7所示。

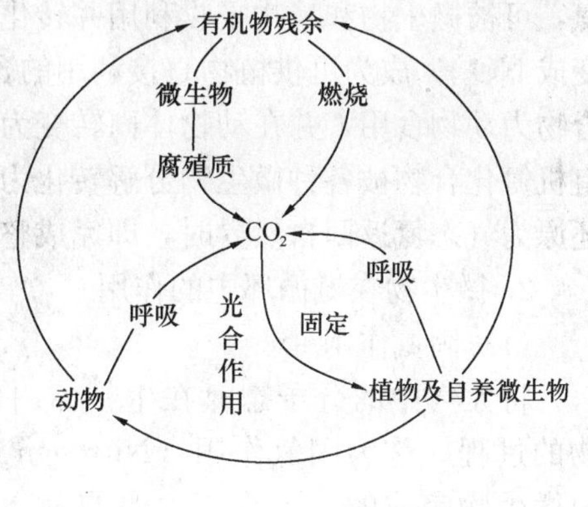

图8-7　自然界的碳循环

2. 微生物在碳循环中的作用

微生物在碳循环中具有非常重要的作用，体现在两个方面：通过光合作用固定CO_2，通过分解作用再生CO_2。

（1）光合作用

参与光合作用的微生物主要是藻类、蓝细菌以及光合细菌。它们通过光合作用吸收光能，将大气和水体中的CO_2合成有机碳化合物。特别是在大多数水生环境中，主要的光合作用是微生物，在有氧区域以蓝细菌和藻类为主，而在无氧区域则以光合细菌为主。

（2）分解作用

在自然界中，生物残体中累积的碳，主要是通过异养微生物的分解作用得到循环。有机碳化物在陆地和水域的有氧条件中，通过好氧微生物分解，它们一部分以CO_2形式放回大气，一部分转化为生物量和腐殖质；在无氧条件中，通过厌氧微生物发酵，被不完全氧化成有机碳化合物。

8.5.2　氮循环

1. 自然界的氮循环

氮是所有氨基酸、核酸及蛋白质等生物大分子的主要组分，所以是构成生物体的必需元素。氮的生物地球化学循环过程见图8-8。自然界中的分子态氮被固氮微生物固定形成

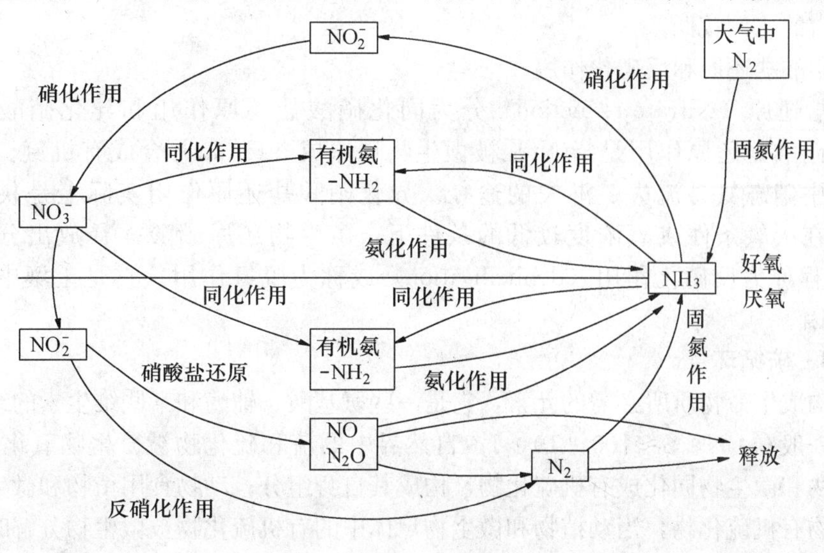

图8-8　自然界的氮循环

氨，可被微生物和植物吸收利用并转化为有机氮化合物，或被微生物和植物协同作用，转变成 NO_3^-，成为可供植物直接利用的含氮化合物。存在于植物和微生物体内的有机氮化合物为动物食用，并在动物体内转变为动物蛋白质。当动植物和微生物尸体及其排泄物等有机氮化合物被各种微生物分解转化为氨，或被氧化成为硝酸盐供植物吸收，或被进一步还原为气态氮返回自然界时，即完成整个氮循环。

2. 微生物在氮循环中的作用

（1）固氮作用

将大气中的分子态氮在生物体内由固氮酶催化还原为氨，进而合成为有机氮化合物的过程，称为固氮作用（Nitrogen fixation）。自然界中至少 90％以上的固氮作用是由微生物完成的。生物固氮是自然界循环的重要环节，估计全球每年由生物固定的分子态氮达 1.75～2.0 亿吨，相当于工业固氮量的 2.5 倍，这对农业生产具有重大意义。

（2）氨化作用

有机氮化合物在微生物的分解作用下产生氨的过程，称为氨化作用（ammonification）。大多数土壤细菌、放线菌和真菌都能分解含氮有机物，并释放出氨，它们既有好氧菌也有厌氧菌。氨化能力强的称为氨化微生物，主要包括芽孢杆菌、梭状芽孢杆菌、变形杆菌、色杆菌、假单胞菌、链球菌、葡萄球菌等属的许多种细菌和多种霉菌等。氨化作用产生的氨释放到大气中，一部分供微生物和植物同化，一部分被转变成硝酸盐。

（3）硝化作用

微生物将氨或氨离子氧化成硝酸盐的过程称为硝化作用（nitrification）。整个过程由两类细菌分两个阶段进行。第一阶段是氨被氧化成亚硝酸盐，由亚硝化细菌参与完成，该过程产生的亚硝酸盐对植物是有毒的。第二阶段是在硝化细菌的参与下，亚硝酸盐被氧化成硝酸盐。

在自然界中，除了自养的硝化细菌外，还有一些异养细菌、真菌和放线菌能将铵盐和有机氮化合物氧化成硝酸盐和亚硝酸盐，但其效率远不如自养硝化细菌高，在自然界硝化作用中所占的比例较低。

（4）硝酸盐还原和反硝化作用

硝酸盐还原（Nitrate reduction）分为同化硝酸盐还原作用和异化硝酸盐还原作用。同化硝酸盐还原作用是指 NO_3^- 被微生物还原成 NH_4^+，并合成有机氮。此过程消除了土壤中硝态氮易流失、淋失的途径。异化硝酸盐还原作用实际上是狭义的反硝化作用。在厌氧条件或氧浓度较低的条件下，微生物还原硝酸盐释放出分子态氮和 N_2O 的过程称为反硝化作用（denitrification）或称为脱氮作用。它是土壤中氮素损失的重要原因。

8.5.3 硫循环

硫是构成生命物质所必需的元素，它是一些氨基酸、辅酶和某些维生素的组分。在生物体内，一般 C∶N∶S≈100∶10∶1。自然界中的硫和硫化物被微生物氧化成硫酸盐，后者被植物和微生物同化成有机硫化物，构成其自身组分；动物食用植物和微生物，将其转变成动物有机硫化物，当动植物和微生物尸体中的有机硫化物被微生物分解时，会以硫化氢和硫的形式进入到环境中（图 8-9）。

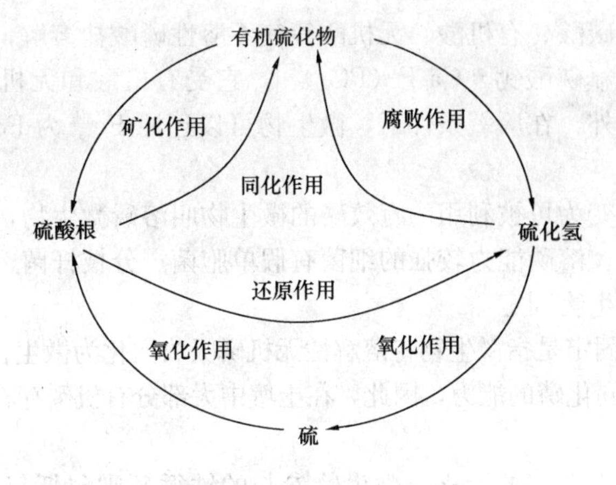

图 8-9 自然界的硫循环

8.5.4 磷循环

1. 自然界的磷循环

在生物体中，磷是生命物质的基本元素，高能磷酸键、核酸和磷脂中均含有磷。磷和其他生命物质的组成元素碳、氮、硫一样，在自然界中形成一个复合连锁的磷循环（图 8-10）。

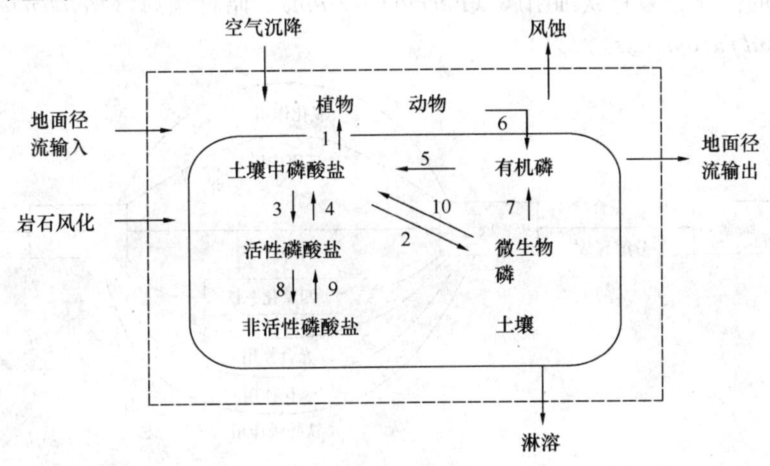

图 8-10 陆地生态系统的磷循环

1—植物吸收；2—微生物吸收；3—吸附和沉淀；4—解吸附；
5—矿化；6—动植物归还；7、10—微生物释放；8—固定；9—活化

2. 微生物在磷循环中的作用

（1）有机磷的矿化作用

有机磷的矿化作用是指分解死亡的有机体，将有机磷转变为溶解性无机磷的过程。有机磷的矿化常伴随着有机物降解过程的同时发生，并不具有专一性。一切能降解有机物的异养微生物都能进行这一作用，包括细菌、真菌、放线菌。这一过程促进有机物中磷素的释放，从而提高土壤中可以被作物利用的磷含量。

（2）不溶性无机磷化物的转化（溶磷作用）

所谓溶磷作用是指通过微生物的作用降解不溶性的磷酸盐。在许多环境中磷酸盐以不溶性的钙、镁、铁和铝盐的形式存在，从而限制了植物和微生物对磷的吸收利用。微生物

在生活过程中产生的碳酸、有机酸、无机酸等使不溶性磷酸盐溶解，供植物吸收利用。磷矿的主要含磷成分是氟磷酸钙［$Ca_5F(PO_4)_3$］，它受有机酸和无机酸的作用，也可释放产生一些有效磷。另外，在厌氧条件下，微生物可以还原 Fe^{3+} 为 Fe^{2+}，因溶解度提高可使磷酸盐游离出来。

使不溶性无机磷变为可被利用的有效磷的微生物叫溶磷微生物，其溶磷能力大小决定于产酸量和产酸种类。溶磷能力较强的细菌有假单胞菌、分枝杆菌、芽孢杆菌等。

（3）有效磷的微生物固定

有效磷的微生物固定是指微生物将溶解性无机磷吸收同化为微生物细胞物质的过程。由于微生物具有很强的同化磷的能力，因此，在土壤中大部分有机磷存在于土壤微生物中。

8.5.5 铁循环

铁是地球上一种很丰富的元素，微生物参与的铁循环则包括氧化、还原和螯合作用（图 8-11）。Fe^{3+} 和 Fe^{2+} 具有不同的溶解性能，在好氧条件下 Fe 主要以 Fe^{3+} 形式存在，在铁氧化菌的作用下亚铁化合物被氧化成为高铁化合物而沉积下来。在环境需要时，铁还原细菌可以还原高铁化合物而使铁溶解，进而被铁离子螯合体捕获，螯合的铁可以被各自微生物细胞吸收同化。常见的铁氧化菌有纤发菌属（*Leptothrix*）和球衣菌属（*Sphaerotilus*），常见的铁还原菌有铁细菌属（*Ferribacterium*）、暗杆菌属（*Pelobacter*）和脱硫单胞菌属（*Desulfuromonas*）。

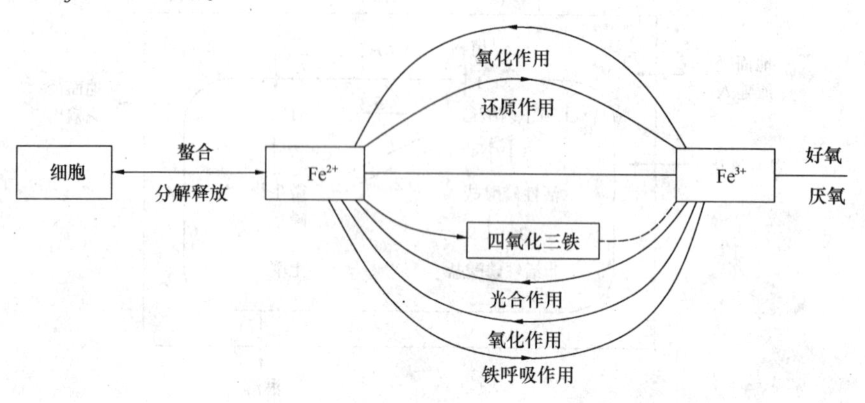

图 8-11　铁元素的生物地球化学循环

思　考　题

1. 土壤是如何实现生物自净？
2. 微生物在碳、氮循环中的主要作用？
3. 淡水环境微生物的区系可分为几类？各有何特点？
4. 空气微生物来源于哪里？
5. 何为微生物的竞争与原始合作关系？
6. 生态系统中微生物群落有何特点？
7. 微生物之间的关系有哪几种？
8. 说明微生物在硫循环中的作用？
9. 何为水体自净？形成的各污染带有何特点？

第9章 污水生物处理的微生学原理

污水生物处理是指利用微生物的生物代谢过程使废水得到净化，在污水生物处理装置中微生物主要以活性污泥（activated sludge）和生物膜（biomembrane）的形式存在。与其他的处理方法相比，具有效率高、成本低、适用范围广等特点。

9.1 污水生物处理的基本原理

污水生物处理的作用原理概括起来说，是通过微生物酶的作用，将污水中的污染物氧化分解。在好氧条件下污染物最终被分解成 CO_2 和 H_2O；在厌氧条件下污染物最终形成 CH_4、CO_2、H_2S、N_2、H_2 和 H_2O 以及有机酸和醇等（图 9-1）。

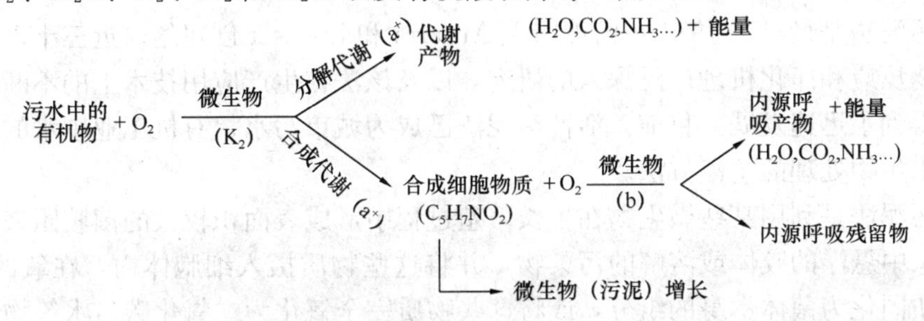

图 9-1 微生物降解污水中有机物的过程

污水生物处理过程可归纳为三个连续进行的阶段，即絮凝吸附作用、氧化作用和沉淀作用。下面以活性污泥法为例说明这三个作用。

1. 絮凝和吸附作用

污水进入生物反应池后，污水中的产荚膜细菌可分泌出黏液性物质，并相互粘连形成菌胶团。菌胶团又粘连在一起，絮凝成活性污泥或黏附在载体上形成生物膜。微生物个体很小，并且细菌也具有胶体粒子所具有的许多特性，如细菌表面一般带有负电荷，而污水中有机物颗粒常带正电荷，所以它们之间有很大的吸引作用。活性污泥的表面积介于 2000～10000 m^2/m^3，其表面附有的黏性物质对废水中的有机物颗粒、胶体物质有较强的吸附能力，而对溶解性有机物的吸附能力很小。对于悬浮固体和胶体含量较高的废水，吸附作用可使废水中的有机物含量减少 70%～80%左右。吸附作用是一种物理化学作用，所以它的总吸附量有一个极限，达到此极限后，吸附作用就基本结束。

2. 氧化作用

氧化作用是发生在微生物体内的一种生物化学的代谢过程。被活性污泥和生物膜吸附的大分子有机物质，在微生物胞外酶的作用下，水解为可溶性的有机小分子物质，然后透过细胞膜进入微生物细胞内。这些被吸收到细胞内的物质，作为微生物的营养物质，经过一系列生化反应途径，被氧化为无机物 CO_2 和 H_2O 等，并释放出能量；与此同时，微生物利用氧化过程中产生的一些中间产物和呼吸作用释放的能量，合成细胞物质。在此过程中微生物不断繁殖，有机物也就不断地被氧化分解。

微生物对吸附的有机物氧化分解需要较长的时间，有的需要几小时甚至十几个小时才能完成。在微生物吸附有机物的同时，尽管氧化分解作用以相当高的速率进行着，但由于吸附时期较短，氧化分解掉的有机物仅占总吸附量的一小部分，大部分被吸附的有机物需要更长的时间才能全部氧化分解。

3. 沉淀作用

污水中有机物质在活性污泥或生物膜的氧化分解作用下无机化后，经过处理的水往往排至自然水体中，这就要求排放前必须经过泥水分离。若泥水不经分离或分离效果不好，由于活性污泥本身是有机体，进入自然水体后将造成二次污染。

9.2 污水生物处理法

污水生物处理法根据微生物所处状态的不同分为活性污泥法和生物膜法。

9.2.1 活性污泥法

活性污泥法是最早于1914年由英国人Arderm和Lockett创建的，近三十多年来，随着对其生物反应和净化机理广泛深入的研究，以及该法在生产应用技术上的不断改进和完善，使它得到了迅速发展。目前，活性污泥法已成为城市污水、有机工业废水的有效处理方法和污水生物处理的主流方法。

活性污泥法是利用某些微生物在生长繁殖过程中形成表面积较大的菌胶团来大量絮凝和吸附废水中悬浮的胶体或溶解的污染物，并将这些物质摄入细胞体内，在氧的作用下，将这些物质同化为菌体本身的组分，或将这些物质完全氧化为二氧化碳、水等物质。这种具有活性的微生物菌胶团或絮粒状的微生物群体即称为活性污泥。

1. 活性污泥中的微生物

（1）活性污泥的组成和性质

1）组成

活性污泥（activated sludge）是一种绒絮状小泥粒，它是由以需氧菌为主体的微型生物群，以及有机性和无机性胶体、悬浮物等所组成的一种肉眼可见的细粒。它具有很强的吸附与分解有机质的能力。

细菌是活性污泥中最重要的成员，除一般的球菌、杆菌、螺旋菌外，还有许多比较高级的丝状细菌，以及随废水性质、构筑物运转条件不同而出现不同的优势菌群。比较多的有产碱杆菌、微杆菌（*Microbacterium*）、丛毛单胞菌（*Comamonas*）、芽孢杆菌（*bacillus*）、假单胞菌（*Pseudomonas*）、柄杆菌（*Caulobacter*）、球衣菌（*Sphaerotilus*）和动胶菌（*Zoogloea*）等，1mL好氧活性污泥中的细菌数一般在10^7～10^8个，其中以革兰氏阴性细菌为主。

活性污泥中的细菌大多数包埋在胶质中，以菌胶团形式存在。胶质系菌胶团生成菌分泌的蛋白质、多糖及核酸等胞外聚合物。在活性污泥形成初期，细菌多以游离态存在，随着活性污泥成熟，细菌增多而聚集成菌胶团，进而形成活性污泥絮状体（floc）。絮状体形成的过程称作生物絮凝作用（bioflocculation）。已知的菌胶团形成菌有数十种，其中，生枝动胶菌是最早发现的一种。

菌胶团的作用：① 吸附和氧化分解有机物。菌胶团是细菌的存在形式，细菌占到活性污泥中微生物总量的 99%，一旦菌胶团受到各种因素的影响和破坏，则活性污泥法对有机物去除率明显下降，甚至无去除能力。② 菌胶团对有机物的吸附和分解，为原生动物和微型后生动物提供了良好的生存环境。③ 具有指示作用。通过菌胶团的颜色、透明度、数量、颗粒大小及结构的松紧程度可衡量好氧活性污泥的性能。新生菌胶团颜色浅、无色透明、结构紧密，则说明菌胶团生命力旺盛，吸附和氧化能力强，再生能力强；老化的菌胶团，颜色深，结构松散，活性不强，吸附和氧化能力差。④发育良好的活性污泥絮状体具有良好的沉降性能，有利于泥水分离而排出净水。

在活性污泥中，真菌种类不多，数量也较少。在活性污泥中常含有酵母和霉菌，它们能在酸性条件下生长繁殖，且需氧量比细菌少，所以在处理某些特种工业废水及有机固体废渣中起到重要作用。丝状菌有球衣细菌、白硫细菌和硫丝细菌等。在活性污泥中丝状细菌过多往往会引起污泥膨胀而使处理效率降低。由于生物膜系统基本不存在活性污泥膨胀的问题，生物膜中的丝状菌对污水处理产生积极的作用，不会产生任何不良影响。

在活性污泥处理系统中，有大量的原生动物和微型后生动物，动物在废水净化中的作用仅次于细菌，主要是原生动物，占动物总数的 90%以上。它们以游离的细菌和有机微粒作为食物，因此可以起到提高出水水质的作用。

但它们的数量和种类随污水的类型不同而不同，一般处理生活污水的活性污泥原生动物量多于处理工业污染水的活性污泥的原生动物。原生动物和微型后生动物还可作为指示生物来推测废水处理的效果和系统运行是否正常。如果活性污泥系统运转不正常，出水水质差，则原生动物以游泳型的纤毛类为主，如草履虫（Paramecium）。如果运转正常，出水良好，则原生动物以固着的纤毛类为主，例如钟虫、累枝虫（Epistylis）等，并有后生动物出现，如轮虫、甲壳虫和线虫。

2）性质

外观呈黄褐色，因水质不同，也可呈深灰、灰褐、灰白等色（图 9-2）。正常情况下几乎无臭味；含水率在 99%左右、密度为 1.002～1.006、大小为 0.02～0.2mm、比表面积为 20～100cm^2/mL之间、具有沉降性能；pH 在 6～7，弱酸性，具一定的缓冲能力。

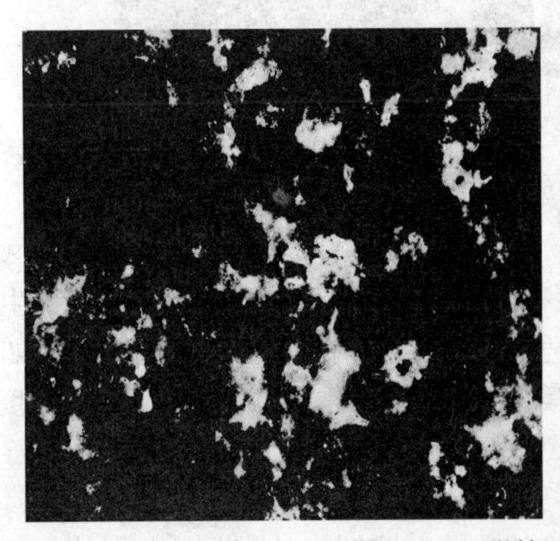
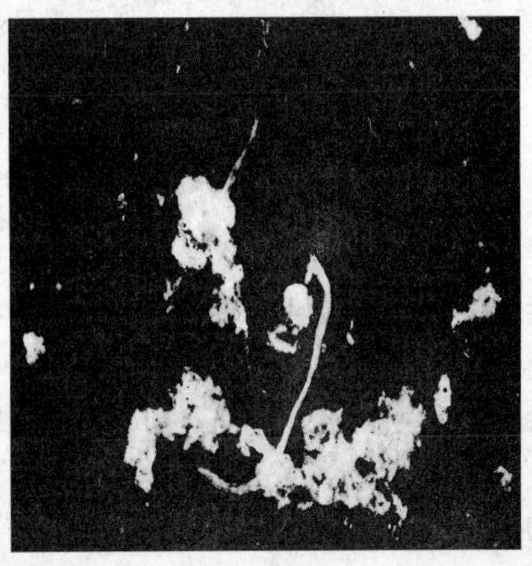

图 9-2　显微镜下的活性污泥

当进水改变时，对进水 pH 的变化有一定的承受能力。

（2）活性污泥中微生物的浓度和数量

活性污泥中微生物的浓度和数量常用 MLSS（混合液悬浮固体）或 MLVSS（混合液挥发性悬浮固体）来表示。MLSS 为 1L 曝气池混合液中所含悬浮固体的干重，一般城市污水处理中，MLSS 为 2000～3000mg/L，工业废水为 3000 mg/L 左右，高浓度工业废水在 3000～5000 mg/L。混合液挥发性悬浮固体（MLVSS）为 1L 混合液中所含挥发性悬浮固体（指能被完全燃烧的物质）的重量，一般城市污水的 MLVSS 与 MLSS 之比在 0.75 左右。

除了上述的一些指标外，为了更好地设计或运行，有时还需掌握活性污泥的其他一些参数，如污泥沉降比（SV）、污泥容积系数（SVI）、污泥负荷（L）、污泥龄（T）、溶氧量、污泥回流比等。

2. 活性污泥的污泥膨胀和膨胀控制对策

污泥膨胀（sludge bulking）指污泥结构极度松散，体积增大、上浮，难于沉降分离影响出水水质的现象。基本上目前各种类型的活性污泥工艺都会发生污泥膨胀。污泥膨胀不但发生率高，发生普遍，而且一旦发生将难以控制，通常都需要很长的时间来调整。

（1）活性污泥膨胀的致因微生物

通常，活性污泥系统的污泥膨胀是由大量丝状菌的存在而引起的。从污泥膨胀时的生物相看，有丝状菌膨胀与非丝状菌膨胀，以前者为常见。活性污泥丝状膨胀的致因微生物种类很多，常见的有：诺卡氏菌属、浮游球衣菌、微丝菌属、发硫菌属、贝日阿托氏菌属等（图 9-3）。正常活性污泥的絮状体中，仅少量丝状菌作为骨架，而膨胀时的絮状体在镜检下可见许多菌丝伸展至絮状体外，因而使之比重减轻，体积加大，轻飘难以沉降。

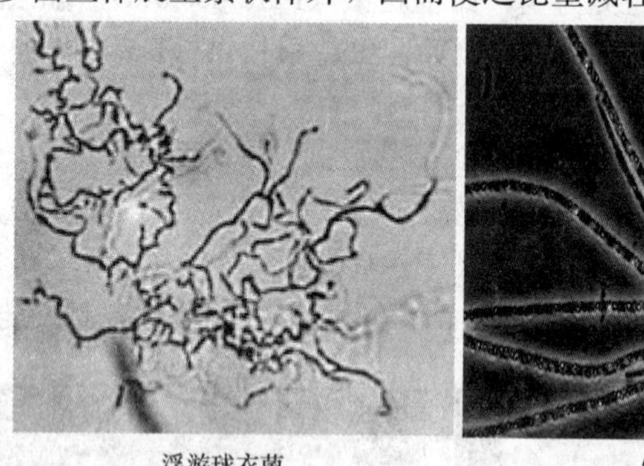

浮游球衣菌

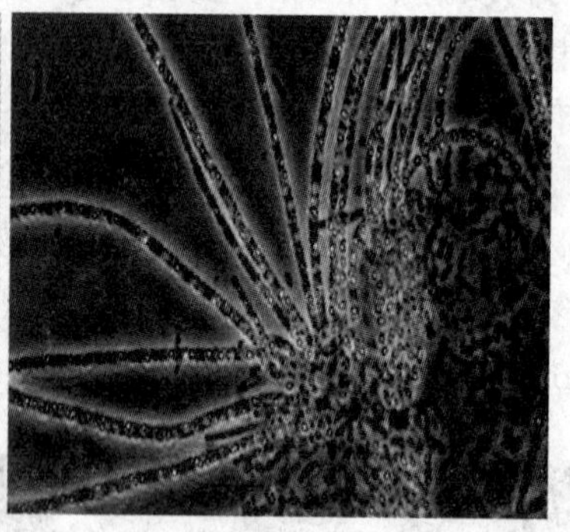

发硫菌

图 9-3 常见的活性污泥膨胀的致因微生物

（2）活性污泥膨胀的成因

活性污泥膨胀的成因有环境因素和微生物因素，主导因素是丝状微生物过度生长。

1）温度。构成活性污泥的各种细菌最适生长温度在 30℃左右。菌胶团细菌如动胶菌属的最适生长温度为 28～30℃。10℃生长缓慢，45℃不长。浮游球衣菌最适温度为 5～30℃，生长温度为 15～37℃。菌胶团和丝状菌的最适温度虽然差别不大，但浮游球衣菌是好氧和微量好氧，能以竞争优势生长。

2）溶解氧。菌胶团细菌和浮游球衣菌等丝状菌对溶解氧的需要量差别较大。菌胶团细菌是严格好氧，浮游球衣菌是好氧菌，因此它的适应性强，在微量好氧条件下，仍正常生长。贝日阿托氏菌、发硫菌是微量好氧，DO 为 0.5 mg/L 时生长最好。温度在 25～30℃的条件下，在有机废水中溶解氧匮乏，丝状细菌以优势生长，故很容易引起活性污泥丝状膨胀。

3）可溶性有机物及其种类。几乎所有的丝状细菌都能吸收可溶性有机物，尤其是低分子的糖类和有机酸。有机物因缺氧不能降解彻底，积累大量有机酸，为丝状细菌创造营养条件，使丝状细菌优势生长，甚至自养的发硫菌也能利用低浓度的乙酸盐。

4）有机物浓度。在生活污水和食品类等有机废水中，BOD 在 100～200 mg/L 时往往会使浮游球衣菌的数量增加，浮游球衣菌的数量超过 60%，占优势而导致活性污泥丝状膨胀。工业废水生物处理过程中也会发生活性污泥丝状膨胀，如含硫化染料的印染废水和屠宰废水等。此外，可能还会因 pH 值变化而引起活性污泥丝状膨胀。

（3）控制活性污泥膨胀的对策

对于活性污泥丝状菌膨胀的控制，至今还没有一个彻底解决的办法，尽管如此，人们还是在实践中应用着一些控制污泥膨胀的方法，取得了一定的效果。

1）采用化学混凝。如投加三氯化铁、硫酸亚铁，使难以沉降的污泥增加混凝沉降的效果，暂时减轻膨胀的程度。

2）投加药剂。如加入次氯酸钠和过氧化氢等以杀死或抑制球衣菌等丝状菌，也有一定效果。由于球衣菌对漂白粉较为敏感，而菌胶团细菌受影响较小，故在投加漂白粉的一段时间内，可以看到菌胶团凝絮体会有所增加，丝状体会发生卷缩，生长受到暂时抑制。

3）控制溶解氧。曝气池内的溶解氧浓度由供氧和耗氧之间的平衡决定，溶解氧浓度一般应控制在 2 mg/L 以上。

4）控制有机负荷。活性污泥要保持正常状态，BOD 污泥负荷在 0.2～0.3 kg/（kgMLSS·d）为宜。有资料报道：BOD 污泥负荷高，在 0.38 kg/（kgMLSS·d）以上时，就容易发生活性污泥丝状膨胀。

5）改革工艺。近年来，一些工艺如：A-B 法、A/O（缺氧-好氧）系统、SBR（序批式间歇曝气反应器）法等处理工艺可以提高有机物的处理效果，脱氮除磷，还能有效地克服活性污泥丝状膨胀。

3. 活性污泥法的基本工艺流程及生物学过程

活性污泥法自 1914 年创建至今，已发展成多种类型，以其曝气方式的不同，有普通曝气法、完全混合曝气法、逐步曝气法、旋流式曝气法、纯氧曝气法等。很多科技人员对活性污泥法进行了广泛深入的研究，如对活性污泥法净化污水机理，活性污泥法新型工艺，活性污泥中的微生物及微型动物，活性污泥膨胀现象等的研究都取得了不少成果。但迄今为止活性污泥法尚有很多方面需要进一步研究和完善。

（1）普通活性污泥法

普通活性污泥法，又称习惯曝气或传统活性污泥法，是最早使用的一种活性污泥法。

废水先通过初沉淀池，预先将一些悬浮固体去除掉，然后进入一个有曝气装置的容器或构筑物，活性污泥就在这种装置中将废水中的 BOD 降解了，并产生新的活性污泥。当 BOD 降到一定程度时，混合液一齐流入二次沉淀池，进行固液分离，上清液排放，沉淀下来的污泥一部分回流到曝气池中，一部分作为剩余污泥而排放。这种流程形式的特点：

曝气池前端有机物浓度高，沿池长有机物浓度逐渐降低；处理效果较好，BOD_5去除率达95%。这种系统的缺点是对水质水量冲击负荷抵抗力差；供氧不能合理使用，往往前端供氧不足，后端供氧有余，造成供氧不合理和浪费；体积庞大，占地面积大，基建费用高。本工艺流程适用于处理水质变化不太大的城市污水（图 9-4）。

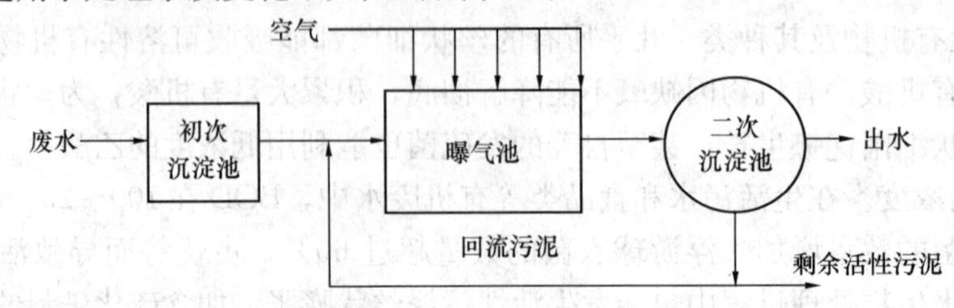

图 9-4　普通活性污泥法工艺流程

（2）渐减曝气法

为了解决普通活性污泥法供氧与需氧之间的矛盾，可把曝气池按需氧量的要求分为几段，前段多供氧，后段少供氧，可使供氧与需氧基本一致。渐减曝气池由于解决了供氧与需氧的矛盾，改善了运行条件，在供氧相同的条件下，改善了曝气池中溶解氧的分布，提高了氧的利用率，从而可节省运行费用，提高处理效率。

（3）延时曝气法

延时曝气法又称完全氧化法，实质上是传统活性污泥法在低负荷下运行，因而所需曝气池容积大，水力停留时间长。其特点是微生物生长处在内源代谢阶段，不但能几乎完全氧化去除废水中的有机物，出水水质很好，而且还能氧化合成的细胞物质，剩余污泥量很少，甚至可长期不排泥，排出的污泥的稳定性很好，不必再进行厌氧处理。但由于曝气池占地面积大，基建费和动力费都较高，所以只适用于出水水质要求较高，而又不便于处理污泥的小型城镇污水或工业废水的处理。

（4）吸附-再生法

吸附再生活性污泥法是根据废水净化的机理，污泥对有机污染物的初期高速吸附作用，将普通活性污泥法作相应改进发展而来。它有两个特点：一是污水污染物的吸附和活性污泥的再生（吸附的有机污染物质的氧化）分别在两个池子里或在一个池子的两个部分进行；二是回流污泥量大，回流比常在50%～100%。因此，再生池的污泥浓度高，曝气池污泥的平均浓度也高。

污水和污泥在吸附曝气池内混合接触 30～60min，活性污泥将污水中的有机颗粒和胶体物质吸附，然后流入二次沉淀池。从二次沉淀池中分离出来的污泥，回流到再生池里进行曝气，将吸附的有机物质彻底氧化分解。当活性污泥中微生物处于饥饿状态时，再回流到吸附池。

由于进入再生池的活性污泥流量少，因而在保证足够的水力停留时间的条件下，所需构筑物的容积较小。所以，吸附-再生池的总容积仅为传统活性污泥曝气池的 1/3～2/3。此外，处理系统常可省略初沉池。

该工艺的缺点是去除率较普通活性污泥法低，尤其是对溶解性有机物较多的工业废水（活性污泥对溶解性有机物的初期吸附作用效果较差），处理效果也不理想（图 9-5）。

（5）完全混合活性污泥法

完全混合活性污泥法的流程和普通活性污泥法相同，是目前采用较多的一种活性污泥法。它与传统活性污泥法的主要区别在于：混合液在池内充分混合循环流动，因而污水与回流污泥进入曝气池后，立即与池内原有混合液充分混合，池内各点有机物浓度均一。整个处理系统中污泥微生物处于完全相同的负荷之中。当进水的流量及浓度均不变的条件下，系统的负荷也不变，微生物生长往往处于生长曲线对数生长期的某一点，微生物的代谢速率甚高。因此废水水力停留时间往往较短，系统的负荷较高，构筑物的占地较省。本系统适用于处理较高浓度的有机污水，耐水质、水量的冲击负荷，中小型污水处理厂采用得比较多。

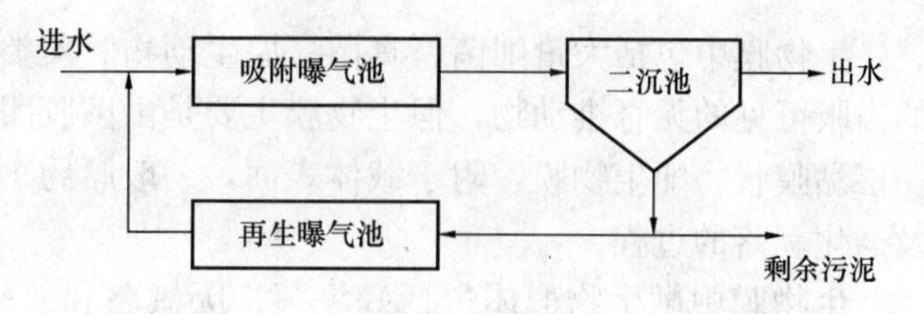

图 9-5 吸附再生活性污泥法的工艺流程

它的缺点是为了要维持系统高速率的运行，使微生物处于对数生长期内，混合液中的基质即废水中的有机污染物往往未完全降解，导致出水水质较差，系统的 BOD、COD 去除率往往差于同种废水其他工艺的出水，同时较易发生丝状菌过量生长的污泥膨胀等运行问题。

9.2.2 生物膜法

生物膜是由微生物群体组合成的黏状物，生物膜生长于固着物的表面，由菌胶团和丝状菌组成。生物膜法已广泛用于石油、印染、制革、造纸、食品、医药、农药、化纤等工业废水的处理。近年来，由于生物膜法比活性污泥法具有生物密度大、耐污力强、动力消耗较小、不存在污泥回流与污泥膨胀、有运转管理较方便等特点，用生物膜法代替活性污泥法的情况不断增加。

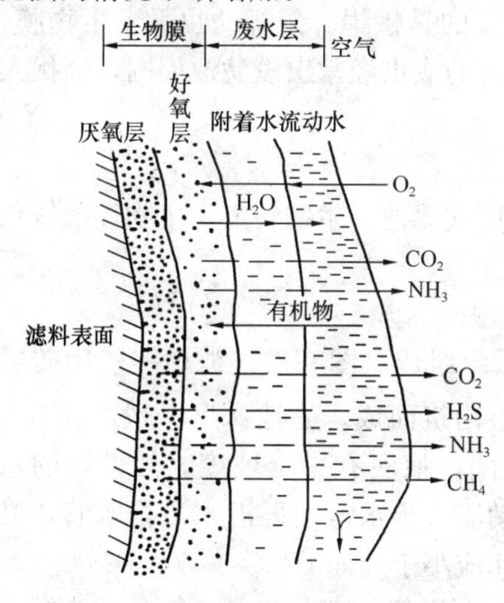

图 9-6 生物膜对废水的净化作用

1. 生物膜处理污水的原理

当有足够数量的有机营养物、矿物盐和溶解氧时，微生物在填料的表面繁殖，逐步形成菌膜，由于扩散作用，氧和营养物质通过膜供微生物吸收利用（图 9-6）。当膜长到一定厚度就会妨碍这种扩散，水中的氧和营养物质不能通到内层，生物膜开始分层，表层是好气层，而内层由于缺氧形成厌氧层。新形成的厌氧层内，好氧菌死亡溶解，成为兼性厌氧菌和厌氧菌的营养。当内层膜营养耗尽，厌氧微生物也大量死亡溶解，于是生物膜内层不能支撑表面的生物群体，大块的生物膜脱落。生物膜脱落而腾出的更新面又会形成新的生物膜。另外少量的生物和一些小块生物膜，由于水的冲刷或气泡振动，不断离开生物膜进入水中，这就是膜的脱落和更新。膜的脱落和更新对生物膜的活性有积极的作用，可以使生物膜保持稳定的生物活性。脱落的膜沉淀后被排出系统。脱落和更新对水质也有一定的影响，增加了水的浊度。

2. 生物膜中的生物

生物膜中包括大量细菌、真菌、原生动物、藻类和后生动物，还能栖息一些增殖甚慢的肉眼可见的无脊椎动物，但生物膜主要是由菌胶团和丝状菌组成。微生物群体所形成的一层黏膜状物即生物膜，附于载体表面，一般厚约1～3mm，经历一个初生、生长、成熟及老化剥落的过程。

生物膜中微生物群体包括好氧菌、厌氧菌和兼氧菌，还有真菌、藻类、原生动物以及蚊蝇的幼虫等生物，在生物滤池中兼氧菌常占优势。无色杆菌属、假单胞菌属、黄杆菌属以及产碱杆菌属等是生物膜中常见的细菌。在生物膜内，常有丝状的浮游球衣菌和贝日阿托氏菌属。在滤池较低部位还存在着硝化菌如亚硝化单胞菌属（*Nitrosomonas*）和硝化杆菌属（*Nitrobacter*）。生物膜中常见的真菌有镰孢霉、白地霉、枝孢霉、酵母等。霉菌是有机质的积极分解者，但有时过度发展，可引起滤池堵塞。常见的藻类有席藻、丝藻、毛枝藻等丝状藻类，以及小球藻、硅藻等单胞藻类（图9-7），它们多存在于生物膜表面见光处。原生动物也活跃地生活在生物膜表面，以菌类为食，可以减少滤池堵塞。

席藻

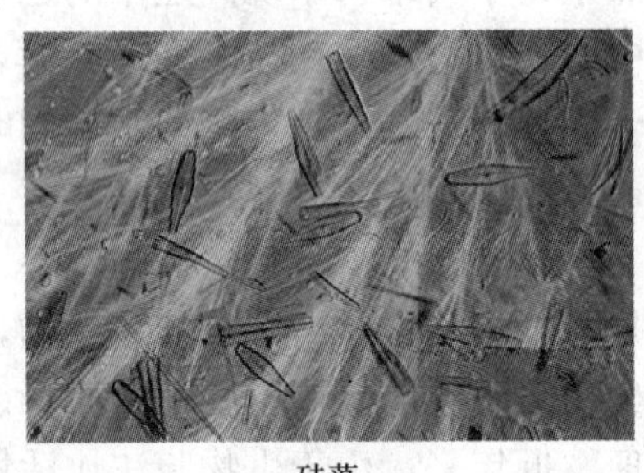

硅藻

图9-7　生物膜中的常见生物

生物滤池中肉眼可见的动物种类很多，其中最重要的是蛾蝇。蛾蝇幼虫吞食生物膜，可抑制生物膜的过度发展，并可使生物膜疏松；可是它的成虫经常出没滤池周围，骚扰人群甚至携带病菌，传染疾病。

3. 生物膜法处理污水的类型

生物膜法根据其所用设备不同可分为生物滤池、塔式滤池、生物转盘、生物接触氧化法和生物流化床等。

（1）生物滤池

生物滤池一般由滤池、布水装置、滤料和排水系统组成（图9-8）。滤池一般用砖或混凝土构筑而成。滤池深度一般在1.8～3m之间。池底有一定坡度，处理好的水能自动流入集水沟，再汇入总排水管，其水流速应小于0.6m/s。

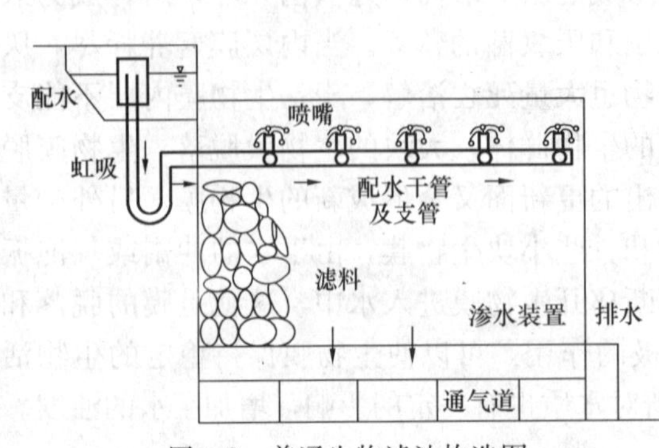

图9-8　普通生物滤池构造图

布水装置一般由进水竖管和可旋转的布水横管组成。在布水管的下面一侧开有直径为10～15mm的小孔。滤料一般要求有一定强度，表面积大，空隙率大，而成本低，常用的有碎石块、煤渣、矿渣或蜂窝型、波纹型的塑料管等。排水系统包括渗水装置、集水沟和排水泵。它除了有排水作用外，还有支撑填料和保证滤池通风的作用。生物滤池根据承受负荷的能力分为普通生物滤池和高负荷滤池。生物滤池的优点是结构简单，基建费用低，缺点是占地面积大，处理量小，而且卫生条件差。

(2) 塔式滤池

塔式生物滤池亦称生物滤塔，是一种新型的高负荷生物滤池（图 9-9）。现在运行的塔式生物滤池一般高达 8～24m，直径 1～3.5m，直径与高度之比介于 1∶6～1∶8 左右。这种塔式结构形式使滤池内部形成较强的拔风状态，因此自然通风良好。污水自上而下滴落，水量负荷高，滤池内水流紊动强烈，从而使污水、空气、生物膜三者的接触非常充分，大大地加快了污染物质的传质速度。滤料一般采用轻质的塑料或玻璃钢。为了使塔式滤池更好地发挥作用，有的采用分层进水、分层进风的措施来提高处理能力，防止堵塞是塔式滤池设计和运行中需要注意的问题。

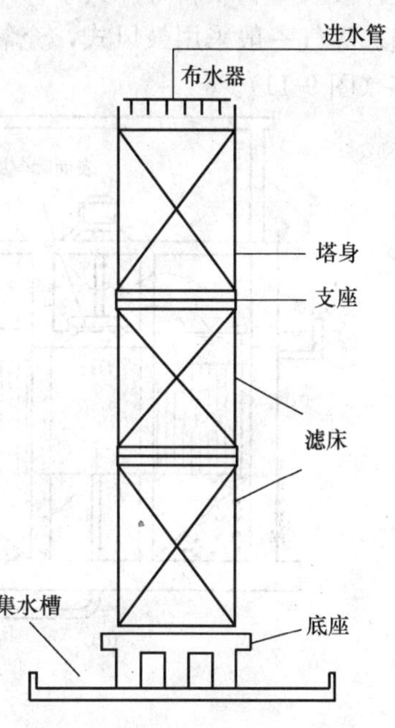

图 9-9 塔式生物滤池构造图

塔式滤池的主要优点为占地面积小，耐冲击负荷的能力强，适用于大城市处理负荷高的废水，其缺点为塔身高，运行管理不方便，且能耗大。

(3) 生物转盘

生物转盘以圆盘作为生物膜的附着基质，各圆盘之间有一定间隙（图 9-10）。圆盘在电机的带动下，缓慢转动，一半浸没于废水中，一半暴露在空气中，在废水中时生物膜吸附废水中的有机物，在空气中时生物膜吸收氧气，进行分解反应，如此反复，达到净化废水的目的。转盘上的生物膜到一定厚度会自行脱落，随出水一同进入二次沉淀池。

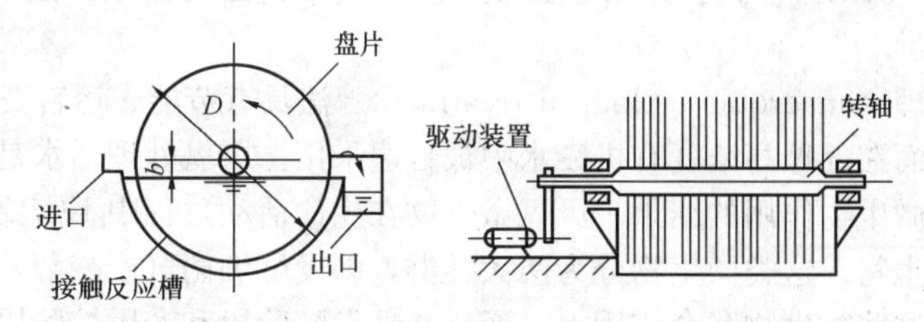

图 9-10 生物转盘构造图

生物转盘的圆盘直径可为 1～4m 之间，厚度约为 1.6～3.2mm。圆盘以 0.8～3 转/min 速度缓慢转动。生物膜交替接触空气和污水，使污水得到净化。生物转盘适用于较高浓度的工业废水，但废水处理量不宜过大。

(4) 生物接触氧化法

生物接触氧化法是将滤料（常称填料）完全淹没在污水中，并需曝气的生物膜处理污水的方法。在曝气池中安装固定填料，废水在压缩空气的带动下，同填料上的生物膜不断接触，同时压缩空气提供氧气。在液、固、气三相接触中，废水中的有机物被吸附和分解。与其他生物膜法一样，其生物膜也包括挂膜、生长、增厚和脱落的过程。脱落的老化生物膜在固—液分离系统中得到去除。

目前，我国广泛采用的填料有玻璃钢或塑料蜂窝填料，软性纤维填料，半软性填料，立体波纹塑料填料等。其中又以软性纤维填料和半软性填料相结合而成的组合填料最为普遍。曝气一般采用鼓风式，充氧设备以穿孔管、散流式曝气器、微孔曝气器和曝气软管居多（图 9-11）。

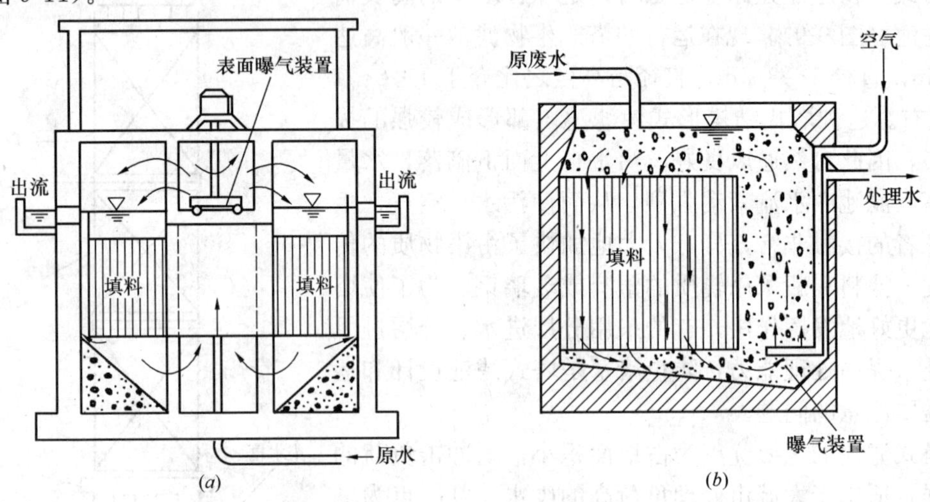

图 9-11　生物接触氧化池构造图

(*a*) 表面曝气；(*b*) 鼓风曝气

生物接触氧化法对冲击负荷有很强的适应能力；污泥生成量少；不会有活性污泥膨胀的危害，能保证出水水质；不需要污泥回流；易于维护管理；除能有效地去除有机污染物外，还能够用以脱氮和除磷。

9.3　污水厌氧生物处理的微生物学原理

厌氧生物处理（anaerobic biological treatment）法具有节能、运转费低、能产生沼气能源等特点，因而在处理高浓度有机废水中被普遍采用。厌氧处理污水是在无氧条件下进行的，是由厌氧微生物作用的结果。厌氧微生物在生命活动过程中不需要氧，有氧还会抑制或杀死这些微生物。这类微生物分为两大类群，即发酵细菌（产酸菌）和产甲烷菌。废水中的有机物在这些微生物联合作用下，通过酸性发酵阶段和产甲烷阶段，最终被转化生成 CH_4、CO_2 等气体，同时使污水得到净化。

9.3.1　厌氧生物处理原理

厌氧生物处理时，微生物对有机物的转化分为水解、产酸和甲烷形成三个阶段。

1. 厌氧水解阶段

将复杂的有机物水解为单糖，再降解为丙酮酸，将蛋白质水解为氨基酸，脱氨基成有机酸和氨，脂类水解为各种低级脂肪酸和醇。

2. 产酸阶段

产酸阶段的作用菌可分为两大类，一类降解大分子聚合物产生酸，如丙酸、丁酸、乳酸、琥珀酸和乙醇、乙酸等，这些产物除乙酸以外，还是不能作为甲烷细菌产甲烷的基质。另一类微生物把这些低分子产物再进一步分解成为甲烷菌能利用的基质，如甲酸、甲醇、乙酸、CO_2和H_2等简单的一碳化合物。

在（1）、（2）阶段，以梭菌属（梭状芽孢杆菌属）（*Clostridium*）、拟杆菌属（*Bacteroides*）、双歧杆菌属（*Bifidobacterium*）占优势。兼性厌氧的有变形杆菌属（*Proteus*）、假单胞菌属（*Pseudomonas*）、链球菌属（*Streptococcus*），另外还有黄杆菌属、产碱杆菌属、产气杆菌和大肠菌类。

3. 产甲烷阶段

乙酸、氢气、碳酸、甲酸和甲醇等被甲烷菌利用被转化为甲烷以及甲烷菌细胞物质，参与作用的有奥氏甲烷菌（*Methanobacillus omelauskii*）、巴氏甲烷八叠球菌（*Methanosarcina barkeri*）和万尼氏甲烷球菌（*Methanococcus vannielii*）等。

经过这些阶段，大分子的有机物就被转化为甲烷、二氧化碳、氢气、硫化氢等小分子物质和少量的厌氧污泥。

9.3.2 厌氧生物处理的特点

同好氧处理法相比，厌氧处理法具有许多明显的优点：

（1）有机负荷高，去除率高。可以直接处理高质量浓度的有机废水，不需要大量水稀释。能明显地降低污水中有机污染物的质量浓度，BOD去除率可达90%以上，COD去除率约为70%～90%。

（2）能降解许多在好氧条件下难以降解的合成化学品，如偶氮染料、含氯农药等。

（3）能源动力消耗少，且产能多。厌氧处理的动力消耗只达到活性污泥法的1/10，产生的甲烷气可以作为能源利用。

（4）剩余污泥量少。一般仅为好氧处理污泥的1/10～1/6，只有5%的有机碳转化为生物量，并且易于脱水，因此污泥处理量小、处理费用低。

（5）设备投资少，运行费用低。不需价格较高的曝气等设备，并可节省动力运行费用支出，温度较高废水用高温厌氧处理，可减少降温费用。

（6）厌氧污泥可长期贮存，为季节性或间歇式运行提供方便。

但是厌氧处理也有很明显的缺点，主要有以下几个方面：

（1）污泥增加缓慢，对毒物敏感，启动时间长，一般第一次启动要花8～12周的时间。

（2）出水水质一般达不到排放标准。由于进水污染物的质量浓度高，即使去除率很高，也难达到排放标准，故还需进一步处理。

（3）操作控制较为复杂。特别是初次启动操作，需对操作人员进行一定的技术培训。

（4）沼气易燃，要有安全措施防止爆炸事故。

思考题

1. 污水生物处理过程可分为几个阶段？各阶段有何特点？
2. 何为污泥膨胀？有何危害？如何控制？
3. 菌胶团有何作用？

4. 活性污泥法的原理是什么？其处理流程由哪几部分组成？

5. 生物膜法的原理是什么？

6. 造成活性污泥膨胀的影响因素有哪些？

7. 厌氧生物处理有何特点？

8. 传统活性污泥法和完全混合活性污泥法有何异同？

9. 何为生物接触氧化法？有何特点？

10. 吸附-再生法有何优缺点？

第 10 章 水体的富营养化和氮磷的去除

10.1 水体的富营养化

水体富营养化（eutrophication）是指大量溶解性营养盐（NH_4^+-N、NO_3^--N、NO_2^--N、PO_4^{3-}-P）进入水体，使水中藻类浮游生物生长繁殖，然后引起异养微生物的旺盛代谢活动，大量消耗水体中的溶解氧，导致其他水生生物死亡，破坏水体生态平衡的现象（图 10-1）。

图 10-1 水体的富营养化现象

目前表示水体富营养化的指标是：水体中无机盐氮含量超过 0.2～0.3mg/L，生化需氧量大于 10mg/L，总磷含量大于 0.01～0.02mg/L，pH 为 7～9，细菌总数超过 1.0×10^4 个/mL，表征藻类数量的叶绿素 a 含量大于 10μg/L。当无机氮达到 0.3mg/L 以上和总磷达到 0.02mg/L 以上时，最适合藻类生长繁殖。所以，一般认为：水体中无机盐氮为 300mg/m^3、总磷为 20mg/m^3 以上时，水体会发生富营养化，见表 10-1。可见，氮和磷是限制藻类增长的重要因素。

营养状态的分类（Vollenweider，1971） **表 10-1**

营养状态	总磷（mg/L）	无机氮（mg/L）
极贫营养	<0.005	<0.2
贫-中营养	0.005～0.01	0.2～0.4
中营养	0.01～0.03	0.3～0.65
中-富营养	0.03～0.1	0.5～1.5
富营养	>0.1	>1.5

当水体形成富营养化时，水体中藻类的种类减少，而个别种类的个体数量猛增。由于

占优势的浮游藻类所含色素不同，使水体呈现蓝、红、绿、棕、乳白等不同的颜色。富营养化发生在湖泊中将引起水华（water bloom），发生在海洋中将引起赤潮（red tide）（图10-2）。

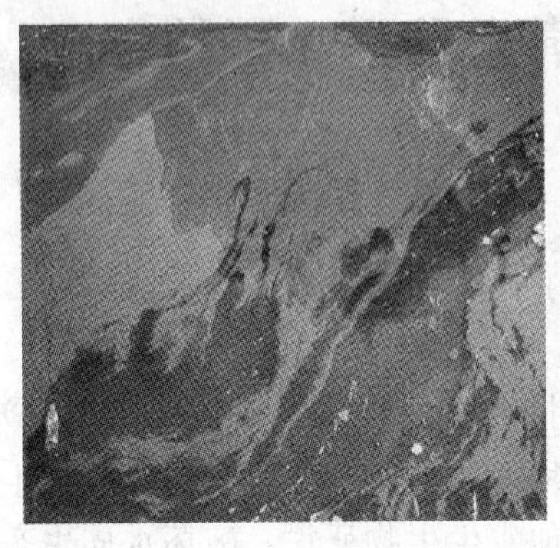

图 10-2 水华和赤潮

10.1.1 富营养化产生的原因

任何天然水体都不是与周围环境隔绝的封闭系统。降雨对大气的淋洗，径流对土壤的冲刷，总是挟带着各种各样的有机物质，特别是氮、磷物质，经常不断地流入水体，给水体中带来了藻类生长所需要的营养物质。此外，水体内部的有机体，如水生动植物的遗体及它们的代谢产物，经水中好氧微生物的分解亦可以作为藻类的营养。因此，富营养化是湖泊的一种自然老化现象，在天然水体中普遍存在。但是在没有人为因素影响的水体中，富营养化的进程是非常缓慢的，即使生态系统不够完善，仍需要至少几百年才能出现，但是一旦水体出现富营养化现象，要恢复却是极其困难的。这一结果往往导致由湖泊发展为沼泽、草原、森林的变迁过程。

人类在生活和生产中排出的生活污水和食品加工、化肥、屠宰、制糖、造纸、纺织等工业废水，以及大量使用化肥的农田排水等，都含有大量有机的和无机的氮、磷。这两种物质进入水体后，在微生物作用下形成硝酸盐和磷酸盐，为藻类的生长繁殖提供了充足的营养，从而加速了水体的富营养化。

藻类属于中温性微小浮游生物，在气温较高的夏季，风和日丽，光照充足，很适合它们生长。因此，这个季节水体较容易发生富营养化。阳光照射是藻类旺盛繁殖的必要条件。在富营养化的水体中，藻类的光合作用极为强烈，大量的藻类迅速生长繁殖，可使水面完全被藻类覆盖。通常认为，富营养化易发生在水流缓慢的水体，如湖泊、池塘、河口、海湾和内海等。但也有例外，我国每年发生很多次赤潮，许多是发生在并非海湾地区的急流海域。

10.1.2 富营养化水体中的藻类

在富营养化的淡水水体中，发现的微型藻类主要是蓝细菌。虽然蓝细菌种类很多，但在水体富营养化时，能大量繁殖的仅有 20 种左右。其中，水华鱼腥藻、铜色微囊藻、水华束丝藻、居氏腔球藻、细针胶刺藻、泡沫节球藻等常出现于水华情况下，且均产生水华毒素。蓝细菌有一个共同的特点，即大多数具有气泡，这种气泡由中空的膜亚单位即气囊排列而成，气囊成堆排列在一起。囊壁由不溶性蛋白质构成，其强度能承受 200kPa，超过这一压力，气囊即破裂。气泡随藻龄的增长而加大，主要功能是为藻类在水面的漂浮提供浮力，使藻类便于在水体中散布。

在海岸或海湾中，引起“赤潮”的藻类主要是甲藻，如角藻属、环沟藻、膝沟藻属等，这些藻类过度增殖可使海水染成红色或褐色，并造成鱼类和其他生物的死亡。

10.1.3 水体富营养化的评价指标

评价水体富营养化的方法有很多种，现主要介绍以下几种评价方法。

1. 测定水体中光合作用强度与呼吸作用强度之比

光合作用是指水体中藻类原生质的合成作用。呼吸作用是指藻类原生质的分解作用（图 10-3）。下面反应式从左到右代表藻类的光合作用（P）；从右到左代表藻类的呼吸作用（R）。

$106CO_2 + 16NO_3 + HPO_4^{2-} + 122H_2O + 18H^+ +$ 光能 $\Leftrightarrow C_{106}H_{263}O_{110}N_{16}P$（藻类原生质）$+ 138O_2$

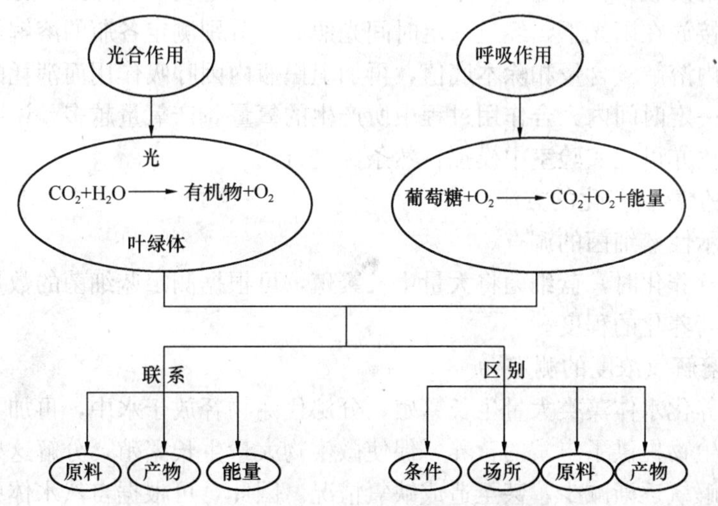

图 10-3 藻类的光合作用和呼吸作用

从上述反应可知，当水体中可溶性的 C、N、P 比为 106∶16∶1 时，在进行光合作用时，可溶性的 N 和 P 几乎同时耗尽，这就决定了这两类物质是生产藻类原生质的限制性因素。藻类死亡之后，藻体被细菌矿化分解，产生营养元素的比例也是 C∶N∶P=106∶16∶1。在贫营养湖中 P/R=1，即光合作用与呼吸作用达到平衡。因此，P/R 是评价水体富营养化和非富营养化的指标。

2. 测定藻类生产潜在能力（AGP）

该方法是以利比希最低定律为基础的一种测定方法，用于测定藻类生产的潜在能力。测定方法是在自然水体、废水或处理后排放出来的水样中接种特定藻类，一般接种蓝细菌、绿藻和硅藻，然后置于一定照度和温度条件下培养，使藻类生长达到稳定期。最后用测定藻类细胞数量或干重的方法，来决定藻类在某种水体中的增殖量。这个值称为藻类生产潜在能力（algal growth potential，简称 AGP）。藻类生长受限制性营养物（N、P）支配，当这些营养物大量存在时，藻类旺盛生长；当这些营养物质在水体中含量微小时，藻类生长受到限制。所以，营养物浓度与藻类生物量成正比关系，水体中氮和磷的含量就是藻类生长的潜在能力。一般贫营养湖泊的 AGP 在 1mg/L 以下，中营养湖泊为 1～10mg/

L，富营养湖泊为5～50mg/L。污水处理厂排水的AGP值一般为150～300mg/L，小型排水设备处理后的水可达到500mg/L以上。

AGP的测定方法：取500mL待测水样，经滤膜（1.2μm）过滤并高压灭菌（120℃，15min）。接种羊角月牙藻或小毛枝藻等特定藻类，在温度20℃，光照度4000～6000lx（14h明培养，10h暗培养）条件下，培养7～12d。然后测定其干重，便得到AGP值（mg藻类/L试样）。

3. 黑—白瓶法测定光合作用产氧能力

水体在自然光照条件下，由于藻类光合作用释放氧而增加水体中溶解氧的含量。测定时，在日照出现之前到达测定现场，将水样取出倒入三个溶解氧测定瓶中，盖紧瓶盖并使瓶内不留有气泡。将一瓶水样带回实验室立即测定溶解氧的含量，作为该水样中所含溶解氧的本底值。另两瓶留在现场，其中一只瓶需要用黑布包好（黑瓶），使之不透光。把两个水样瓶都直接放在阳光下，经过一定时间光照后，分别测定各瓶的溶解氧含量。将暴露在阳光的白瓶内溶解氧含量扣除本底值，再加上黑瓶内因呼吸作用而消耗的氧量，即为该水样中藻类在一定时间内光合作用过程中所产生的氧量。产氧量越多，说明藻类活动越旺盛。黑一白瓶法亦可在实验室中模拟自然条件进行。

4. 其他评价富营养化的方法

（1）对指示性蓝细菌的调查

当水体富营养化时，蓝细菌将大量生长繁殖，可根据测定蓝细菌的数量来评价富营养化的发生和富营养化的程度。

（2）水体溶解氧浓度的测定

由于富营养化水体藻类大量生长繁殖，分泌代谢物释放于水中，再加上死亡的藻类尸体，给异养微生物提供了丰富的营养，促使微生物大量生长繁殖，分解这些物质消耗溶解氧，使水中溶解氧逐渐减少，甚至造成缺氧情况。因此，可根据自然水体中溶解氧含量来确定富营养化的程度。

（3）藻类现存量的调查

水体在富营养化前，通常存在各种各样的藻类，而且各个种类的个数基本上是固定的。当水体被污染产生富营养化时，不能适应环境变化的藻类死亡，使藻类的种群减少。适应富营养化水体的藻类生存下来，并能大量生长繁殖，个体数量增加很快。所以调查现存原始种类的情况，也可以反映水体富营养化的程度。

（4）叶绿素a的测定

叶绿素a可代表藻类的现存量。富营养化水体由于藻类数量剧增，叶绿素a也相应增加。叶绿素a量越多，水体富营养化就越严重。

（5）水体透明度的测定

由于水体富营养化，促使藻类大量生长繁殖，藻体悬浮在水中，藻类分泌代谢产物释放在水中，使水体浑浊度增加而透明度减少。

（6）水中CO_2利用速率的测定

藻类利用CO_2进行光合作用，在有光照的条件下利用水中的氢来还原CO_2合成有机物质，使藻类生物量增加，而水中CO_2逐渐减少。因而，可通过藻类利用CO_2的速率来指示水体富营养化程度。日本学者提出预告水体富营养化的关系式如下式所示，借以测定和预告水体富营养化的发生和富营养化的程度。

$$\frac{\text{COD mg/L} \times \text{无机氮 mg/L} \times \text{无机磷 mg/L}}{1500}$$

当该值小于1时，水体不能发生富营养化；当该值等于1时，水体中营养物（包括氮、磷含量）增高，但富营养化不是很严重；当该值大于1时，则水体氮、磷等含量高，可发生富营养化。该值越大，富营养化程度越严重。

10.1.4 水体富营养化的危害

富营养化的危害很大，可破坏水体自然生态平衡，它不仅给渔业等生产造成重大经济损失，而且还会危害人类健康（图10-4）。

图10-4 水体富营养化的危害

藻类过度繁殖，死亡后的藻类有机体被异养微生物分解，消耗了水中的大量溶解氧，使水中溶解氧的含量急剧下降，同时，由于水面被藻类覆盖，影响大气的复氧作用，使水中缺氧，甚至造成厌氧状态。此外，水体中藻类大量繁殖也会阻塞鱼鳃和贝类的进出水孔，使之不能进行呼吸而死亡，这些因素将导致鱼类等水生生物因缺氧而窒息死亡；另外，死亡的藻类被微生物分解释放出胺类物质，产生严重的腐尸味，因水体处于厌氧状态而产生 H_2S 臭气。

许多产生水华和赤潮的藻类能产生毒素，不仅危害水生动物，而且对人类及牲畜、禽类等也会产生严重的毒害作用。如蓝细菌中的丝状藻类微囊藻属（*Microcystis*）、鱼腥藻属（*Anabaena*）和束丝藻属（*Aphanizomenon*）等过度繁殖后，产生的内毒素经饮用进入人体，可使人体出现胃肠炎和严重的变态反应；膝沟藻（*Gonyaulax*）产生的毒素对多种动物的神经和肌肉都有毒害作用，尤其是能引起鱼类的呼吸中枢系统障碍，在几分钟内就能将实验鱼体窒息死亡；有一种裸甲藻产生石房蛤毒素，对心肌、呼吸中枢和神经中枢产生有害的影响。还有一些藻类产生的毒素并不排出体外，当这些藻类被鱼、贝类所食后，毒素可贮存在鱼、贝类的卵中，这类毒素对鱼、贝类等虽不呈现明显的中毒现象，但人吃了这类鱼、贝之后，却有中毒的危险。

富营养化的水体外观呈现颜色，水质变混浊，水体中悬浮有大量的藻类和藻类尸体，并散发异味，严重时还将存在毒素。如果用这种水体作为自来水厂的水源水，不但可引起滤池堵塞，影响水厂正常运行，而且水中的异味和毒素难以去除，将严重影响水厂的出水质量，危害人体健康。

10.2 生 物 脱 氮

氮的存在形式有有机氮、氨氮、亚硝酸氮和硝酸氮四种。生活污水和某些工业废水中含有大量的有机氮和无机氮化合物。有机氮化合物经过异养微生物的降解作用产生NH_3。在氧充足情况下，NH_3可进一步被硝化细菌氧化生成硝酸盐氮（NO_3^--N）。如果硝酸盐氮含量超过排放标准，排放到自然水体后，给藻类提供了大量营养源，因此潜伏着水体富营养化的危险，同时也能导致给水水源污染。因而，减少水体中氮的含量是改善水质的重要条件，生物脱氮是一种消除氮污染较为彻底的方法，日益受到国内外的重视。

10.2.1 生物脱氮原理

传统生物脱氮理论认为，污水中含氮化合物在微生物的作用下，相继产生氨化、硝化、反硝化反应，可达到生物脱氮作用（图 10-5）。污水中的含氮有机物（如蛋白质、氨基酸、尿素、脂类、硝基化合物等）首先被异养微生物氧化分解，转化为氨氮，然后在好氧条件下由自养型硝化细菌将其转化为NO_3^-，最后在缺氧条件下由反硝化菌将NO_3^-还原为N_2。

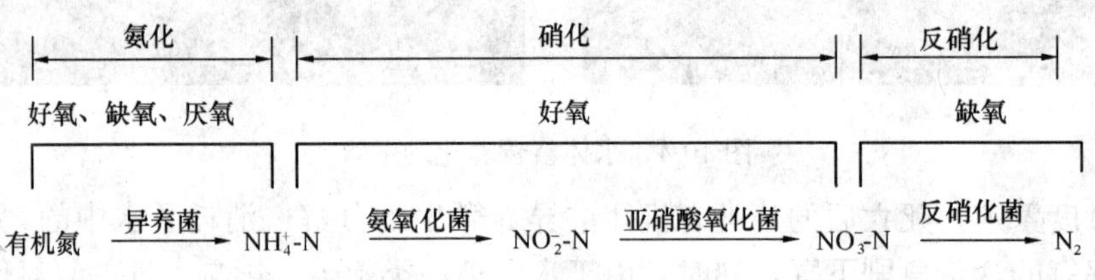

图 10-5 生物脱氮过程

1. 氨化反应

有机氮化合物在氨化菌的作用下被分解和转化为氨氮的过程称为氨化反应。细菌中氨化作用较强的有假单胞菌属、芽孢杆菌属、梭菌属、沙雷氏菌属及微球菌属中的一些种。氨化反应在好氧、缺氧和厌氧条件下都可进行。通常的异养微生物都能进行氨化作用，在传统活性污泥工艺中，伴随BOD_5的去除，95%以上的有机氮会被氨化成氨氮。由于氨化反应速率较快，在一般的生物处理设备中都能完成，故在污水脱氮过程中，不是处理工艺的控制因素，脱氮的主要过程是硝化反应和反硝化反应。

2. 硝化反应及微生物

(1) 硝化反应

氨氧化为硝酸盐的生物反应称为硝化反应。能够进行硝化作用的细菌称为硝化细菌。根据利用的基质不同，硝化细菌分为亚硝酸细菌和硝酸细菌两类。

硝化反应是一个序列反应，主要包括两步：第一步是氨氧化反应即由氨氧化菌将氨氮氧化为亚硝酸盐（NO_2^-）；第二步是亚硝酸氧化反应即由亚硝酸氧化菌将亚硝酸盐进一步氧化为硝酸盐（NO_3^-）。

两种硝化反应可分别表示为：

亚硝化反应：

$$NH_4^+ + 1.5O_2 \xrightarrow{\text{亚硝酸菌}} NO_2^- + H_2O + 2H^+ \quad \Delta G^\theta = -260.2kJ/mol \ (NH_4^+ - N)$$

硝化反应：

$$NO_2^- + 0.5O_2 \xrightarrow{\text{硝酸菌}} NO_3^- \quad \Delta G^\theta = -75.8kJ/mol \ (NO_2^- - N)$$

总反应：

$$NH_4^+ + 2O_2 \longrightarrow NO_3^- + H_2O + 2H^+$$

(2) 硝化细菌

硝化细菌主要是好氧菌，它们广泛分布在土壤、淡水、海水及污水处理系统中（图10-6)。然而，在氧分压极低的情况下，污水处理系统和海洋沉淀物中也可分离出硝化细菌；在 pH＝4 的土壤、温度低于－5℃和5℃的深海、温度达到 60℃或更高的温泉及沙漠中都可分离到硝化细菌。

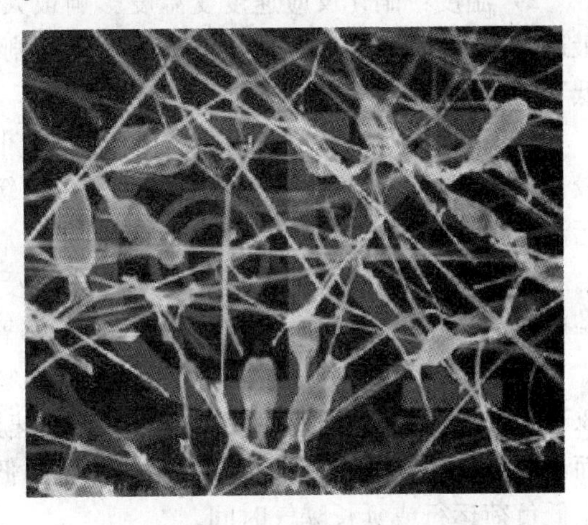

图 10-6 硝化细菌

亚硝化细菌和硝化细菌皆属于革兰阴性菌，其生长速率均受基质浓度（NH_3 和 NO_2^-)、温度、pH、氧浓度控制。绝大多数的两类细菌利用无机化能营养生存，有的可在含有酵母浸膏、蛋白胨、丙酮酸或乙酸的混合培养基中生长。

1) 亚硝化细菌

亚硝化菌包括亚硝化单胞菌属、亚硝化球菌属、亚硝化螺菌属和亚硝化叶菌属中的细菌（图 10-7)。亚硝化细菌以 NH_3为供氢体，O_2为最终电子受体，产生 HNO_2。大多数为专性化能自养型，不能在有机培养基上生长，氧化 NH_3为 HNO_2，从中获得能量供合成细胞和固定 CO_2。生长温度范围为 2～30℃，最适温度为 25～30℃。pH 范围为 5.8～8.5，最适 pH 为 7.5～8.0。有的菌株能在混合培养基中生长，在最适宜条件下，亚硝化球菌属的世代时间为 8～12h，亚硝化螺菌属的世代时间为 24h。菌体内含淡黄至淡红的细胞色素。

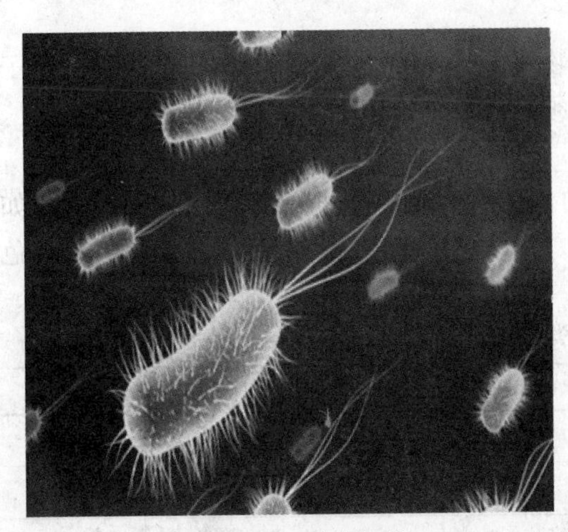

图 10-7 亚硝化细菌

2) 硝化细菌

硝化菌包括硝化杆菌属、硝化球菌属和硝化囊菌属中的细菌。多数硝化细菌在 pH 为 7.5～8.0，最适温度 25～30℃，亚硝酸浓度为 2～30mmol/L 时，化能无机营养生长最好。其世代时间随环境而变化，由 8h 到几天。硝化杆菌属既能进行化能无机营养又可以进行化能有机营养，以酵母浸膏和蛋白胨为氮源，以丙酮酸或乙酸为碳源。硝化杆菌属在营化能无机营养生长中，氧化 NO_2^- 产生的能量仅有2%～11%用于细胞生长。

(3) 影响硝化反应的主要因素

1) pH值：硝化反应要消耗碱度，因此，如果污水中碱度不足，则随着硝化的进行，pH值会急剧下降。而硝化细菌对pH值十分敏感，氨氧化菌和亚硝酸氧化菌分别在pH值为7.0～7.8和7.7～8.1时活性最强，pH值超出该范围，活性便急剧下降，因此，硝化过程中应维持pH值在适宜的范围。

2) 温度：硝化反应速度受温度影响很大，温度高时，硝化速度快。亚硝化氧化菌的最适宜水温为35℃，在15℃以下其活性急剧降低，常出现亚硝酸盐的积累，故水温以不低于15℃为宜。

3) 污泥停留时间：硝化菌增殖速度很小，一般生物脱氮工艺的污泥龄为10～15d。较长的污泥龄可增加生物硝化的能力，并可缓解有毒物质对硝化菌的抑制作用，但过长的污泥龄会降低污泥的活性而影响处理效果。

4) 溶解氧：氧是硝化过程的最终电子受体，其浓度太低将不利于硝化反应的进行。一般在活性污泥曝气池中进行硝化时，溶解氧应保持在2～3mg/L以上。

5) BOD_5负荷：硝化菌属自养型微生物，而BOD_5氧化菌属于异养型微生物。若BOD_5负荷过高，生长速率较高的异养菌迅速繁殖，与生长速率较低的硝化菌争夺溶解氧，而不利于硝化菌生长，最终导致硝化速率降低。因此，要达到较好的硝化效果，一般可采用低负荷运行或延长曝气时间。

3. 反硝化反应及微生物

(1) 反硝化反应

反硝化反应是指污水中的亚硝酸盐氮（NO_2^--N）和硝酸盐氮（NO_3^--N）在无氧或低氧条件下，被微生物还原为N_2的过程。参与这一生化反应过程的微生物称为反硝化细菌。

生物反硝化反应可用以下两式表示：

$$NO_2^- + 3e^- + 3H^+ \longrightarrow \frac{1}{2}N_2 + H_2O + OH^-$$

$$NO_3^- + 5e^- + 5H^+ \longrightarrow \frac{1}{2}N_2 + 2H_2O + OH^-$$

当游离态氧和化合态氧同时存在时，微生物优先选择游离态氧作为有机物氧化的电子受体。因此，为了保证反硝化的顺利进行，必须确保废水处理系统的缺氧状态。

(2) 反硝化细菌

反硝化细菌种类很多，见表10-2。其中的假单胞菌属中能进行反硝化的种最多，如铜绿假单胞菌、荧光假单胞菌、施氏假单胞菌、门多萨假单胞菌、绿针假单胞菌、致金色假单胞菌（图10-8）。

反硝化细菌的种类和若干特性 **表10-2**

反消化作用	温度（℃）	pH	革兰氏染色	与O_2有关	备注
假单胞细菌（*Pseudomonas*）的6个种	30	7.0～8.5	—	好氧	
脱氮副球菌（*Paracoccus denitrificans*）	30		—	兼性	
胶德克斯氏菌（*Derxia gummosa*）	25～35	5.5～9.0	—	兼性	能固氮

续表

反消化作用	温度（℃）	pH	革兰氏染色	与O_2有关	备注
产碱氏菌属（*Alcaligenes*）的2个种	30	7.0	—	兼性	兼性营养
色杆菌属（*Chromobacterium*）	25	7～8	—	兼性	兼性营养
脱氮硫杆菌（*Thiobacillus denitrificans*）	28～30	7	—	兼性	

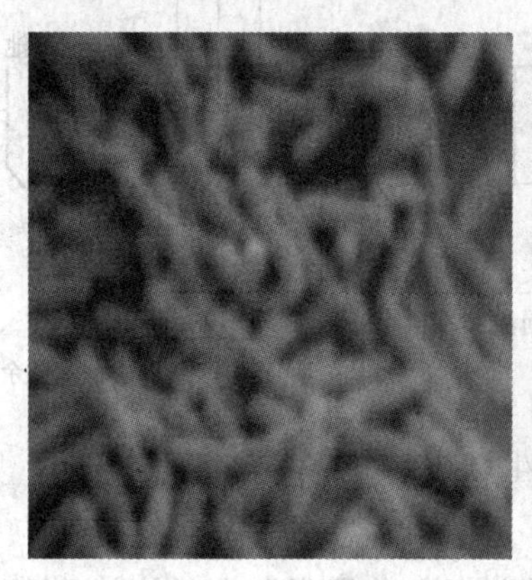
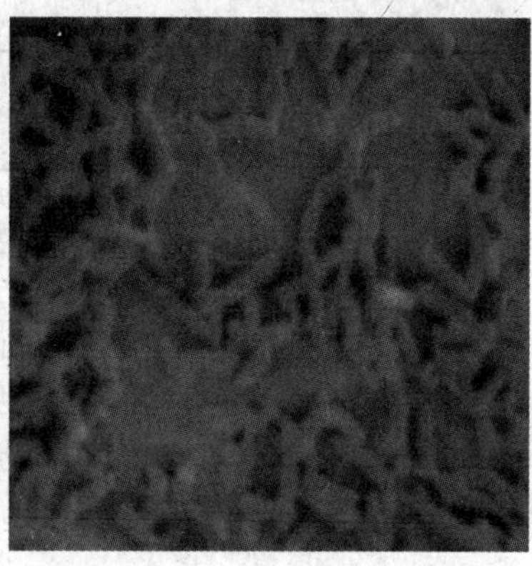

图 10-8　反硝化细菌

(3) 影响反硝化反应的主要因素

1）温度：温度对反硝化的影响较大，一般以20～40℃为宜。低于15℃反硝化速率明显降低，在5℃以下时反硝化虽也能进行，但速度极低。若在气温过低的冬季，可采取增加污泥停留时间、降低负荷等措施，以保持良好的反硝化效果。

2）pH值：pH值是影响反硝化作用的重要因素，对于反硝化细菌生长来说，最适宜的pH值为7.0～8.5。当pH值大于8.5或小于6时，反硝化的速率将大幅下降。原水pH值偏离最适pH值时应予以调节。此外，pH值还影响反硝化最终的产物，pH值超过7.3时最终产物为氮气，低于7.3时最终产物中N_2O的含量将增加。

3）溶解氧：研究表明，溶解氧的存在会阻碍末端电子传输给硝酸盐所需酶的形成，优先利用溶解氧作为电子受体，从而竞争性的阻碍硝酸盐氮的还原，影响硝态氮的去除。通常反硝化反应器内溶解氧浓度应控制在0.5mg/L（活性污泥法）或1mg/L以下（生物膜法）。

4）有机碳源：当废水中有机碳源（称为“外碳源”）充足（BOD/TN＞3～5）时，可无需外加碳源。当废水所含的碳氮比低于该值时，就需另外投加有机碳。外加有机碳多采用甲醇，其理论投加量为1g的NO_3^--N需1.9g甲醇，考虑到部分甲醇被好氧氧化以及反硝化菌的增值，甲醇实际投加量一般为1g的NO_3^--N需3g甲醇。此外，还可利用微生物死亡、自溶后释放出来的那部分有机碳，即“内碳源”，但这要求污泥停留时间长或负荷率低，使微生物处于生长曲线的静止期或衰亡期，因此池容需相应增大。

10.2.2　生物脱氮工艺

根据生物脱氮理论，要使废水中的氮最终转化为氮气而从废水中逸出去除，需首先通过好氧硝化将氨氮转化为硝态氮，然后在缺氧条件下进行反硝化，从而形成硝化—反硝化生物脱氮系统。下面是几种典型的生物脱氮流程。

1. 三段生物脱氮工艺

生物脱氮技术最早的应用是1969年美国学者Barth提出的三段生物脱氮工艺，Barth工艺是一个三级活性污泥法，包括氨化、硝化和反硝化3个反应过程。三个阶段各自有沉淀池和回流设施（图10-9）。

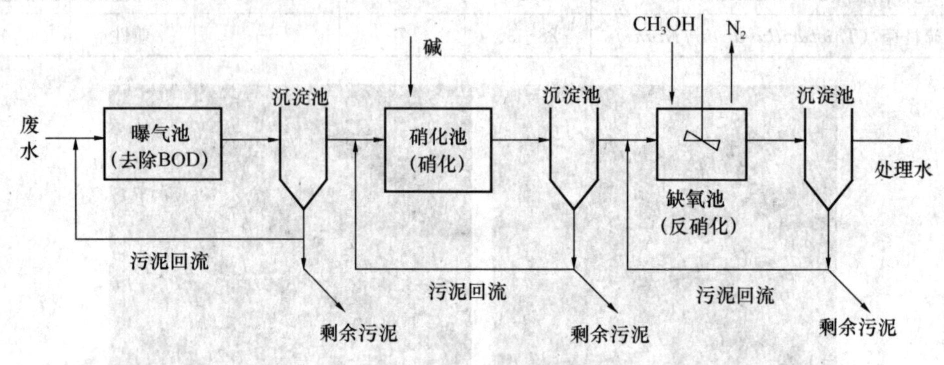

图10-9　三段生物脱氮工艺

2. 前置缺氧—好氧生物脱氮工艺

该工艺于20世纪80年代初开发，该工艺将反硝化段设置在系统的前面，因此又称为前置式反硝化生物脱氮系统，是目前较为广泛采用的一种脱氮工艺（图10-10）。反硝化反应以污水中的有机物为碳源，曝气池混合液中含有大量硝酸盐，通过内循环回流到缺氧池中，在缺氧池内进行反硝化脱氮。

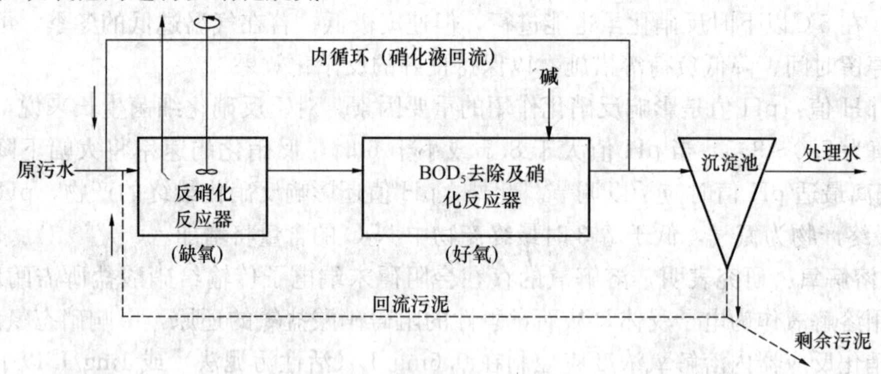

图10-10　前置缺氧—好氧生物脱氮工艺

前置缺氧反硝化具有以下特点：反硝化产生碱度补充硝化反应之需，约可补偿硝化反应中所消耗碱度的50%左右；利用原污水中有机物，无需外加碳源；利用硝酸盐作为电子受体处理进水中有机污染物，这不仅可以节省后续曝气量，而且反硝化菌对碳源的利用更广泛，甚至包括难降解有机物；前置缺氧池可以有效控制系统的污泥膨胀。该工艺流程简单，因而基建费用及运行费用较低，对现有设施的改造比较容易，脱氮效率一般在70%左右，但由于出水中仍有一定浓度的硝酸盐，在二沉池中，有可能进行反硝化反应，造成污泥上浮，影响出水水质。

3. 同步硝化反硝化（SND）工艺

同步硝化反硝化（SND）是指在相同条件下在同一反应器中硝化和反硝化同时发生的现象。同步硝化反硝化的优点是消除了传统硝化反硝化的分区，使脱氮在同一区域中进行，从而简化和减小了处理构筑物。

目前对 SND 原理的解释主要集中于两方面：一是微环境理论，认为在活性污泥絮体中，从絮体表面至中心的不同层次上，由于氧传递的阻力而产生 DO 浓度梯度，在絮体内部产生一些好氧和缺氧的微观区域，同时发生硝化和反硝化反应，产生脱氮效果。研究表明，DO 控制在 0.5～1.0mg/L 时，可以在活性污泥或生物膜体系中获得较好的同时硝化反硝化效果；而在相同 DO 浓度下，同步硝化反硝化受污泥絮体大小和生物膜厚度的影响。二是微生物学理论，认为同步硝化反硝化也可能是由于特殊的微生物种群作用的结果。在好氧条件下很多反硝化菌可以进行硝化作用，在低氧浓度状态下，某些硝化菌也可以进行反硝化作用。好氧反硝化细菌和异养硝化细菌的发现，打破了传统脱氮理论认为的硝化反应只能由自养型细菌完成和反硝化只能在缺氧条件下进行的观点。

10.3 生 物 除 磷

废水中的磷主要来自生活污水中的含磷有机物、合成洗涤剂、工业废液、农业用化肥农药以及各类动物的排泄物等。磷在水中有三种存在形态，即正磷酸盐、聚磷酸盐和有机磷。在生化处理过程中，有机磷和聚磷酸盐可转化为正磷酸盐。

10.3.1 生物除磷原理

污水生物除磷技术的发展起源于生物超量摄磷现象的发现。所谓生物除磷是利用一类称为聚磷菌的微生物（phosphorus accumulation organisms，PAOs）在一定的条件下能够从外部环境过量摄取超过其生理（或细胞构造）所需要的磷，并将其以聚合磷酸盐的形式贮藏于体内，最终以富磷剩余污泥的形式排出，达到从污水中除磷的效果。为了区别于微生物正常增长所产生的磷的去除，这种除磷方式称为强化生物除磷。

生物除磷的机理比较复杂（图 10-11），还有待人们进一步研究探讨，但目前普遍共识的基本过程如下：

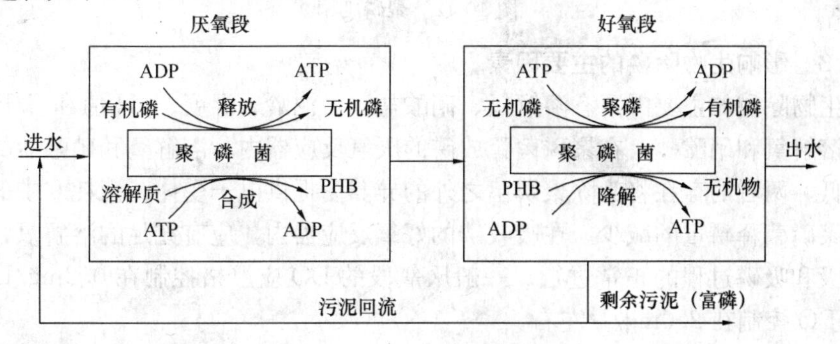

图 10-11 聚磷菌的作用机理

(1) 在厌氧条件下，聚磷菌将储存于体内的聚磷水解为正磷（导致磷酸盐的释放）获得能量，用于吸收水中的乙酸和丙酸（原水中存在或兼性细菌通过发酵作用产生），并以聚羟基丁酸（polyhydroxybutyrate，PHB）的形式储存，在这一过程中同时伴随着糖原的利用。

(2) 在好氧条件下，聚磷菌利用储存的 PHB 进行有氧呼吸，产生的能量吸收水中的磷酸盐并将其合成为聚磷，同时伴随着糖原的合成。

由于好氧阶段释放的能量较厌氧分解聚磷时多，摄入细胞内的磷酸盐量也超过厌氧段分解的量，磷酸盐被净摄入聚磷菌细胞内，出现所谓磷的“超量”吸收，形成富含磷的污泥，一般活性污泥含磷量不足3%，但生物除磷的污泥含磷量为5%～10%，甚至可高达30%。实际生物除磷系统中活性污泥的含磷量取决于活性污泥中聚磷菌的份额，份额越高，除磷能力越强，污泥含磷量越大。

10.3.2　聚磷细菌

聚磷细菌（Poly-pbacteria）是指能吸收磷酸盐，并将磷酸盐聚集成多聚磷酸盐贮存在细胞内的一群微生物的统称（图10-12）。通常，聚磷菌还能形成聚β-羟基丁酸（PHB）贮存在体内。具有聚磷能力的微生物，就目前所知，绝大多数是细菌。聚磷的活性污泥是由许多好氧异养菌、厌氧异养菌和兼性厌氧菌组成，实质是产酸菌（统称）和聚磷菌的混合群体。有文献报道，从活性污泥中分离出来的聚磷细菌种类多，其中聚磷能力强，数量占优势的聚磷菌是不动杆菌菌属、假单胞菌属、气单胞菌属和黄杆菌属、费氏柠檬酸杆菌等60多种。有聚磷能力的还有硝化细菌中的亚硝化杆菌属、亚硝化球菌属、亚硝化叶菌属和硝化杆菌属、硝化球菌属等。

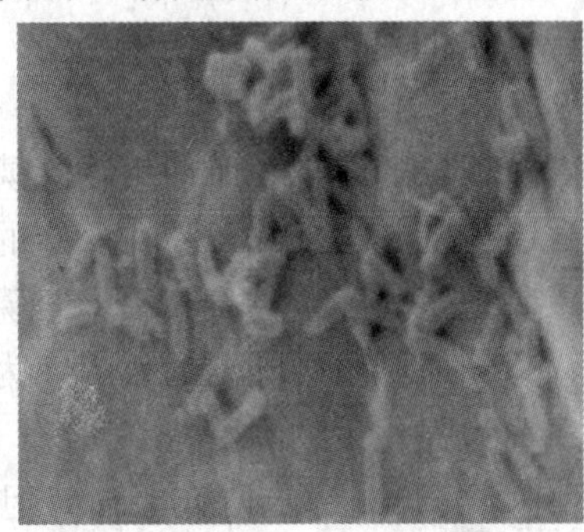
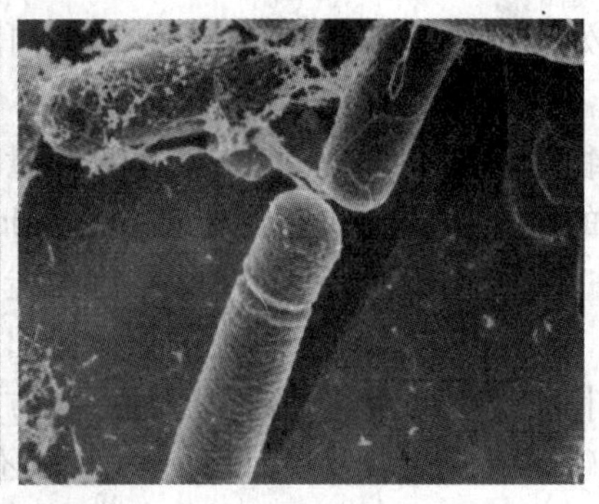

图10-12　聚磷细菌

10.3.3　影响生物除磷的主要因素

影响生物除磷的主要因素有溶解氧、硝酸盐、污泥龄、温度、pH值和C/P比等。

（1）溶解氧和硝酸盐：在聚磷菌释放磷的厌氧反应器内，溶解氧和硝酸盐的浓度均应尽可能的低，两者的存在将为除聚磷菌之外的异养菌提供电子受体，消耗水中的乙酸和丙酸，导致聚磷菌释磷量的减少。在吸收磷的好氧反应器内，应有充足的溶解氧，以保证聚磷菌的呼吸和吸磷过程的正常进行。一般厌氧段的DO应严格控制在0.2mg/L以下，而好氧段的DO控制在2.0mg/L左右。

（2）污泥龄：生物除磷系统中的磷最终去除是通过剩余污泥的排放实现的。剩余污泥的多少直接影响除磷的效果，污泥龄越长除磷效果越差。资料表明，以除磷为目的的生物处理工艺中泥龄一般控制在3.5～7d。

（3）温度和pH值：聚磷菌与其他种类的微生物一样存在增长所需的适宜温度和pH值。如果条件适当，在温度为5～30℃范围内，均可达到满意的除磷效果。而pH值应控制在6～8之间。

（4）C/P比：生物除磷系统要求进水的BOD_5/TP比值不得小于20。如果BOD_5/TP

太低，在厌氧阶段产生的挥发性脂肪酸（VFA）将无法满足聚磷菌的需要。BOD_5浓度相同，有机酸含量越高的废水，除磷效果越好。

10.3.4 生物除磷工艺

根据生物除磷原理，废水生物除磷包括厌氧释磷和好氧摄磷两个过程。按照磷的最终去除方式和构筑物的组成，现有的除磷工艺可分为主流除磷工艺和侧流除磷工艺两类。侧流除磷工艺以 Phostrip 工艺为代表，主流除磷工艺以 A/O 工艺为代表。

(1) Phostrip 工艺

废水经曝气池去除 BOD 和 COD，同时在好氧状态下过量地摄取磷。在二沉池中，含磷污泥与水分离，回流污泥一部分回流至曝气池，而另一部分分流至厌氧除磷池。在厌氧除磷池中，回流污泥在好氧状态时过量摄取的磷得到充分释放，污泥回流到曝气池。富含磷的上清液进入化学反应沉淀池，投加石灰形成 $Ca_3(PO_4)_2$沉淀，通过排放含磷污泥去除磷（图 10-13）。

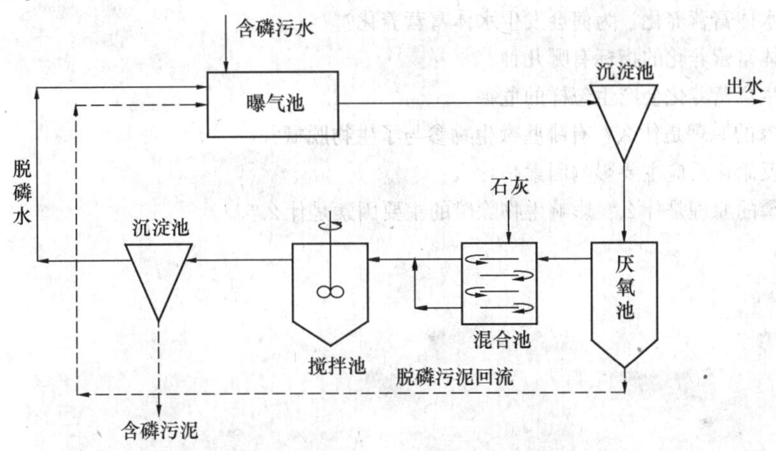

图 10-13　Phostrip 除磷工艺流程

Phostrip 工艺把生物除磷和化学除磷结合在一起，与 A/O 工艺系统相比具有以下优点：回流污泥中磷含量较低，对进水 BOD_5/TP 没有特殊限制，即对进水水质波动具有一定的适应性；大部分磷以磷酸钙沉淀的形式去除，因而污泥的处置较富磷剩余污泥简单，且污泥稳定。

(2) A/O 工艺

A/O 工艺由厌氧池、好氧池和二沉池构成，污水和污泥顺次经厌氧和好氧交替循环流动。回流污泥进入厌氧池吸收有机物，并释放出磷，进入好氧池后污泥中储存的有机物得到好氧降解，同时吸收磷，富磷污泥以剩余污泥的形式排出，实现磷的去除（图 10-14）。

A/O 工艺流程简单，负荷高，泥龄和停留时间短，不需另加化学药品，因此，建设和运行费用低。厌氧池在好氧池之前，有利于聚磷菌的选择性增殖，磷的去除率高，而且稳定，排出的剩余污泥含磷量可达干重的 6%以上。典型的设计参数为：厌氧区水力停留时间为 0.5～1.0h；好氧区水力停留时间为 1.5～2.5h；污泥龄为 3～5d；混合液 MLSS 为 2000～4000mg/L。

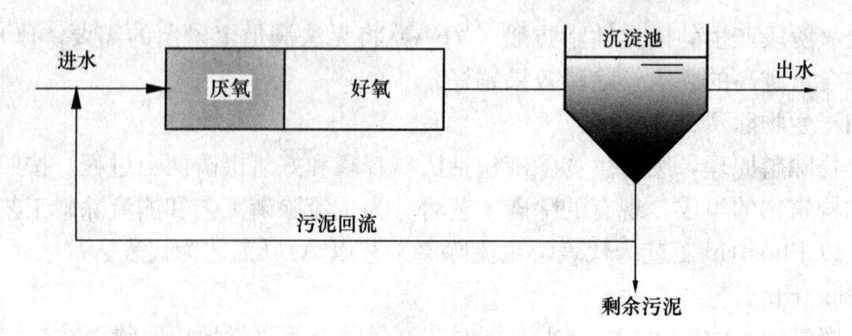

图 10-14　A/O 除磷工艺流程

思 考 题

1. 什么叫水体富营养化？为何会发生水体富营养化？
2. 评价水体富营养化的指标有哪几种？
3. 水体发生富营养化会产生怎样的危害？
4. 生物脱氮的原理是什么？有哪些微生物参与了生物脱氮？
5. 硝化和反硝化反应主要影响因素是什么？
6. 生物除磷的原理是什么？影响生物除磷的主要因素是什么？

第 11 章　环境微生物的应用

随着工业生产的发展和城市人口的集中，以及化肥、农药的大量使用，环境污染日益严重，给人类造成严重的危害，而微生物的降解能力为环境的净化提供了有效措施，微生物在污水处理、污物资源化及废气净化等方面发展迅速，在环境修复和检测中的应用也越来越广泛。

11.1　微污染水源水的生物处理

近年来，我国大部分城镇饮用水源已受到不同程度的污染，水源污染加大了水源选择和处理的困难。饮用水水源中含有的有机污染物导致了“三致物”（致癌、致畸、致突变）的潜在威胁加大，水源水的污染问题日益严重，饮用水的安全问题得到了广泛关注和重视。

微污染水源水一般是指水体受到有机物污染，部分水质指标超过地表水环境质量标准（GB 3838—2002）Ⅲ类水体标准的水体。随着水源水体的富营养化现象不断加重，水体中有机物种类和数量激增以及藻类的大量繁殖，现有常规处理工艺（混凝→沉淀→过滤→消毒）已不能有效去除微污染水源水中的有机物、氨氮等污染物，同时液氯也很容易与原水中的腐殖质结合产生消毒副产物（DBPs），直接威胁饮用者的身体健康，无法满足人们对饮用水安全性的需要；同时随着生活饮用水水质标准的日益严格，微污染水源水处理不断出现新的问题。

11.1.1　生物预处理技术

生物预处理是指在常规净水工艺之前增设生物处理工艺段，借助于微生物群体的新陈代谢活动，对水源水中的有机污染物、氨氮、亚硝酸盐及铁、锰等无机污染物进行初步去除。采用生物预处理技术可以有效改善混凝沉淀性能、减少混凝剂用量，还能去除常规处理工艺不能去除的污染物，有利于后续处理工艺的运行。

11.1.2　生物预处理的特点

生物预处理微污染水源水具有以下特点：①能去除氨氮、铁、锰等污染物；②能有效地去除原水中可生物降解的有机物（BOM）；③能较好地去除低浓度有机物；④使整个处理工艺出水更安全可靠；⑤经济、有效。生物预处理去除有机污染物、氨氮、铁、锰等，与物化处理相比，具有经济、有效且简单易行的特点。

11.1.3　生物预处理的方法

微污染水源水的生物预处理技术一般采用生物膜法，主要采用生物接触氧化、生物滤池、生物转盘、生物流化床等（见第 9 章）。附着生长在填料表面的生物膜吸收水中的有机物、氮磷等营养物质进行新陈代谢，达到净化水质的目的。

利用土地生态系统对水源水进行预处理，也是一种重要的预处理技术，它使水源水通

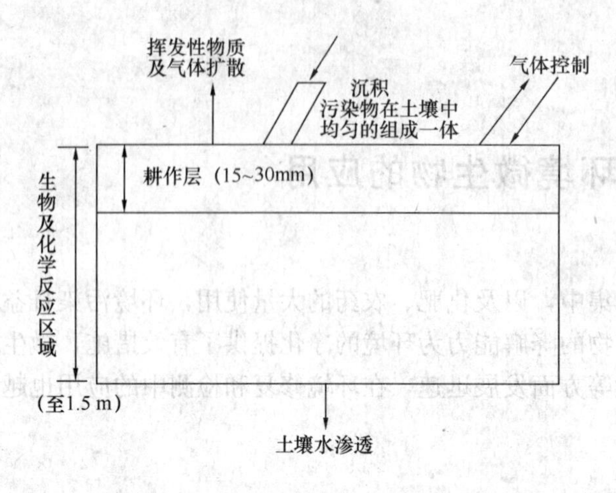

图 11-1　土地处理示意图

过堤岸过滤或沙丘渗透以利用土壤中生长的大量微生物对水中污染物质进行降解去除，净化水质。土地生物处理系统对有机化合物尤其是有机氯以及氨氮有较好的去除效果，该方法投资省，处理效果好，但占地大，不易管理（图 11-1）。

11.1.4　生物深度处理工艺技术

微污染水源水深度处理技术是指在常规处理工艺之后，增加能够将常规工艺不能有效去除的污染物或消毒副产物的前体物进行有效去除的工艺技术，以提高和保证饮用水的水质。目前，研究和应用较多的生物深度处理技术主要是生物活性炭及臭氧氧化—生物活性炭联用技术。应用较广泛的深度处理技术有活性炭吸附、臭氧氧化、生物活性炭、膜技术等（图 11-2）。

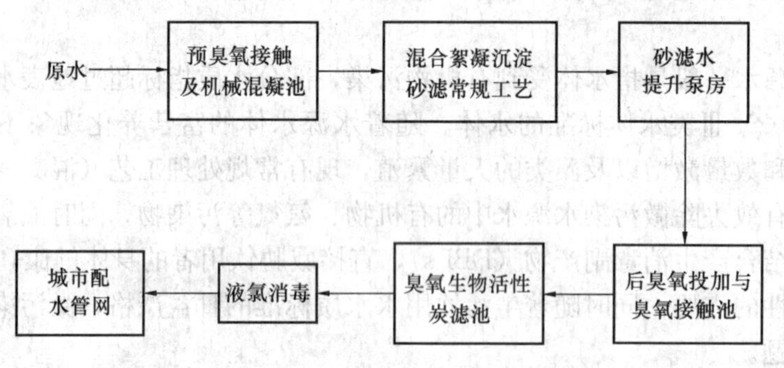

图 11-2　生物深度处理工艺技术

1. 生物活性炭

生物活性炭（biological activated carbon，BAC）技术是从活性炭在饮用水处理的应用实践中产生的（图 11-3）。它利用生物技术中的微生物作用分解氧化有机物，并与活性炭吸附技术相结合。其作用机理为：在处理水源水时，曝气使水中有足够的溶解氧，同时活性炭吸附水中可供微生物生长的营养物质，使好氧微生物在炭粒上具有良好的生长环境。当水源水通过生物活性炭时充分利用活性炭的吸附性能，并利用活性炭上大量生长的微生物将有机物大分子或长链分子分解为小分子或短链分子，被活性炭更小孔径的位点吸

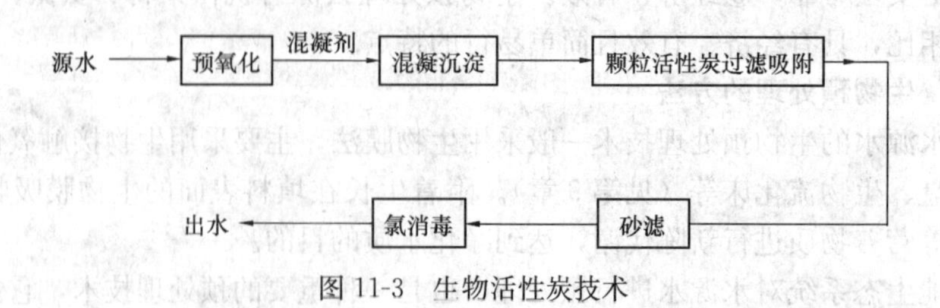

图 11-3　生物活性炭技术

附，这样可增加活性炭的吸附能力，延长活性炭的吸附饱和时间，提高处理效果。

采用生物活性炭比单独采用活性炭吸附更具有以下优点：①可以增加水中溶解性有机物的去除效果，提高出水水质。②延长了活性炭的再生周期，减少了运行费用。③水中氨氮可以被生物转化为硝酸盐，从而减少了后氯化的投加量，降低了三氯甲烷的生成量。

2. 臭氧-生物活性炭（O_3-BAC）

微污染水源水中的大多数天然有机物属难降解有机物，在不投加臭氧的情况下生物降解效率较低，臭氧化产生的大部分可生物降解有机碳可以在BAC中被活性炭吸附和生物降解去除。生物活性炭技术与单独使用活性炭吸附工艺相比，出水水质得到提高，增加了水中溶解性有机物的去除，对饮用水中微量污染物有很好的去除效果，水中氨氮可以被生物转化为硝酸盐，这样降低了消毒时氯的投加量，从而降低了水中的三氯甲烷生成量，并延长了活性炭的再生周期，减少了运行费用（图11-4）。

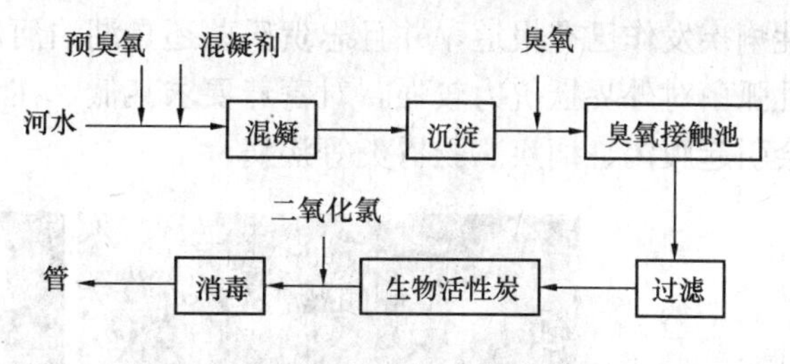

图11-4　臭氧-生物活性炭技术

3. 膜-生物反应器技术（Membrane bioreactor，MBR）

膜-生物反应器实现了生物处理单元与膜分离技术有机结合，由膜分离代替了常规的固液分离装置，高效截留微生物，实现了污泥龄和水力停留时间的分离，具有占地面积小、处理效率高和出水水质好等优点，已比较广泛地应用于城市生活污水和工业废水的处理之中。将MBR技术用于微污染水源水的处理比生物预处理与常规处理工艺的联合工艺的流程更加简短、处理效果更好和运行更加稳定（图11-5）。

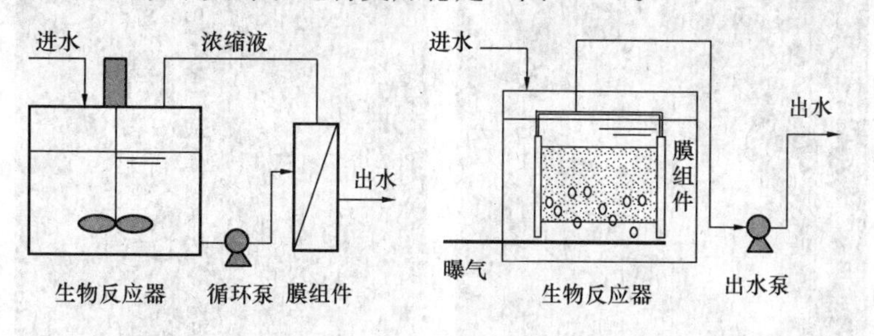

图11-5　膜-生物反应器技术

11.2　水中的病原微生物及饮用水的消毒

水为万物之本，水亦为万恶之源。水体可成为各种传染病的传播载体，成为病原微生物的生存繁衍场所。城市中人口密度高，城市水体中的病原微生物通过媒介传播疾病的风险较大。

11.2.1　病原微生物的分类

少数微生物能够污染环境，并引起动植物和人类发病。这些具有致病性的微生物称为病原微生物，病原微生物能引起人的各种疾病。对人体健康造成危害的传染性病原微生物大体分为三类：细菌，寄生菌（寄生虫与原生动物）和病毒。

1. 细菌　污水中的致病菌是造成危害的一个主要部分，如沙门氏菌（*Salmonella spp.*）(图 11-6)、志贺氏菌（*Shigella spp.*）（图 11-7）、霍乱弧菌（*Vibrio cholerae*）。沙门氏菌和志贺氏菌是城市污水种普遍存在的两种致病细菌。沙门氏菌可导致伤寒、败血病、急性肠胃炎等病症；志贺氏菌可导致肠道疾病如杆菌性痢疾。其感染途径主要是通过食用被致病菌污染的食物和吸入含有致病菌的气溶胶。由于志贺氏菌污染井水而导致杆菌性痢疾发作已有报道，并且志贺氏菌还是湖泊河流中娱乐性水生疾病发作的主要原因。霍乱弧菌对外界抵抗力较强，对营养要求甚低，在水中可存活较长时间。经弧菌污染的水体会引起腹泻、痢疾、肠胃炎等疾病。

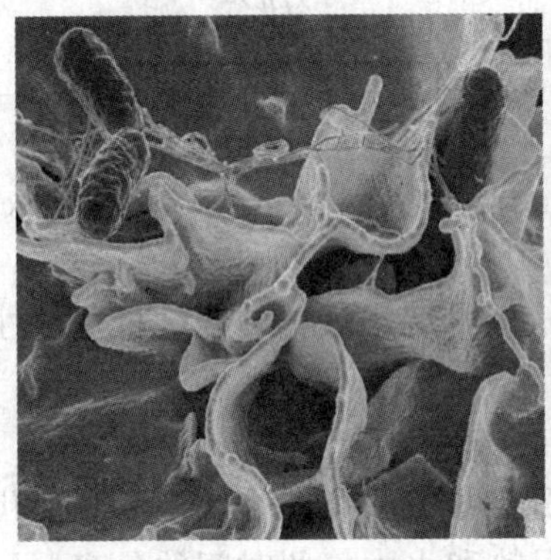
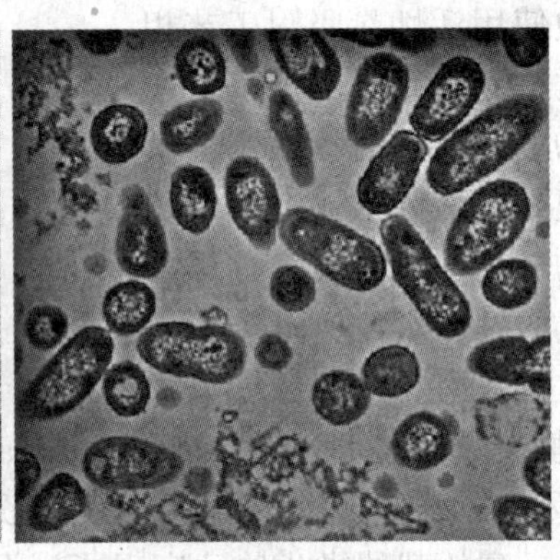

图 11-6　沙门氏菌

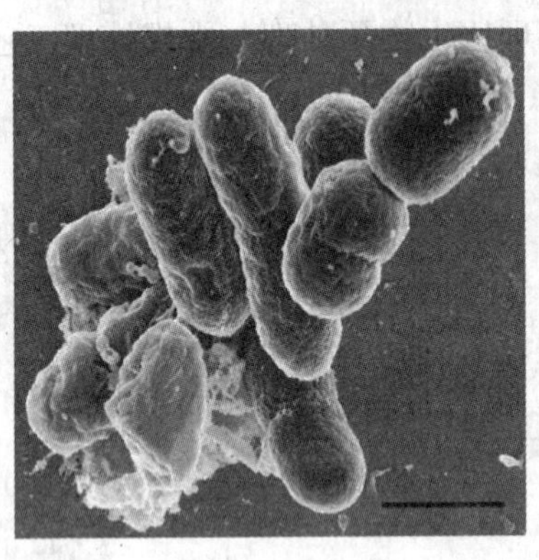
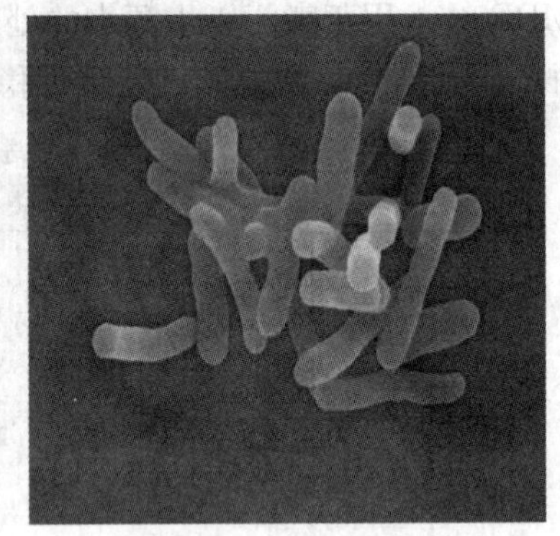

图 11-7　志贺氏菌

2. 寄生菌　城市污水中最主要的寄生虫是内变形虫（图 11-8），其是内变形虫属中的一种寄生性变形虫，可引起痢疾及结肠和肝的溃疡；贾第虫（图 11-9）和隐孢子虫（图 11-10）也是污水中比较常见的寄生虫，它们可引起胃肠功能紊乱、痢疾、腹泻等疾病。贾第鞭毛虫和隐孢子虫是两种严重危害水质安全的致病性原生寄生虫，主要寄生于人和某些哺乳动物的小肠，感染者通过粪便污染水源，再通过饮用水进行散播。引起疾病的主要临床表现有恶心、厌食、上腹及全身不适，腹胀，突发性恶臭水样便，低热甚至死亡等。最新《生活饮用水卫生标准》GB 5749—2006 中将水体中两虫的检测指标定为小于 1/10L。我们可以用这个标准来检测一般水体的受污染状况。

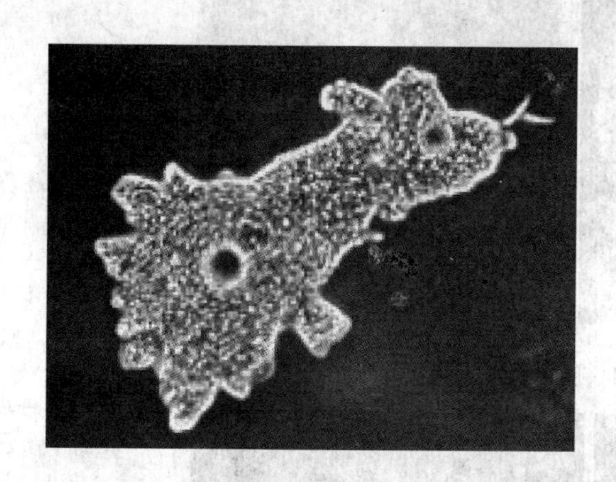

图 11-8　内变形虫

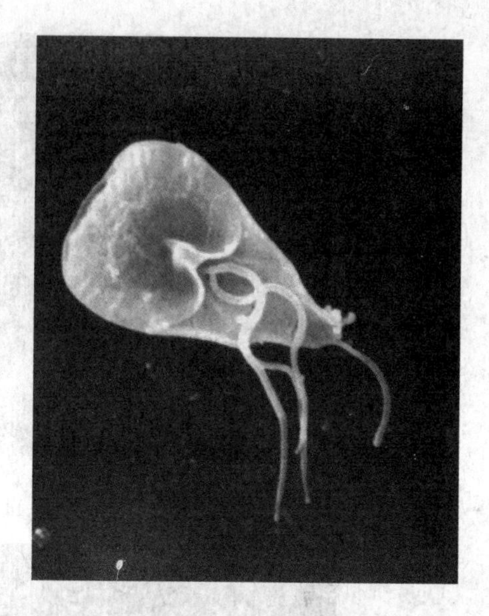

图 11-9　贾第鞭毛虫

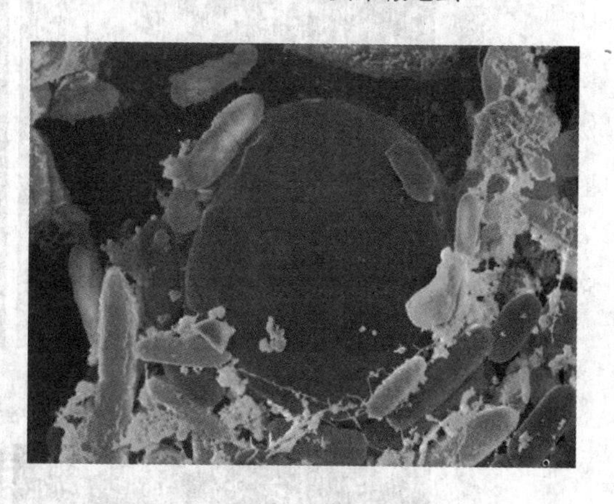

图 11-10　隐孢子虫

3. 病毒　污水中的病毒主要有肠道病毒（图 11-11）、轮状病毒（图 11-12）及肝炎病毒（图 11-13）等。其中肠道病毒（*enterovirus*）包括脊髓灰质炎病毒（*polioviruses*）、柯萨奇病毒（*coxsakie viruses*）、埃可病毒（*echo viruses*）、甲型肝炎病毒和几种近年兴起的新型肠道病毒。随着任何一种动物的粪便或尿排泄出来的病毒，都可能使水体污染；能感染人类胃肠道而又随病人的粪便排出的病毒为数较多。这些病毒最经常的传染方式是经由人与人之间的粪—口途径；但是它们也存在于生活污水之中。污水经过各种程度的处理，又进入各种水道，成为河川、溪流的一部分，而这些地面水又是大多数社区饮用水的来源。在随同粪便排出的病毒中，已经知道的有脊髓灰质炎病毒、柯萨奇病毒、埃可病毒以及其他的肠道病毒，腺病毒（*adenoviruses*）、呼吸道肠道病毒（*reoviruses*）、轮状病毒（*rotaviruses*）、甲型肝炎病毒或传染性肝炎病毒（*hepatitis A or infections hepatitis virus*），还有微小 *DNA* 病毒类似体（*Norwalk agent*）。除了甲型肝炎病毒之外，每一族或每一亚族的病毒都包括了许多不同的血清型。因此有 100 种以上不同的人类肠道病毒已经为人所知。另外，还有其他的病毒存在于生活污水中，只是它们的数量通常不大。

11.2.2　病原微生物的特征

随着城市发展和人口增加，水资源的供应和污水处理及再生利用已成为迫切需要解决的问题，如污水处理不当而引起水源污染或污水重新利用欠妥，其中仍存活的病原微生物将对人群健康造成极大的危害。与化学污染物相比，污水中的病原体具有以下特征：

（1）病原体在水中的分布是离散的，而不是均质的；

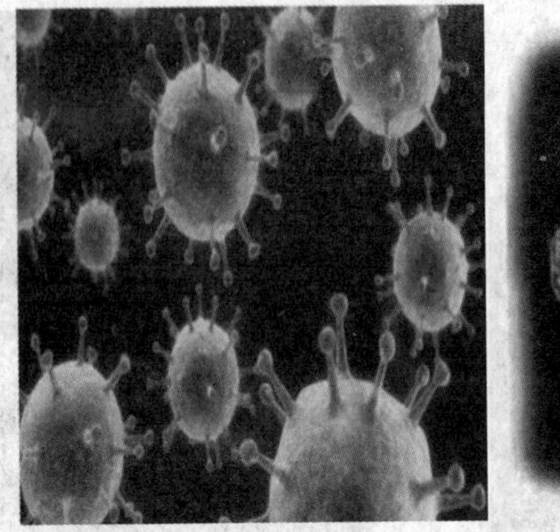
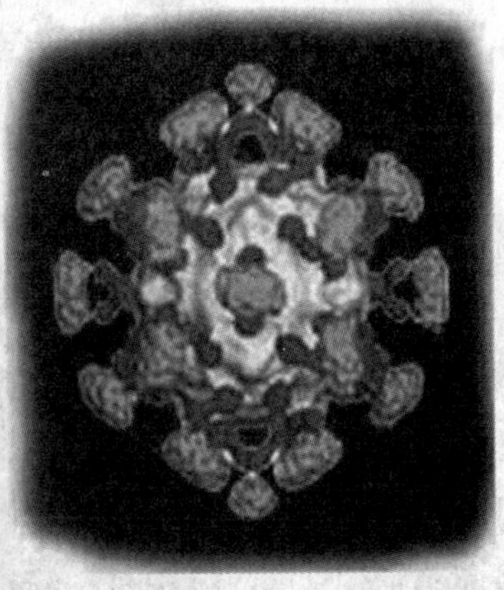

图 11-11　肠道病毒

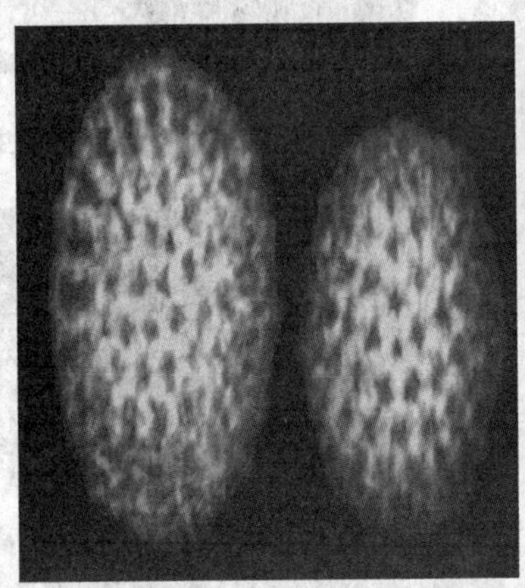
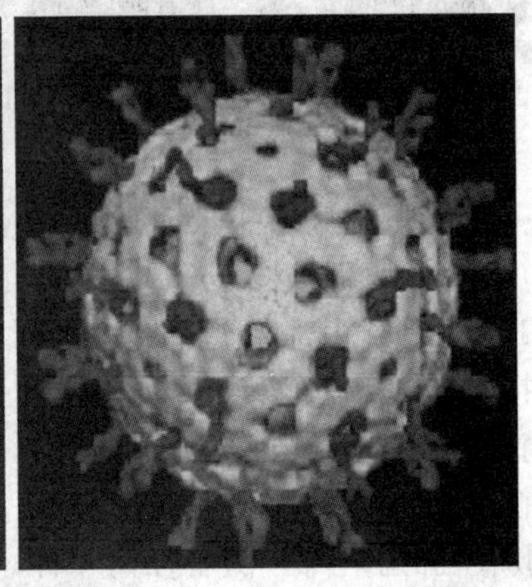

图 11-12　轮状病毒

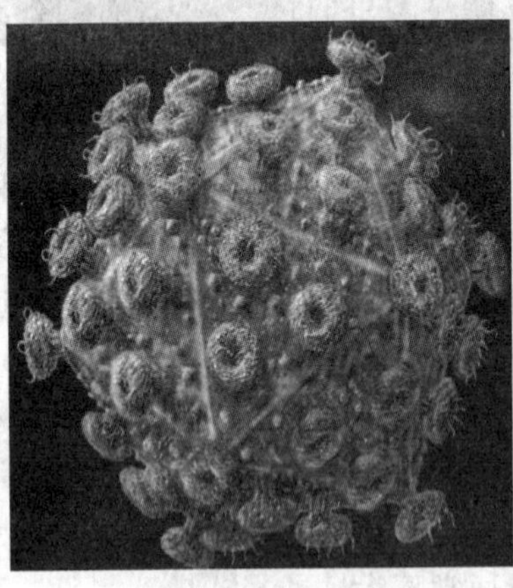
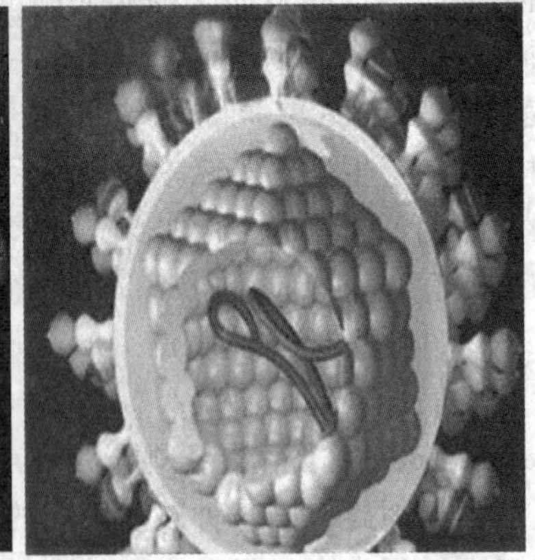

图 11-13　肝炎病毒

（2）病原体常成群结团，或吸附于水中的固体物质上，其水中的平均浓度不能用以预测感染剂量；

（3）病原体的致病能力取决于其侵袭性和活力，以及人的免疫力；

（4）一旦造成感染，病原体可在人体中繁殖，从而增加致病的可能；

（5）病原体的剂量—反应关系不呈累积性。

11.2.3 水的卫生细菌学检验

1. 细菌总数

细菌总数是将定量水样（原水样或作一定稀释后水样 1mL），接种在普通肉汤营养琼脂培养基内，于 37℃培养 24h 后观察结果，计数其上长出的细菌菌落数，然后换算求出原水样每毫升中所含的细菌数（图 11-14）。根据水样中的细菌总数，可将天然水体划分为几类：细菌总数 10^1～10^2 cfu/mL，极清洁水体；细菌总数 10^2～10^3 cfu/mL，清洁水体；细菌总数 10^3～10^4 cfu/mL，不太清洁水体；细菌总数 10^4～10^5 cfu/mL，不清洁水体；大于 10^5 cfu/mL，极不清洁水体。

细菌总数测定具有相对的卫生学意义，菌数愈高，反映出水体受有机物或粪便污染愈重，病原菌污染的可能性亦大。我国水质标准中规定，生活饮用水中的细菌总数不得超过 10^2 cfu/mL。

2. 粪便污染的指示菌

人畜粪便中携带着多种微生物，其中有些是肠道内的正常菌群，对人体无害，有些则是病原微生物，对健康有害。如果带有致病菌的粪水排入天然水体中，就会污染水源，引发多种肠道疾病，甚至使某些水介传染病暴发流行。因此，有必要对水体的粪便污染情况进行监测。

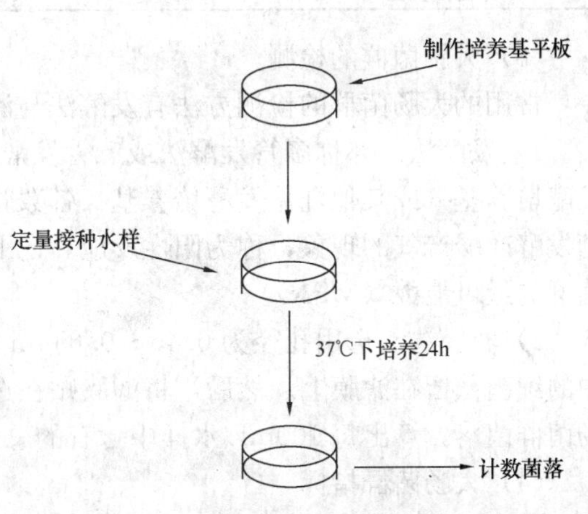

图 11-14 细菌总数测定

由于致病菌在水中存在的数量较少，检测技术比较复杂，因此常常不是直接检测水中的致病菌，而是选用间接指标即粪便污染的指示菌作为代表。若水样中检出这类指示菌，即认为水体曾受粪便污染，有可能存在致病菌。检出的指示菌越多，污染越严重，预示该水体在微生物学上是不安全的。只有在特殊情况下，才直接检验水中的病原菌。

（1）指示菌的理想条件

1）该指示菌应大量存在于人的粪便内且数量要比病原菌多；

2）受人粪便污染的水中易检出该指示菌，而未受人粪便污染的水中应无该菌；

3）该指示菌在水体中不会自行繁殖；

4）该菌在水体中的存活时间应略长于致病菌，对氯与臭氧等消毒剂以及其他不良因素的抵抗力略强于致病菌；

5）该指示菌检出及鉴定方法比较简易迅速；

6）该菌应可适用于淡水、海水等各种水体。

然而，由于要求条件较多，没有一种菌可以全部满足要求，只能选择相对较为合适的菌作为指示菌。大肠菌群、粪链球菌、产气荚膜梭菌常用作粪污指示菌。其中，大肠菌群在粪便中的数量较多，随粪便排出体外后，存活时间与肠道病原菌大致相同，检验方法简单易行，因此是较为适宜的粪污指示菌。

（2）大肠菌群

大肠菌群（coliformgroup 或简称 coliform）系指一群需氧及兼厌氧性的革兰氏阴性无芽孢杆菌，能在 37℃培养 24h 内使乳糖发酵产酸产气者。它基本包括了粪便内全部兼性需氧的革兰氏阴性杆菌，以埃希氏菌属（*Escherichia*）为主，大肠菌群细菌数量极大，在成人每日粪便中排出菌数可达 $5\sim100\times10^{10}$ 个。在某些情况下，需对大肠菌群作进一步的分类鉴定，常用的鉴定试验有：吲哚试验、甲基红试验、V.P. 试验及柠檬酸钠利用试验（表 11-1）。若检出大肠埃希氏菌，则说明水体新近受到粪便污染。

大肠菌群的鉴别 **表 11-1**

菌名	吲哚试验	甲基红试验	V.P. 试验	柠檬酸钠利用试验	氧化酶试验	运动性
大肠埃希氏菌	+	+	−	−	−	±
弗氏柠檬酸杆菌	−	+	−	+	−	+
产气肠杆菌	−	−	+	+	−	+
克雷伯氏菌属	±	−	+	+	−	−

（3）大肠菌群的检测

常用的大肠菌群的检测方法有发酵法与滤膜法。

1）发酵法。亦称多管发酵法或三管发酵法。以不同稀释度的样品分别接种乳糖胆盐发酵培养基（或其他乳糖发酵培养基）各数管，培养 24h 后，观察培养结果。若观察到乳糖发酵产酸产气的现象，称为阳性反应。记下阳性反应的试管数，查专用统计表求出大肠菌群的最可能数（MPN）。

2）滤膜法。选用孔径为 0.45～0.65μm 的微孔滤膜，抽滤一定数量的水样，使水样中的细菌截留在滤膜上。然后，将滤膜贴在选择性培养基上，培养后直接计数滤膜上的大肠菌群菌落，算出每 100mL 水样中含有的总大肠菌群数。

（4）大肠菌群指标

大肠菌群指数是指每 100mL 水中所含的大肠菌群细菌的个数。大肠菌群值则是指检出一个大肠菌群细菌的最少水样量（毫升数）。两者间的关系可表示为：

$$大肠菌群值=\frac{100}{大肠菌群指数}$$

新版《生活饮用水卫生标准》（GB 5749—2006）规定：总大肠菌群、耐热大肠菌群和大肠埃希氏菌（MPN/100mL 或 CFU/100mL）不得检出。

11.2.4 病原微生物污染水体的消毒

消毒的主要目的是将水生病原体的数目降到安全值之下，从而降低人们因饮用水而引起各种疾病的可能性。受纳水体和土壤中某些病原体存在的持久性也证明了对污染水体进行消毒为饮用水的安全性提供了第一道屏障。要达到高效广谱的消毒目的，必须选用合适的消毒剂。常用的消毒工艺有氧化剂消毒（如臭氧、过氧乙酸）、辐射消毒（如紫外线、γ 射线）、卤素消毒（如氯气、二氧化氯）。

1. 臭氧消毒

臭氧是一种强氧化剂，它在水中的氧化还原电位为 2.07V，仅次于氟（2.5V），其氧化能力高于氯（1.36V）和二氧化氯（1.5V），能破坏分解细菌的细胞壁，很快地扩散透进细胞内，氧化分解细菌内部氧化葡萄糖所必需的葡萄糖氧化酶等，也可以直接与细菌、病毒发生作用，破坏细胞、核糖核酸（RNA），分解脱氧核糖核酸（DNA）、RNA、蛋白质、脂质类和多糖等大分子聚合物，使细菌的代谢和繁殖过程遭到破坏。细菌被臭氧杀死是由细胞膜的断裂所致，这一过程被称为细胞消散，是由于细胞质在水中被粉碎引起的，在消散的条件下细胞不可能再生。应当指出，与次氯酸类消毒剂不同，臭氧的杀菌能力不受 pH 值变化和氨的影响，其杀菌能力比氯大 600～3000 倍，它的灭菌、消毒作用几乎是瞬时发生的，在水中臭氧浓度 0.3～2mg/L 时，0.5～1min 内就可以致死细菌。

2. 辐射消毒

γ射线辐射消毒主要是通过间接效应即通过水分解产生羟基（—OH）、自由基、氢自由基和水合电子而起作用。能够对细胞和病毒中的核酸、蛋白质和其他分子产生各种损伤。紫外光可划分为三个波段：UV-A（长波段），320 ～400nm；UV-B（ 中波段），280 ～ 320nm；UV-C（短波段），100～280nm。强大的杀菌作用由短波段 UV-C 提供，主要是因为紫外线对微生物的核酸可以产生光化学危害的结果。

微生物细胞核当中的核酸可以分为核糖核酸（RNA）和脱氧核糖核酸（DNA）两大类，细胞核中的这两种核酸能够吸收高能量的短波紫外辐射，对紫外光能的这种吸收可以使相邻的核苷酸之间产生新的键，从而形成双分子或二聚物。细菌和病毒 DNA 中众多的胸腺嘧啶形成二聚物阻止了 DNA 的复制及蛋白质的合成，从而使细胞死亡。

3. 卤素消毒

氯气加入水中可转变为盐酸和次氯酸，其反应式如下：

$$Cl_2 + H_2O \rightarrow HCl + HOCl \rightarrow 2H^+ + Cl^- + OCl^-$$

反应生成的次氯酸体积小，具有很强的穿透力，呈电中性，能扩散到带负电的细菌表面，并迅速穿过微生物的细胞膜进入生物体内，破坏其多种酶系统及染色体系统，使之失去活力而死亡。另一方面次氯酸性质很不稳定，容易释放出新生态氧。新生态氧与铵盐、硫化氢、氧化亚铁、亚硝酸盐及有机物腐败后产生的物质相结合，进而氧化水中的有机物和一些无机物质，从而抑制了依靠这些物质为营养的大部分微生物的生长。

ClO_2 消毒剂灭活微生物的机理可能是破坏细胞外壳蛋白，从而引起细胞质外泄；或引起细胞内核酸破坏，干扰核酸转录。

11.3 微生物对有机固体废弃物的降解和转化

固体废弃物是指在社会生产、流通、消费等一系列过程中产生的一般不再具有进一步使用的价值而被丢弃的以固态或泥状存在的物质。有机固体废弃物的微生物处理技术，其主要的处理方法有堆肥、卫生填埋等。

11.3.1 堆肥化

堆肥化就是依靠自然界广泛分布的细菌、放线菌、真菌等微生物，有控制地促进可被微生物降解的有机物向稳定的腐殖质转化的生物化学过程。堆肥是一种具有改良土壤结构、增大土壤容水性、减少无机氮流失、促进难溶磷转化为易溶磷、增加土壤缓冲能力、提高化学肥料的肥效等多种功效的廉价、优质土壤改良肥料。根据堆肥化过程中微生物对氧的需求关系可分为好氧堆肥法和厌氧堆肥法两种（图 11-15）。

1. 好氧堆肥法

好氧堆肥法是在有氧的条件下，通过好氧微生物的作用使有机废弃物达到稳定化，一

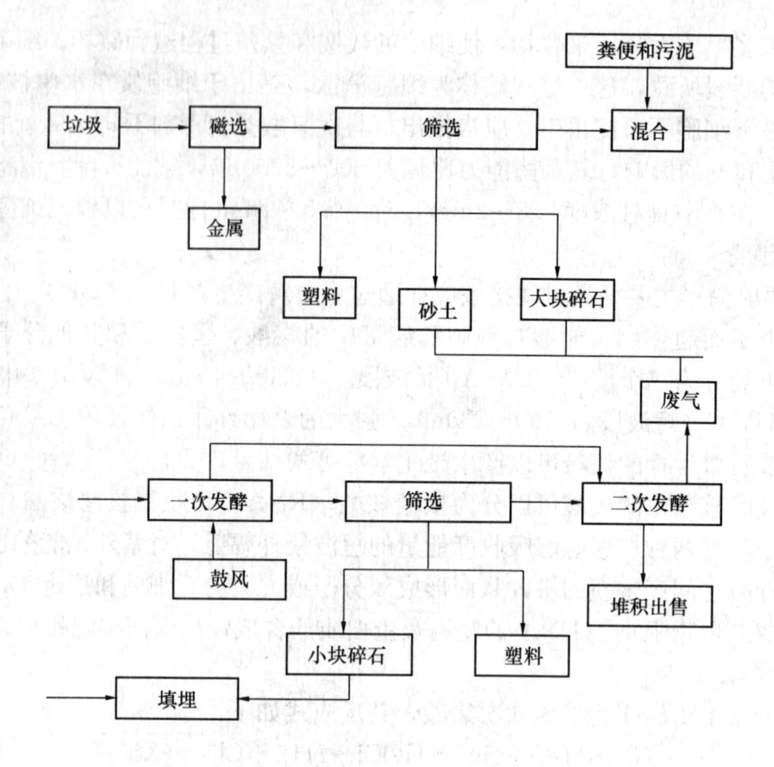

图 11-15　堆肥法生产工艺流程图

并转变为有利于作物吸收生长的有机物的方法。在堆肥过程中，废弃物中的溶解性有机物透过微生物的细胞壁和细胞膜被微生物吸收，固体的和胶体的有机物先附着在微生物体外，由微生物分泌的胞外酶分解为溶解性物质，再渗入细胞。微生物通过自身一系列的生命活动—氧化、还原和合成等过程，把一部分被吸收的有机物氧化成简单的无机物质，并放出生物生命活动所需要的能量；把另一部分有机物转化为生物体自身的细胞物质，用于微生物的生长繁殖，产生更多的微生物体。

(1) 好氧堆肥的微生物学过程

堆肥过程中，由于微生物作用，堆内温度迅速升高，短期内就可以达到 60～70℃甚至 80℃，然后逐渐降温，最终达到腐熟。在这个过程中，堆内的有机物、无机物发生着复杂的分解与合成的变化，相应的微生物组成也发生变化。根据堆体温度的变化，可将堆肥过程分为 4 个阶段，即升温阶段、高温阶段、降温阶段和腐熟阶段。

1) 升温阶段 堆肥堆制初期，在好氧条件下，那些容易被微生物分解的有机物质（如蛋白质、淀粉类物质、简单的糖类等）迅速分解，产生大量热量。在这一阶段中，分解有机物的微生物以中温好氧性微生物为主，常见的有细菌和丝状真菌。

2) 高温阶段 当堆肥的温度超过 50℃以后，进入高温阶段。这一阶段中，除少部分残留下来的和新形成的水溶性有机物继续分解转化外，复杂的有机物（如半纤维素、纤维素等）开始被迅速地分解，同时开始了腐殖质的形成过程，出现了能溶解于弱碱的黑色物质。这一阶段中以高温微生物最为活跃，常见的有嗜热真菌属（*Theromomyces*）和嗜热放线菌（*Athermofucus*、*Athermooidiwporus*）等，在这两类菌中放线菌占优势。当温度上升到 60℃以上，嗜热丝状真菌活动开始受到抑制，嗜热放线菌和芽孢杆菌的活动占优势。到了70℃以上，只有嗜热芽孢杆菌在活动。

高温对杀死病原性微生物是极其重要的，病原微生物的失活取决于温度和时间。一般认为，堆温在50～60℃，持续6～7d，可有效地杀死虫卵和病原菌。

3）降温阶段 当高温持续一段时间以后，易于分解的或较易分解的有机物（包括纤维素等）绝大部分被分解，剩下的是木质素等较难分解的有机物以及新形成的腐殖质。这时嗜热微生物的活动减弱，产热量减少，温度逐渐下降，当温度下降到40℃以下时，中温微生物又逐渐成为优势菌群，残余物质又进一步被分解，腐殖质继续不断的积累，堆肥进入腐熟阶段。

4）熟化阶段 堆肥进入熟化阶段时，天然的有机物质大部分已腐解，温度接近气温。这时为了保存腐殖质和氮素等植物养料，可采取压实堆肥的措施，造成其厌氧状态，使有机物质矿化作用减弱，以免损失肥效。

（2）好氧堆肥工艺

堆肥技术的主要区别在于维持堆体物料均匀及通气条件所使用的技术手段。堆肥系统的分类大同小异，根据技术的复杂程度，一般分为三类：条垛式、通气静态垛式、发酵仓式系统等。

1）条垛式堆肥系统

条垛式是堆肥系统中最简单的一种。这是一种最古老的堆肥系统，将堆肥物料以条垛状堆置，通过定期翻堆来实现堆体内的有氧状态，从而满足堆体中的微生物降解有机质所需的氧气。翻堆可以采用人工方式或特有的机械设备。最普遍的条垛形状是3～5 m宽，2～3m高的梯形条垛，条垛式堆肥一次发酵周期为1～3个月。

2）通气静态垛堆肥系统

通气静态垛与条垛式系统的不同之处在于堆肥过程中不是通过物料的翻堆来维持堆体的好氧状态，而是通过鼓风机通风来实现（图11-16）。通气静态垛堆肥的关键技术是通气系统（包括鼓风机和通气管路），通气管路可以是固定式的，也可以是移动式的。在固定式通气系统中通气管道放入水泥沟槽中或者平铺在水泥地面上，上铺木屑等填充料形成多空气流通路径的效果。移动式通气系统主要由简单的管道直接放在地面上构成。

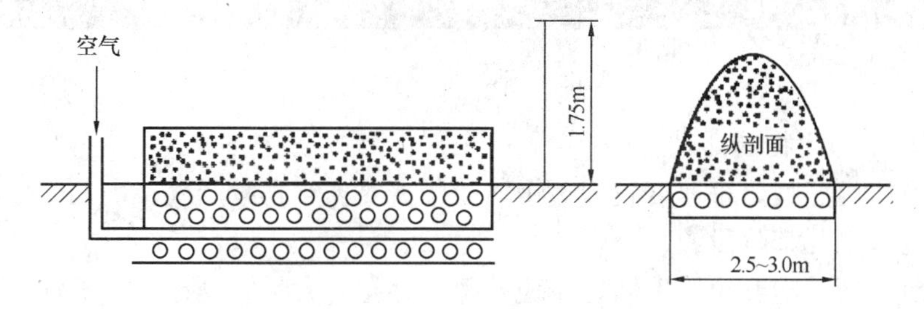

图11-16 通气静态垛堆肥系统

3）发酵仓系统

发酵仓系统是使物料在部分或全部封闭的容器内，控制通气和水分条件，使物料进行生物降解和转化（图11-17）。发酵仓系统与其他两类系统的根本区别在于该系统是在一个或几个容器内进行，整个堆肥化过程是高程度的机械化和自动化。堆肥的整个工艺包括通风、温度控制、水分控制、无害化控制及堆肥的腐熟等几个部分。

(3) 厌氧堆肥法

厌氧堆肥法是在无氧条件下，借厌氧微生物的作用，将有机废弃物（包括城市垃圾、人畜粪便、植物秸秆、污水处理厂的剩余污泥等）进行厌氧发酵，制成有机肥料，使固体废弃物无害化的过程。堆置方式与好氧堆肥法相同，堆内不设通气系统，堆温低，腐熟及无害化所需时间较长。但该法简便省力，一般要求堆肥后一个月左右翻动一次，以便于微生物活动使堆料成熟。

图 11-17　卧式堆肥发酵滚筒

11.3.2　卫生填埋

填埋法是在传统的堆放基础上发展起来，从避免环境受二次污染的角度出发而发展起来的一种固体废弃物处理法（图 11-18）。填埋法主要有厌氧、半好氧和好氧填埋法三种。目前由于厌氧填埋法具有操作简单，投资费用低，同时还可回收甲烷气体等优点而被广泛采用。好氧和半好氧填埋法分解速度快，稳定时间短，正日益受到重视，但由于其工艺较复杂，投资费用较高，目前尚处于研究阶段。

图 11-18　垃圾填埋

1. 填埋坑中微生物的活动过程

填埋的有机废弃物分解速度较为缓慢，一般需要 5 年发酵产气。期间微生物的活动过程一般可分为以下几个阶段：

(1) 好氧分解　随着垃圾填埋，垃圾孔隙中存在的大量空气也同样被埋入其中，因此开始阶段垃圾只是好氧分解，此阶段时间的长短取决于分解速度，可以由几天到几个月。好氧分解将填埋层中氧耗尽以后进入第二阶段。

(2) 厌氧分解不产甲烷阶段　微生物利用硝酸盐和硫酸盐为氧源，产生硫化物、氮气和二氧化碳。

(3) 厌氧分解产甲烷阶段　此阶段甲烷产量逐渐增加，当坑内温度达到 55℃左右时，便进入稳定产气阶段。

(4) 稳定产气阶段　稳定地产生二氧化碳和甲烷。

2. 填埋场渗滤液

垃圾分解过程中产生的液体以及渗出的地下水和渗入的地表水统称为填埋场渗滤液。为了防止渗滤液对地下水的污染，需在填埋场底部构建不透水防水层、集水管、集水井等设施将不断产生的渗滤液收集排出。对新产生的渗滤液的处理方法可以采用厌氧、好氧生物处理方法；对已稳定的填埋场产生的渗滤液，由于可生化的有机物已基本上被消耗掉，再用生物方法处理很难产生好的效果，因此可采用物理化学方法进行处理。

3. 填埋场的气体收集

垃圾填埋后在微生物作用下会产生甲烷、二氧化碳、氨、一氧化碳、氢气、硫化氢、氮气等气体。填埋场的产气量和成分与被分解的固体废弃物的种类有关，并会随填埋年限而变化。填埋场气体一般含 40%～51%的二氧化碳和 30%～40%的甲烷以及其他气体，这些气体经过处理后可以作为能源加以利用。

卫生填埋法比较简单易行，在一些土地辽阔的国家或城市被普遍采用。如英国、德国使用卫生填埋法处理城市垃圾的量占整个垃圾处理量的 70%以上。但这种方法占地多，并且还存在垃圾渗滤液污染水体的潜在危害，防渗层很难做好。用于卫生填埋的垃圾中的有机物含量不应太高，以免带来严重的地下水、空气和周围环境的污染问题。

11.3.3 厌氧发酵

在我国农村，沼气发酵作为农业生态系统中的一个重要环节，不仅可以处理各类废弃物来制作农家肥，而且获得的生物质能源，可作为照明或燃料来使用。城市污水处理厂的污泥厌氧消化使污泥体积减小，产生的甲烷用来发电，降低了污水处理厂的运行费用。厌氧发酵一般在厌氧发酵罐（池）中进行，固体废弃物的厌氧发酵的原理同厌氧堆肥一样，只是固体废弃物的厌氧发酵如同高浓度有机废水的厌氧处理一样是在水相中进行（图 11-19）。

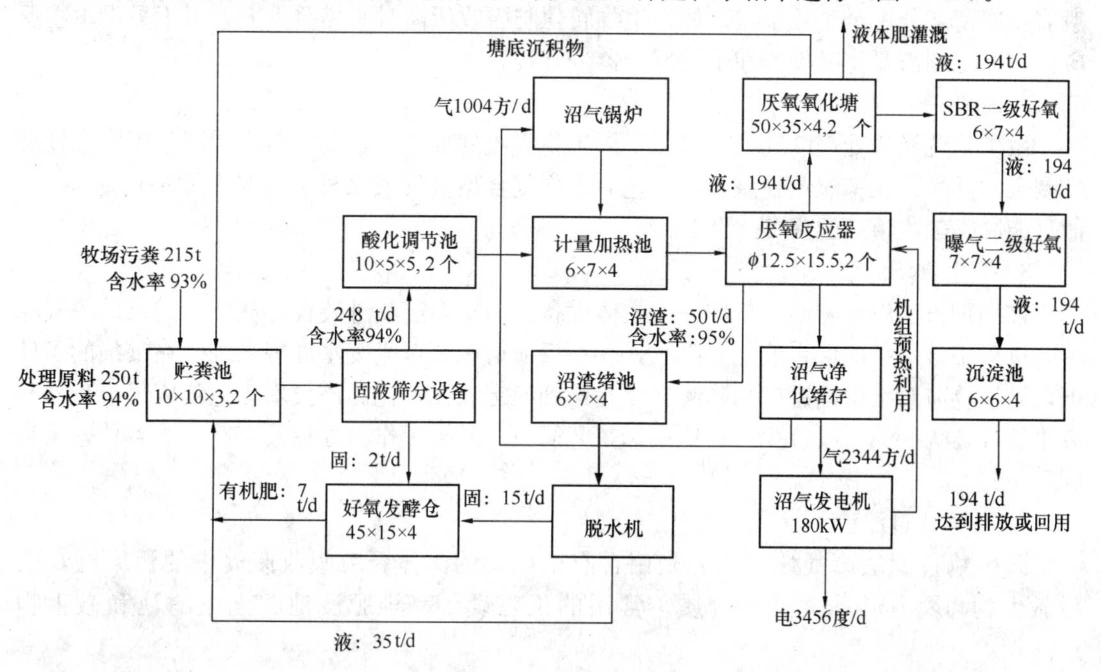

图 11-19　厌氧发酵实例

11.4 微生物技术在废气治理中的应用

随着现代工业的发展，大气中的废气来源越来越多，其中往往含有有毒、有害和致癌、致畸、致突变的“三致”污染物质，常常带有恶臭、强刺激、强腐蚀和易燃、易爆成分。大气污染的加剧，不仅给工农业生产造成影响，而且对人体的健康也有极大的危害。常见的废气处理方法有物理法、化学法和生物法。

同常规的物理、化学处理技术相比，生物处理具有效果好、无二次污染、安全性好及运行费用低、易于管理等优点，尤其在处理低浓度、生物降解性好的气态污染物时生物处理显得更加经济有效。

11.4.1 废气处理的微生物学原理

气态污染物的生物处理是利用微生物的生命活动将废气中的有毒有害物质转化成二氧化碳、水等简单的无害无机化合物及细胞物质。与废水的生物处理不同，在废气的生物净化过程中，气态污染物首先要从气相转移到液相或固相表面的液膜中，然后才能被液相或固相表面的微生物吸附并降解。

11.4.2 废气的微生物处理工艺

废气的微生物处理方法主要可分为，微生物吸收法、微生物洗涤法、微生物滴滤法和微生物过滤法等。

1. 微生物吸收法

废气的微生物吸收法处理工艺一般由吸收装置和废水反应装置两部分组成。吸收装置可以采用多种形式，如喷淋塔、筛板塔、鼓泡塔等。吸收过程进行非常迅速，混合液在吸收设备中的停留时间仅有几秒钟，而生物反应的净化过程相对缓慢，废水在反应设备中一般需要停留几分钟至十几小时。如果生物转化与吸收所需时间相差不大，可不另设生物反应器，反之则需要将吸收器和生物反应器分开设置。

2. 微生物洗涤法

微生物洗涤法处理废气工艺类似于微生物吸收处理工艺，废气吸收液可采用废水处理厂剩余的活性污泥来配置。该技术工艺对去除复合型臭气效果显著，脱臭效率可达90%，而且能脱除较难治理的焦臭（图 11-20）。

3. 微生物滴滤法

该处理方法以生物滴滤反应塔为主体设备，内布多层喷淋装置，从底部进入的废气在上升过程中被喷淋的混合液充分吸收，并在反应塔底部形成废水处理系统，在曝气的条件下，微生物将废水中的有机物降解转化，达到稳定或无害化。该技术工艺集废气吸收器和废水处理器为一体，投资少，占地小，工艺简单，易于操作，处理效率高，受到普遍重视（图 11-21）。

4. 微生物过滤法

微生物过滤法废气处理工艺是用含有微生物的固体颗粒吸收废气中的污染物，然后微生物再将其转化为无害物质。常用的工艺设备有堆肥滤池、土壤滤池和微生物过滤箱。

（1）堆肥滤池　该工艺在地面挖浅坑或筑池，池底设排水管。在池的一侧或中央设输

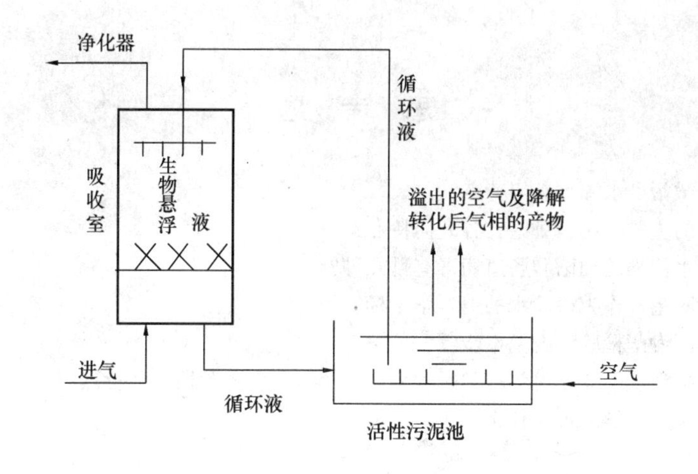

图 11-20　生物洗涤法处理有机废气装置

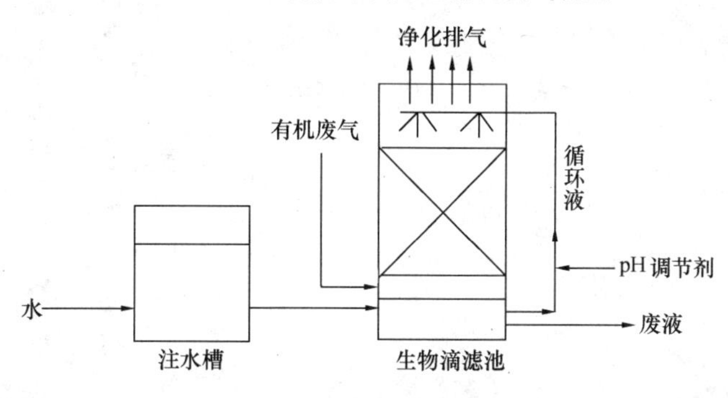

图 11-21　生物滴滤塔的工艺流程图

气总管，总管上再接出多孔配气支管，并覆盖砂石等材料，组成厚度为 5～10cm 的气体分配层；在分配层上再铺 50～60cm 厚的堆肥，形成过滤层。过滤材料可用纤维状泥炭、固体废弃物堆肥等。

(2) 土壤滤池　土壤滤池由气体分配层和土壤滤层两部分组成。气体分配层下层铺设粗石子、细石子或轻质陶粒等，上部由黄砂或细粒组成；土壤滤层由黏土、含有机质沃土堆肥、细砂土和粗砂按一定比例混合的配料组成。土壤使用一年后，会逐渐酸化，需及时用石灰调整 pH 值。

(3) 微生物过滤箱　微生物过滤箱为封闭式装置，主要由箱体、生物活性床、喷水器等组成。生物活性床由多种有机物混合制成的颗粒状载体构成，有较强的生物活性和耐用性（图 11-22）。微生物一部分附着于载体表面，一部分悬浮于活性床水体中。废气通过活性床，部分污染物被载体吸附，部分被水吸收，然后微生物对污

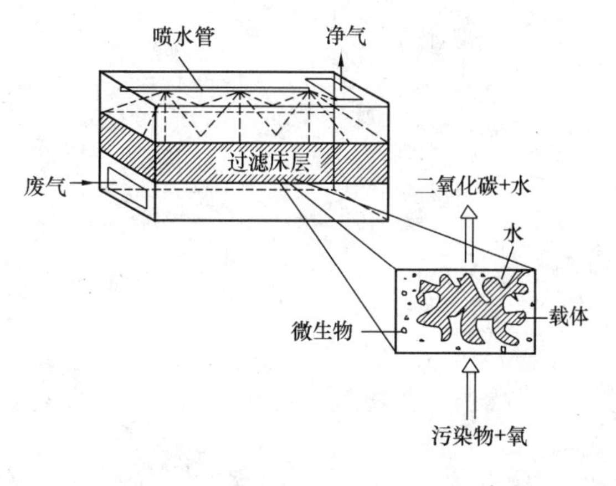

图 11-22　微生物过滤箱

染物进行降解。

思 考 题

1. 生物预处理微污染水源水有何特点?
2. 生物预处理的主要方法有哪些? 各有何特点?
3. 常见的通过水传染的细菌和肠道病毒有哪几种?
4. 为什么用大肠菌群作为检验水的卫生学指标?
5. 试述大肠菌群发酵检验法的基本步骤?
6. 好氧堆肥根据温度的变化可将堆肥过程分为几个阶段? 各阶段有何特点?
7. 废气处理的微生物学原理是什么?

第12章　污染环境的微生物修复

化学品在生产、使用、储存、运输、装卸和处置等过程中都会有大量的物质释放到空气、水体和土壤中，污染我们呼吸的空气、饮用水源和生活环境，对人类的生活和健康以及各种生态系统构成直接和间接的威胁。

12.1　生物修复技术生物学原理

12.1.1　生物修复

1. 背景和发展

广义的生物修复通常是指利用各种生物（包括微生物、动物和植物）的特性，吸收、降解、转化环境中的污染物，使受污染的环境得到改善的治理技术，一般分为植物修复、动物修复和微生物修复三种类型。

狭义的生物修复通常是指在自然或人工控制的条件下，利用特定的微生物降解、清除环境中污染物的技术。

最早的生物修复应用是污泥耕作，即将炼油废物施入土壤，并添加营养，以促进降解碳氢化合物的微生物生长。随后，采用生物处理技术来处理受有毒有害污染物污染的土壤就逐渐引起人们的重视。

大多数环境中都进行着天然的微生物降解净化有毒有害有机污染物的过程。研究表明大多数下层土含有能生物降解低浓度芳香化合物（如苯、甲苯、乙基苯和二甲苯）的微生物，只要地下水中含足够的溶解氧，污染物的生物降解就可以进行。但是在自然条件下由于溶解氧不足、营养盐缺乏和高效降解微生物生长缓慢等限制性因素，微生物自然净化速度很慢，需要采用各种方法来强化这一过程。例如提供氧气或其他电子受体，添加氮、磷营养盐，接种经驯化培养的高效微生物等，以便能够迅速去除污染物，这就是生物修复的基本思想。

欧洲各发达国家从20世纪80年代中期就对生物修复进行了初步研究，并完成了一些实际的处理工程，其结果表明生物修复技术是有效的、可行的。目前德国、丹麦和荷兰在这方面的研究工作处于领先地位，英国、法国、意大利以及一些东欧国家也紧随其后，整个欧洲从事生物修复工程技术的研究机构和商业公司大约有近百个。他们的研究证明，利用微生物分解有毒有害污染物的生物修复技术是治理大面积污染区域的一种有价值的方法。与物理修复和化学修复相比，生物修复具有如下的优势：①费用省。在20世纪80年代末，采用生物修复技术处理1立方米污染土壤约需投资75～200美元，而采用焚烧或填埋处理则需200～800美元。生物修复是所有处理技术中最经济的。②环境影响小。生物修复只是自净过程的强化，最终产物是二氧化碳和水，不会产生二次污染或导致污染物转移，可达到永久去除污染物的目标；同时使土地的破坏和污染物的暴露降到最低程度。③

残留浓度低。最大限度地降低污染物浓度，生物修复技术可以将污染物的残留浓度降到很低，如某一受污染的土壤经生物修复技术处理后，苯、甲苯和二甲苯的总浓度降为0.05～0.10mg/L，甚至低于检测限度。④独特的应用场所。如受污染土壤位于建筑物或公路下而不能挖掘和搬出时，可以采用原位生物修复技术，因而生物修复技术的应用范围有其独到的优势。⑤生物修复技术可与其他技术联合使用，处理复合污染。

当然，生物修复技术有其自身的局限性：①微生物不能降解所有进入环境的污染物，有些化学品不易或根本不能被生物降解，如多氯代化合物和重金属。②生物修复需要具体考察，进行生物可处理性研究和处理方案可行性评价的费用要高于常规方法。③有些化学品经微生物降解后，其产物毒性和迁移性比母体化合物反而增加，如三氯乙烯厌氧降解后形成的氯乙烯是致癌物。④受各种环境因素的影响较大。⑤有些情况下，生物修复不能将污染物全部去除，因为，当污染物浓度太低不足以维持一定数量的微生物生存时，残余的污染物就会留在土壤或水体中。

2. 用于生物修复的微生物

可以用来作为生物修复菌种的微生物分为三大类型：土著微生物（图12-1）、外来微生物和基因工程菌（GBM）。

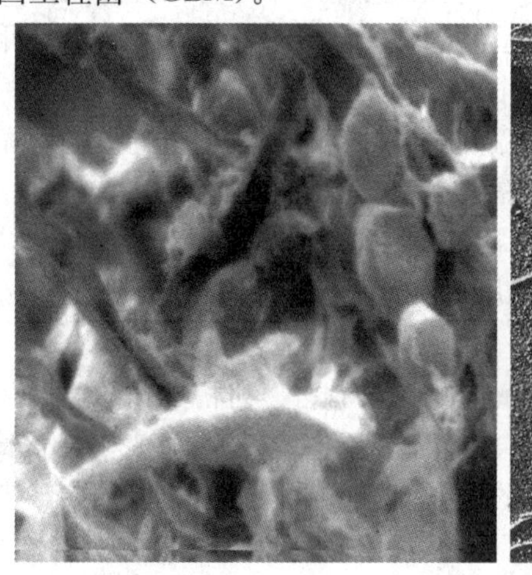
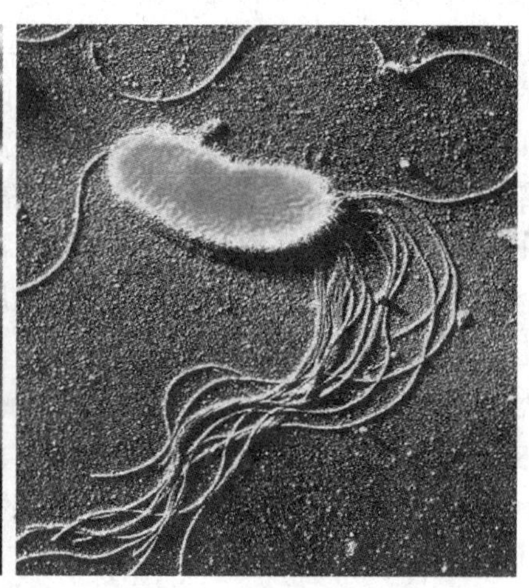

图12-1　土著微生物

（1）土著微生物 微生物降解有机化合物的巨大潜力，是生物修复的基础。自然环境中存在着各种各样的微生物，在遭受有毒有害的有机物污染后，实际上就自然地存在着一个驯化选择过程，一些特异的微生物在污染物的诱导下产生分解污染物的酶系，进而将污染物降解转化。

目前，在大多数生物修复工程中实际应用的都是土著微生物，其原因一方面是由于土著微生物降解污染物的潜力巨大，另一方面也是因为接种的微生物在环境中难以保持较高的活性以及工程菌的应用受到较严格的限制，引进外来微生物和工程菌时必须注意这些微生物对该地土著微生物的影响。

（2）外来微生物 土著微生物生长速度缓慢，代谢活性低，或者由于污染物的影响，会造成土著微生物的数量急剧下降，在这种情况下，往往需要一些外来的降解污染物的高效菌。采用外来微生物接种时，都会受到土著微生物的竞争，因此外来微生物的投加量必须足够多，使之成为优势菌种，这样才能迅速降解污染物。这些接种在环境中用来启动生物修复的微生物称为先锋生物，它们所起的作用是催化生物修复的限制过程。

现在国内外的研究者正在努力扩展生物修复的应用范围。一方面，他们在积极寻找具有广谱降解特性、活性较高的天然微生物；另一方面，研究在极端环境下生长的微生物，试图将其用于生物修复过程。这些微生物包括极端温度、耐强酸或强碱、耐有机溶剂等种类。这类微生物若用于生物修复工程，将会使生物修复技术提高到一个新的水平。

目前用于生物修复的高效降解菌大多是多种微生物混合而成的复合菌群，其中不少已被制成商业化产品。如光合细菌（*photosynthetic bacteria*，PSB)，这是一大类在厌氧光照下进行不产氧光合作用的原核微生物的总称。目前广泛使用的 PSB 菌剂多为红螺菌科（*Rhodospirillaceae*）光合细菌的复合菌群，它们在厌氧光照及好氧黑暗条件下都能以小分子有机物为基质，进行代谢和生长，因此对有机物具有很强的降解转化能力，同时对硫、氮等污染物也有一定的去除作用。目前国内许多高校、科研院所和微生物技术公司都有 PSB 菌液、浓缩液、粉剂及复合菌剂出售，这些复合菌群在水产养殖水体及天然有机物污染河道的应用中取得了一定的效果。如日本 Anew 公司研制的 EM 生物制剂，由光合细菌、乳酸菌、酵母菌、放线菌等共约 10 个属 30 多种微生物组成，已被用于污染河道的生物修复。

（3）基因工程菌 现代生物技术为基因工程菌的构建打下了坚实的基础，通过采用遗传工程的手段将降解多种污染物的降解基因转入到一种微生物细胞中，使其具有广谱降解能力；或者增加细胞内降解基因的拷贝数来增加降解酶的数量，以提高其降解污染物的能力。Chapracarty 等人为消除海上石油污染，将假单胞菌中的不同菌株 CAM、OCT、Sal、NAH 4 种降解性质粒结合转移至一个菌之中，构建出一株能同时降解芳香烃、多环芳烃、萜烃和脂肪烃的“超级细菌”。该细菌能将浮油在数小时内消除，而使用天然菌要花费一年以上的时间。该菌已取得美国专利，在污染降解工程菌的构建历史上是第一块里程碑（图 12-2）。

尽管利用遗传工程提高微生物降解能力的工作已取得了巨大的成功，但是目前美国、日本和其他大多数国家对工程菌的实际应用有严格的立法控制，在美国，工程菌的使用受到“有毒物质控制法”（TSCA）的管制。因此尽管已有许多关于工程菌的实验室研究，但至今还未见现场应用的报道。

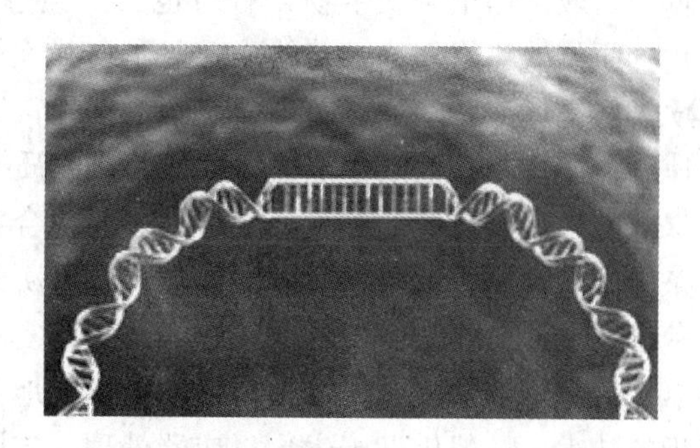

图 12-2　基因工程菌

3. 影响生物修复的因素

（1）营养盐

微生物的生长需要维持一定的 C∶N∶P 营养物质及某些微量营养元素，在生物修复过程中经常会出现缺乏氮、磷等营养而降解甚慢的现象。因此，要使污染物原位降解，不但需要接种相应的微生物，更需要添加适量的营养物质。添加营养物质及其效应与受污染环境的养料含量、C/N 比例、所加营养物质的类型、添加速度等有关。在土壤和地下水中，尤其是在地下水中，由于氮、磷浓度一般不高，因此它们就成为了限制微生物生长和代谢的重要因素。因而向其投加氮、磷盐后就能明显促进微生物的生长，加速生物降解作用。

(2) 电子供体

自然环境中存在的主要电子受体有：溶解氧、硝酸盐、硫酸盐、高价铁、有机物分解的中间产物等。根据所用电子受体的不同，微生物的代谢类型和代谢速率都不相同。电子受体一般处于供不应求的状态。在好氧环境中，溶解氧通常是污染物生物降解与转化的限制因子。为了增加土壤和水体中的溶解氧，可以采用人工曝气的方式，在紧急情况下也可向污染环境中投加双氧水、过氧化钙类产氧剂，或添加硝酸盐、硫酸盐类电子受体。

(3) pH 值

微生物对环境的 pH 值非常敏感，pH 值的变化会对微生物降解污染物的速率和活性产生很大影响。河流的 pH 值对于大多数微生物都是合适的，一般不需要进行调节，只有在特定地区才需要对环境的 pH 值进行调节。

(4) 温度

微生物可生长的温度范围较广，但每一种微生物只在一定的温度范围内生长。一般而言，微生物生长的最佳温度为 25～30℃。通常随着温度的下降，生物的活性也降低，在0℃时生物活动基本停止。温度决定生物修复的快慢，在实际处理中是不可控制的因素，在设计处理方案时应充分考虑温度对生物修复过程的影响。

12.1.2 生物修复的主要方法

根据生物修复中人工干预的程度，可以分为自然生物修复、人工生物修复，后者又可分为原位生物修复、异位生物修复。原位生物修复过程中污染介质不需要移动，在原位条件下进行处理，其优点是处理费用低，但较难控制处理过程。异位生物修复是将污染介质转移到污染现场之外，再进行处理，通常污染物搬动费用较大，但处理过程容易控制。

原位修复技术是指在受污染的地区直接采用生物修复技术，不需将污染物挖掘和运输，一般采用土著微生物，有时也加入经过驯化的微生物，常常需要用各种措施进行强化。原位生物修复的主要技术手段是：①添加营养物质，满足微生物生存所必需的营养物质；②增加溶解氧，以提高微生物的活性；③添加微生物或（和）酶，以加快污染物分解速率；④添加表面活性剂，以促进污染物质与微生物的充分接触；⑤补充碳源和能源，以保证微生物共代谢的进行，分解共代谢化合物。根据被处理对象性质、污染物种类、环境条件等的区别，营养物质的添加方式也有所不同。常用的原位修复技术有生物培养法、投菌法、土地耕作法、生物通风法和植物修复法（图 12-3）。

异位修复技术是指将被污染的土壤或地下水从被污染地取出来，经运输后，再进行治理的技术，一般借助于生物反应器处理。与原位生物处理一样，根据处理对象、处理工艺的要求，处理过程中常需要添加各种辅助营养及能源物质。异位生物修复除了需要较高的污染物质搬动费用之外，反应器的加工制造、控制系统的设置等也会增加异位生物修复的费用。但对一些难以处理，尤其是一些有毒化合物、挥发性污染物或浓度较高的污染物的处理，异位生物处理具有不可替代的优势。常用的异位修复技术有反应器处理、制床处理、堆肥式处理和厌氧处理。

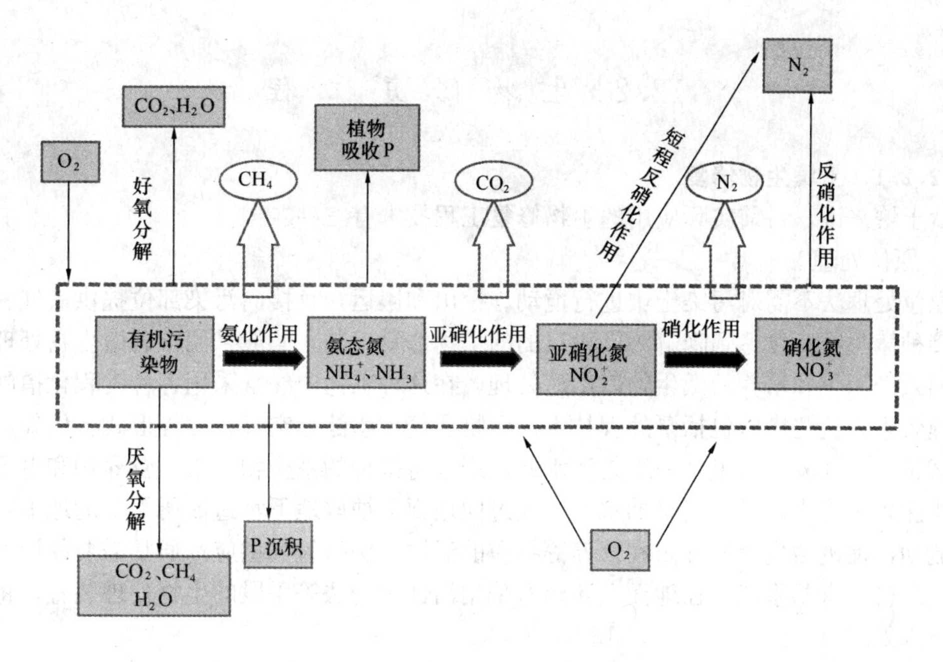

图 12-3　水体原位生物修复技术

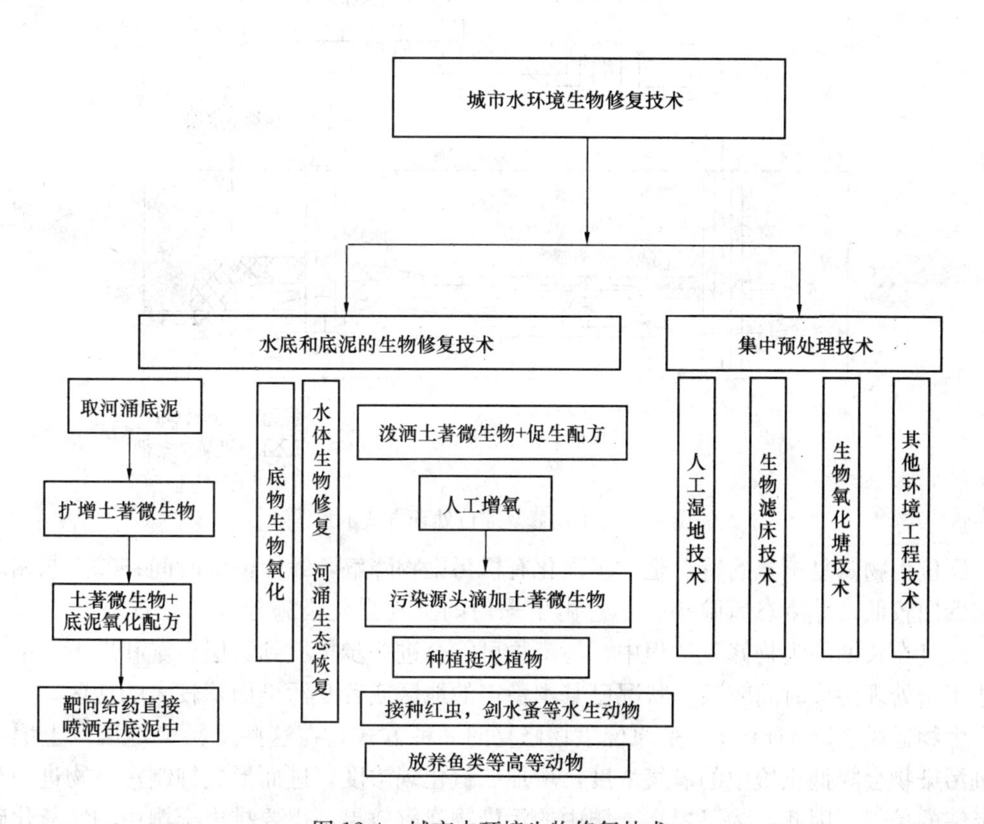

图 12-4　城市水环境生物修复技术

12.2 生物修复工程

12.2.1 土壤生物修复

就土壤来说，目前实际应用的生物修复工程技术有三种：

1. 原位处理

原位处理法不需对污染土壤进行搅动、挖出和搬运，直接向污染部位提供氧气、营养物或接种微生物，以达到降解污染物目的的生物修复工艺。一般采用土著微生物处理，有时也加入经驯化和培养的微生物以加速处理。在这种工艺中经常采用各种工程化措施来强化处理效果，这些措施包括泵处理技术、生物通气、渗滤、空气扩散等形式。例如，在受污染区钻井，井分为两组，一组是注水井，用来将接种的微生物、水、营养物和电子受体等物质注入土壤中，另一组是抽水井，通过向地面上抽取地下水造成所需要的地下水在地层中流动，促进微生物的分布和营养等物质的运输，保持氧气供应。通常需要的设备是水泵和空压机。有的系统，在地面上还建有采用活性污泥法等手段的生物处理装置，将抽取的地下水处理后再注入地下（图 12-5）。

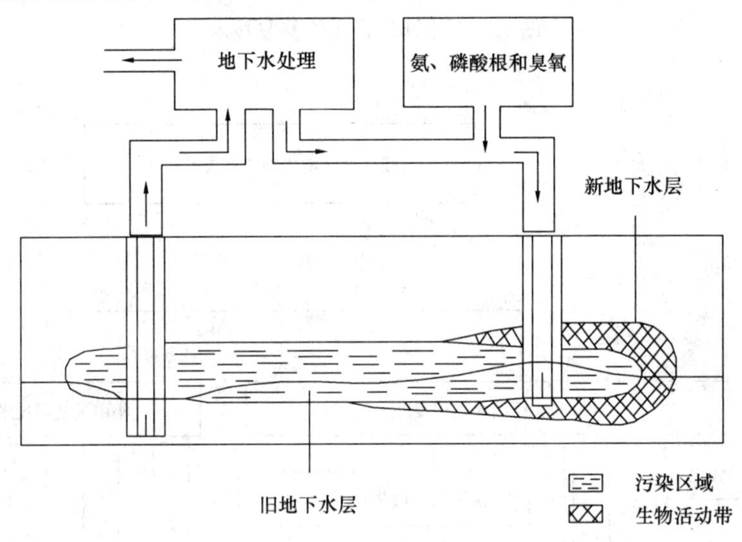

图 12-5　生物修复原位处理方式示意图

原位生物修复工艺的特点是：①强化有机污染物降解，缩短清除时间；②工艺相对简单，费用较低；③生态风险小。不过由于采用的工程强化措施较少，处理时间会有所增加，而且在长期的生物修复过程中，污染物可能会进一步扩散到深层土壤和地下水中，因而适用于处理污染时间较长、状况已基本稳定的地区或者受污染面积较大的地区。

生物通风（bioventing）是原位生物修复的一种方式。在这些受污染地区，土壤中的有机污染物会降低土壤中的氧气浓度，增加二氧化碳浓度，进而形成抑制污染物进一步生物降解的条件。因此，为了提高土壤中的污染物降解效果，需要排出土壤中的二氧化碳和补充氧气，生物通风系统就是为改变土壤中的气体成分而设计的（图 12-6）。生物通风方法现已成功地应用于各种土壤的生物修复治理，这些被称为“生物通风堆”的生物处理工艺主要是通过真空或加压进行土壤曝气，使土壤中的气体成分发生变化。生物通风工艺通常用于由地下储油罐泄漏造成的轻度污染土壤的生物修复。

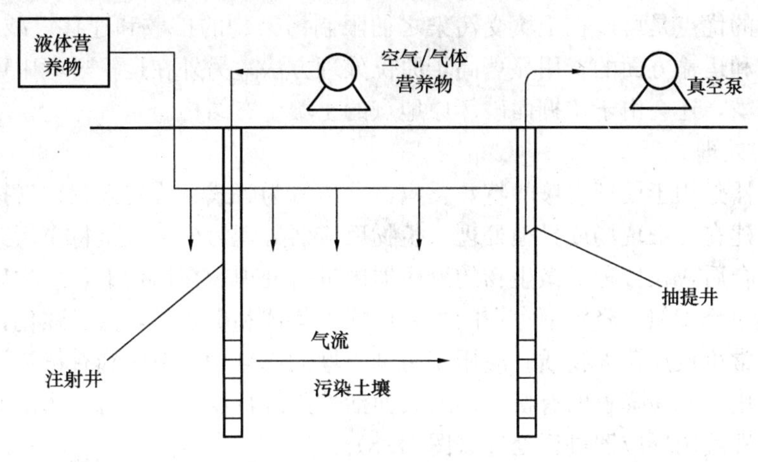

图 12-6　生物通风系统示意图

2. 挖掘堆置处理

该法又称处理床或预备床，就是将受污染的土壤从污染地区挖掘起来，防止污染物向地下水或更广大地域扩散，将土壤运输到一个经过各种工程准备（包括布置衬里，设置通风管道等）的地点堆放，形成上升的斜坡，并在此进行生物修复的处理，处理后的土壤再运回原地（图 12-7）。复杂的系统可以带管道并用温室封闭，简单的系统就只是露天堆放。有时首先将受污染土壤挖掘起来运输到一个地点暂时堆置，然后在受污染的原地进行一些工程准备，再把受污染土壤运回原地处理。

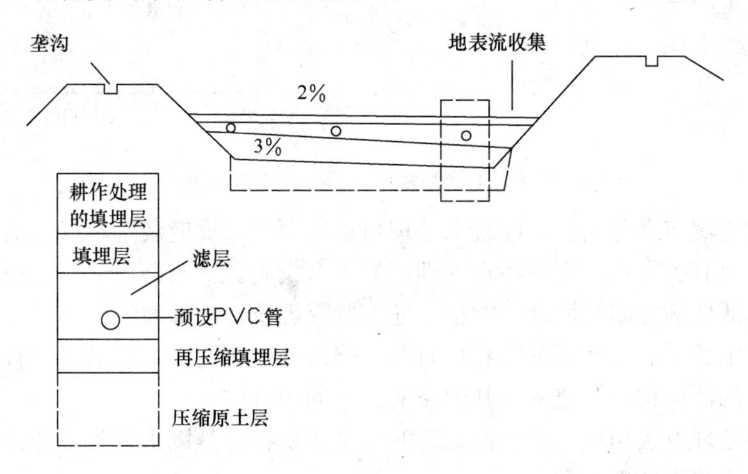

图 12-7　生物修复挖掘堆置处理方式示意图

堆置式修复是利用传统的积肥方法，将污染土壤与有机废物（木屑、秸秆、树叶等）、粪便等混合起来，依靠堆肥过程中微生物的作用来降解土壤中难降解的有机污染物。堆置式修复最早用于污水污泥的处理，堆置式修复过程包括调整降解和低速降解两个连续阶段。第一阶段为高速降解，第二阶段为低速降解。第一阶段微生物活动很强烈，耗氧和降解的速率均很高，要非常注意供氧，可以通过强制通风或频繁混合供氧，但也需注意高温和气味的产生。第二阶段一般不需要强制通风或混合供养，通常可以通过自然对流供氧。由于微生物活动大量减少、供能减少，所以温度不高、气味不重。

这种技术的优点是可以在土壤受污染之初限制污染物的扩散和迁移，减小污染范围。但用在挖土方和运输方面的费用显著高于原位处理方法，另外在运输过程中可能会造成污染物进一步暴露，还会由于挖掘而破坏原地点的土壤生态结构。

3. 反应器处理

生物反应器是用于处理土壤的特殊反应器，通常为卧式、旋转鼓状、气提式，分批或连续培养，可建在污染现场或异地处理。生物反应器处理污染土壤是将受污染的土壤挖掘起来，与水混合后，在接种了微生物的反应器内进行处理，在结构上，生物反应器工艺与常规生物处理单元相似。降解菌存在的主要形式为絮体和生物膜，为了强化目标污染物的生物降解，通常再投加营养物质。应用于污染土壤的修复时，考虑到有机污染物的结合残留与吸附，需用一些易降解的有机溶剂或表面活性剂进行清洗，使污染物由固相转移到液相，再将此清洗液用反应器进行处理（图 12-8）。

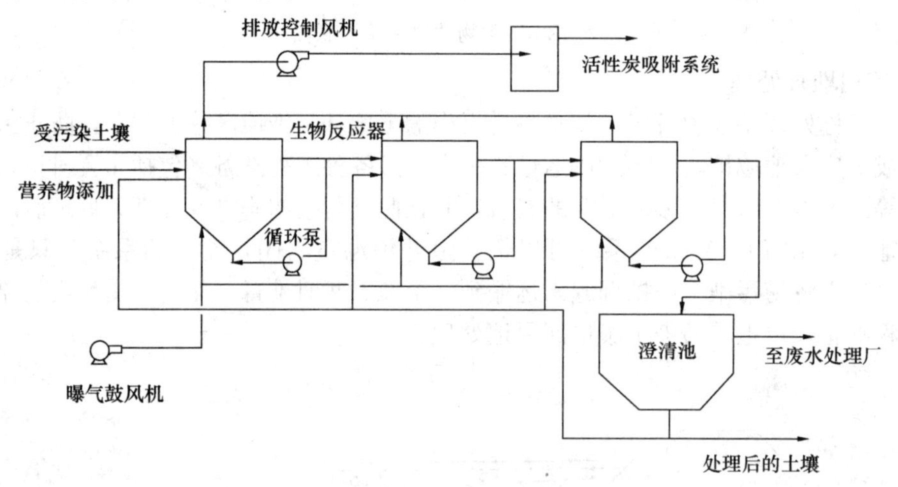

图 12-8　生物修复反应器处理方式示意图

处理后的土壤与水分离后，经脱水处理再运回原地。反应装置不仅包括各种可拖动的小型反应器，也有类似稳定塘和污水处理厂的大型设施。反应器可以使土壤及其添加物如营养盐、表面活性剂等彻底混合，能很好地控制降解条件，如通气、控制温度、控制湿度及提供微生物生长所需要的各种营养物质等，因而处理速度快，效果好。有研究表明，生物泥浆反应器的污染物降解速率是其他修复技术的 10 倍以上。

和前两种处理方法相比，反应器处理的一个主要特征是以水相为处理介质，而前两种处理方法是以土壤为处理介质。

它的主要特征是：①以水相为处理介质，污染物、微生物、溶解氧和营养物均匀分布，传递速度快，处理效果好；可以最大限度满足微生物降解所需的最适宜条件，避免复杂、不利的自然环境变化。②可以设计不同构造以满足不同目标处理物的需要，提供最大限度的控制。③避免有害气体排入环境。但其工程复杂，固液分离以及污泥脱水要产生大量的废水，废水在排放前还要处理。另外，在用于难生物降解物质的处理时必须慎重，以防止污染物从土壤转移到水中。泥浆相系统的处理费用要比土地耕作、堆置高得多，但比焚烧、溶剂萃取和热解吸处理要便宜得多。

12.2.2 地下水生物修复

1. 原位处理

与土壤基本相同，参见上文所述。

2. 物理拦阻

使用暂时的物理屏障以减缓并阻滞污染物在地下水中的进一步迁移，该方法在一些受有毒有害污染物污染的地点已取得成功的经验。

3. 地上处理

又称为抽取一处理技术，该技术是将受污染的地下水从地下水层中抽取出来，然后在地面上用一种或多种工艺处理（包括汽提法去除挥发性物质、活性炭吸附、超滤臭氧/紫外线氧化或臭氧/双氧水氧化、活性污泥法以及生物膜反应器等），之后再将水注入地层。但实际运行中很难将吸附在地下水层基质上的污染物提取出来，因此这种方法的效率较低，只是作为防止污染物在地下水层中进一步扩散的一种措施。如在生物膜反应器中，用砂作为固定生物膜的载体，以甲烷或天然气为初始基质，能去除高于60%的多氯联苯。

进行地下水生物修复处理时，应注意调查该地的水力地质学参数是否允许向地上抽取地下水并将处理后的地下水返注；地下水层的深度和范围；地下水流的渗透能力和方向，同时也要确定地下水的水质参数，如pH值、溶解氧、营养物、碱度以及水温是否适合于运用生物修复技术。

12.2.3 地表水体的生物修复

目前，地表水体生物修复的方法主要有：①物理方法。包括截污治污法、挖泥法、换水稀释法等。②化学方法。包括投加除藻剂、投加治磷剂等。③设置人工湖、水系综合整治等其他方法。④生物方法。包括水体曝气、投加微生物菌剂、种植水生植物、放养水生动物、湿地技术等。与传统方法物理修复法和化学修复法相比，生物修复技术具有下列优点：污染在原位被降解解除；修复时间短；操作简便、对周围环境干扰小；费用低，仅为物理化学修复经费的30%～50%；不产生二次污染等。因此，以生物方法为主要手段的生物修复技术已日益成为环保工作者的研究重点和热点。

1. 水体曝气

即根据水体受到污染后缺氧的特点，人工向水体中充入空气或氧气，加速水体复氧过程，以提高水体的溶解氧水平，恢复和增强水体中好氧微生物的活力，使水体中的污染物质得以净化，从而改善受污染水体的水质，进而恢复水体的生态系统。

2. 投加微生物菌剂和微生物促生剂

往水体中投加微生物促生剂或直接投加经事先培养筛选的一种或者多种微生物菌种，可以进行受污染地表水体的原位生物修复。投放的微生物包括光合细菌（PSB）、有效微生物群（EM）、东江菌、集中式生物系统（CBS）、固定化细菌以及基因工程菌等。

微生物促生剂包括许多种，如各类促生液，微生物营养盐，采用一些工程化的方法提供电子受体，提供共代谢底物以诱导共代谢酶，表面活性剂等。

3. 种植水生植物

植物修复就是利用植物根系（或茎叶）吸收、富集、降解或固定受污染水体中重金属离子或其他污染物，以实现消除或降低污染现场的污染强度，达到修复环境的目的。自然界可以净化环境的植物有100多种，比较常见的水生植物包括水葫芦、浮萍、芦苇、灯芯草 、香蒲等。

4. 放养水生动物

即“生物操纵”（bio-manipulation），人为调节生态环境中各种生物的数量和密度，通过食物链中不同生物的相互竞争的关系，来抑制藻类的生长。

利用各种组合技术，如通过人工复氧、投加微生物菌种、投加微生物促生剂、放养水生植物、放养水生动物、添加生物填料等几种措施联用，可以更为有效地进行受污染水体的原位生物修复。

5. 人工湿地技术

人工湿地是由人工建造和控制运行的与沼泽地类似的地面，将污水、污泥有控制的投配到经人工建造的湿地上，污水与污泥在沿一定方向流动的过程中，利用自然生态系统中物理、化学和生物的三重协同作用，通过过滤、吸附、共沉、离子交换、植物吸收和微生物分解来实现对污水的高效净化（图12-9）。

图12-9　人工湿地技术

这种湿地系统是在一定长宽比及底面有坡度的洼地中，由土壤和填料（如卵石等）混合组成填料床，污染水可以在床体的填料缝隙中曲折地流动，或在床体表面流动。同时在床体的表面种植具有处理性能好、成活率高的水生植物（如芦苇等），形成一个独特的动植物生态环境，对有机污染物有较强的降解能力。水中的不溶性有机物通过湿地的沉淀、过滤作用，可以很快地被截留，进而被微生物利用，水中可溶性有机物则可通过植物根系生物膜的吸附、吸收及生物代谢降解过程而被分解去除。随着处理过程的不断进行，湿地床中的微生物也繁殖生长，通过对湿地床填料的定期更换及对湿地植物的收割，将新生的有机体从系统中去除。

12.2.4　海洋石油污染的生物修复

1. 海洋石油来源

（1）海上油运。石油和炼制油在海上油运过程中主要通过压舱水、洗舱水、油轮事故、油码头的跑、冒、滴、漏以及油船和其他船舶正常操作的油漏等途径排入海中。

（2）海上油田。海底石油勘探和生产过程中油井井喷、油管破裂和钻井过程中所产生的含油泥浆等可以造成的海洋石油污染。

（3）海岸排油。陆岸的贮油库、炼油厂将未经处理的含油污水排入海中，从而造成海洋的污染。

（4）大气石油烃的沉降。工厂、船坞、车辆排出的石油烃进入大气，一部分被光氧化，一部分又沉降到地球表面，其中有些落入海洋中。

2. 石油污染的危害

石油泄漏后，油膜覆盖于海面，阻断 O_2 和 CO_2 等气体的交换，阻断阳光射入海洋，使水温下降，破坏了海洋中溶解氧的均衡，并且石油在降解过程中会大量消耗海水中的氧，直接导致海水缺氧，影响海洋生物的生长；石油中所含的稠环芳香烃对生物体有剧毒，污染物中的毒性化合物可以改变生物体细胞活性，从而影响海洋渔业的发展（图 12-10）。

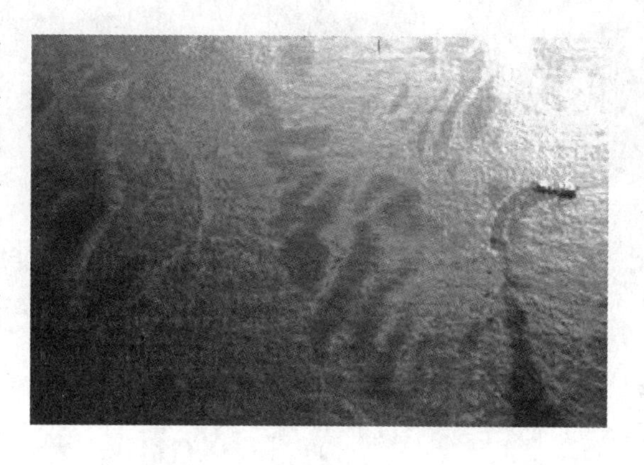

图 12-10　石油污染的危害

3. 海洋石油污染的生物修复方法

当海上溢油事件发生以后，可以采取机械、化学和生物处理三类方法修复海洋污染，主要的机械和化学应急措施有：①建立油障，将溢油海面封闭起来，使用撇油机、吸油带、拖油网等将油膜清除；②投入吸附材料，将漂浮在海面上的大量油污吸附，吸附材料可以是海绵状聚合物或天然材料（如椰子壳、稻草等）；③使用化学分散剂。另外，如果环境允许还可以采用燃烧方法处理海上油污，其效率可高达 95%～98%，但燃烧产生的黑烟会造成二次污染问题。对于溢油造成的海岸带污染，可以采用高压水枪清洗。当然，最为环保和彻底的治理方法还是生物修复技术。

当前加速海洋石油污染降解的生物修复方法有以下三种。

（1）接种石油降解菌 通过生物技术改良的超级细菌能够高效率的去除石油污染物，被认为是一种很有发展前途的海洋修复技术。但实践表明，接种石油降解菌效果并不明显，这主要是因为海洋中存在的土著微生物常常会影响接种微生物的活动。尽管在实验中的基因工程菌可以迅速降解石油，但是在开放的环境中释放基因工程菌却一直是引起争论的问题。所以，利用工程菌对石油污染海域的生物修复技术仍需更进一步的研究。

（2）使用氮磷营养盐 使用氮磷营养盐是最简单而有效的方法。在海洋出现溢油后，石油降解菌碳源充足，而氧和营养盐成为油污降解的限制性因素。目前常见的营养盐有三类：①缓释肥料，它要求具有适合的释放速率，通过海潮可以将营养物质缓慢地释放出来；②亲油肥料，可使营养盐“溶解”到油中，在油相中螯合的营养盐可以促进细菌在表面的生长；③水溶性肥料，如硝酸铵及三聚磷酸盐直接为海水中的微生物提供营养。

（3）提供电子受体 好氧微生物一般以氧作为电子受体，除了溶解氧，有机物分解的中间产物和无机酸根也可作最终电子受体。电子受体的种类和浓度也影响着石油烃污染物生物降解的速度和程度。在石油严重污染的海域，氧可能成为石油降解的限制因子，尤其是在细砂质海滩上，氧的自然迁移一般不能满足微生物新陈代谢所需氧气量。通过一些物理、化学措施增加溶解氧，可以改善环境中微生物的活性和活动状况。

（4）投加表面活性剂 微生物一般只能生长在水溶性环境中，但是很多石油烃在水中的溶解度甚微，而且以油珠或油滴分离相形式存在，限制了微生物对石油烃和氧气的摄取和利用。通过添加表面活性剂，使油形成很微小颗粒，增加与 O_2 和微生物的接触机会，从而促进油的生物降解。

思 考 题

1. 何为生物修复？生物修复有何优势及局限性？
2. 影响生物修复效果的因素有哪些？
3. 原位生物修复和异位生物修复有何异同？
4. 土壤的原位生物修复工艺有何特点？
5. 地下水的生物修复有哪些方法？
6. 怎样加速海洋石油污染物的生物降解？

第 13 章　环境微生物学实验

实验 1　光学显微镜的使用及微生物形态观察

一、实验目的

1. 学习并掌握油镜的使用原理及方法。

2. 观察细菌的个体形态。

3. 学会绘制微生物的形态图。

二、实验原理

（一）显微镜的构造

普通光学显微镜的构造包括机械装置和光学系统两大部分（图 13-1）。

1. 显微镜的机械装置

（1）镜座：镜座是显微镜的基本支架，其上有反光镜或电光源系统。

（2）镜筒：镜筒上端接目镜，下端接转换器。镜筒有单筒和双筒两种，双筒可调节两筒间的距离，以适应不同瞳孔距者的使用。镜筒的机械筒长为物镜的后缘到镜筒尾端的距离，镜筒长度的变化，会引起放大倍率的变化，也会影响成像质量，因此不能任意改变显微镜的镜筒长度（国际上将显微镜的标准筒长定为 160mm）。

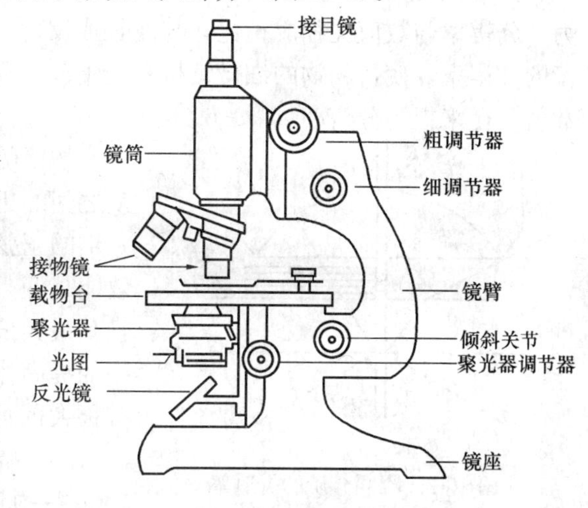

图 13-1　显微镜的构造

（3）转换器：转换器装在镜筒的下方，其上一般接三个物镜（低倍、高倍、油镜），有的接四个物镜。转动转换器，可以按需要将其中的任何一个物镜与镜筒接通，使物镜与镜筒上方的目镜构成一个放大系统。

（4）载物台：载物台是放置标本的平台，中央有一孔，为光线通路，两旁装有弹簧夹和推动器，用来固定或移动标本的位置，使得镜检对象恰好位于视野中心。

（5）调节器：包括大、小螺旋调节器各 1 个，可调节物镜和所需观察的物体之间的距离。

2. 显微镜的光学系统

（1）目镜：显微镜的常备目镜有三个，其上分别刻有“5×”、“10×”或“15×”等字符，意即使用时可放大 5 倍、10 倍、15 倍。

$$显微镜的放大率(V) = 物镜放大率(V_1) \times 目镜放大率(V_2)$$

（2）物镜：物镜安装在转换器上，对成像质量、分辨力有着决定性的影响。物镜的性能由其数值孔径（numerical aperture，简写为 N. A.）决定，每个物镜的数值孔径都标注在物镜的外壳上，数值孔径越大，物镜的性能越好。根据物镜放大率的高低，可分为低倍镜（指 1×～25×，N. A. 值为 0.04～0.40）、高倍镜（指 25×～63×，N. A. 值为 0.35～0.95）和油镜（指 90×～100×，N. A. 值为 1.25～1.40）。

（3）聚光器：聚光器安装在载物台下，可分为明视场聚光器和暗视场聚光器，作用是将反光镜反射来的光线聚焦于标本上，增强照明度，以获得明亮清晰的物像。聚光器可上下调节，其上的虹彩光圈可随意调整透进光的强弱，合理调节聚光器的高度和光圈的大小可得到适当的光照和清晰的图像。

（4）反光镜：反光镜装在镜座上，有平、凹两面，光源为自然光时用平面镜，光源为灯光时用凹面镜。它可自由转动方向，将光线反射到聚光器上。

（5）滤光片：滤光片有紫、青、蓝、绿、黄、橙、红等各种颜色，分别可透过不同波长的可见光，如只需某一波长的光时，选用适当的滤光片，可提高分辨率，增加图像的反差和清晰度。

（二）油镜提高分辨率的原理

显微镜的性能取决于物镜的分辨率 δ，分辨率即是能分辨两点之间的最小距离的能力。分辨率与数值孔径成正比，与波长成反比。通过增大数值孔径，缩短波长可提高显微镜的分辨率，使目的物的细微结构更清晰。然而，可见光的波长不可能缩短，只有靠增大数值孔径来提高分辨率。

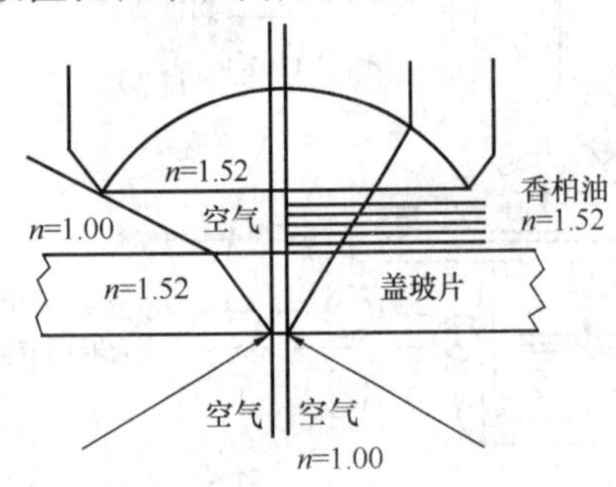

图 13-2 不同介质的折射率

物镜的数值孔径 N. A. $=n\cdot\sin\alpha/2$，即玻片与物镜之间的折射率乘上光线投射到物镜上的最大夹角的一半的正弦。光线投射到物镜的角度越大，显微镜的效能越好，该角度的大小决定于物镜的直径和焦距，且其最大值为 1。可见通过提高镜口角对显微镜分辨率的提高作用不大。n 为折射率，对物镜的数值孔径有很大的影响，空气、水和香柏油的折射率分别为 1、1.33 和 1.52（图 13-2）。当光线入射 $\alpha/2=60°$时，$\sin\alpha/2=0.87$，则以空气、水、香柏油为介质时，物镜的数值孔径分别按下式计算：

以空气为介质：N. A. ＝1×0.87＝0.87

以水为介质：N. A. ＝1.33×0.87＝1.16

以香柏油为介质：N. A. ＝1.52×0.87＝1.32

油镜可提高分辨率，主要是通过增大介质折射率，间接提高镜口角，导致最小可见结构降低来完成。

三、实验器材及材料

普通光学显微镜、擦镜纸、软布、香柏油、二甲苯、细菌染色标本片。

四、实验步骤

1. 准备工作

从镜柜或镜箱内取出显微镜时，置于试验台上，使显微镜调至工作状态，调节反光镜使视野亮度均匀。

2. 低倍镜观察

(1) 将标本片置于载物台上，有盖玻片的一面朝上，用标本夹夹住，移动推动器，使被观察的标本处于物镜正下方。

(2) 转动粗调节旋钮，上升载物台，将物镜调至接近标本处，用目镜观察并同时用粗调节旋钮慢慢升起镜筒，直至物像出现并清晰为止。

(3) 用推动器移动标本片，选择最佳观察视野。

3. 高倍镜观察

在低倍镜下找到合适的观察视野后，将高倍镜转至镜筒下方，调节光圈和聚光器，使光线亮度适中，缓慢调节细调节旋钮，直至获得清晰的物像，利用推进器选择最佳视野观察并记录结果。

4. 油镜观察

(1) 在高倍镜或低倍镜下获得最佳观察视野后，用粗调节旋钮将镜筒提升约 2cm，将油镜转至镜筒正下方。

(2) 在标本镜检部位滴加一滴香柏油。

(3) 从侧面注视，用粗调节器调节至影像刚出现，再用细调节器微调至图像清晰为止，记录其观察结果。

5. 显微镜的清洁与收藏

观察完毕，下降载物台，将油镜头转出，先用擦镜纸擦去镜头上的油，再用擦镜纸蘸少许二甲苯，擦去镜头上残留油迹，再用擦镜纸擦去残留的二甲苯。

清洁完毕，将各部分还原，转动物镜转换器，使显微镜成休息状态，罩好镜罩，放回原处。

五、思考题

1. 如何区别显微镜的低倍镜、高倍镜和油镜?

2. 油镜和高倍镜在使用时应注意哪些问题?

3. 使用油镜时在载玻片与镜头之间滴加什么油? 起什么作用?

实验 2　微生物的显微直接计数

一、目的要求

1. 了解血球计数板的构造和使用方法。

2. 掌握使用血球计数板进行微生物计数的方法。

二、基本原理

显微镜直接计数法是将少量待测样品的悬浮液置于一种特制的具有确定面积和容积的载玻片(计数板)上，于显微镜下直接计数的一种简便、快速、直观的方法。在微生物实验室中，一般采用细菌计数板进行细菌计数，采用血球计数板进行酵母菌或霉菌孢子的计数。两种计数板的原理和部件相同，只是细菌计数板较薄，可使用油镜观察，而血球计数板较厚，不能使用油镜观察。

血球计数板是一块特制的厚型载玻片。载玻片上有四条槽构成三个平台，中间的平台较宽，中央有一短横槽将其分成两半，每个半边各有一个方格网（图 13-3）。每个方格网共分九大格，其中间的一大格称为计数室，计数室的刻度有两种：一种计数室分 25 个中格，每个中格再分成 16 个小格；另一种计数室分 16 个中格，每个中格再分成 25 个小格（图 13-4B）。两种构造的共同特点是，计数区都由 400 个小格组成。

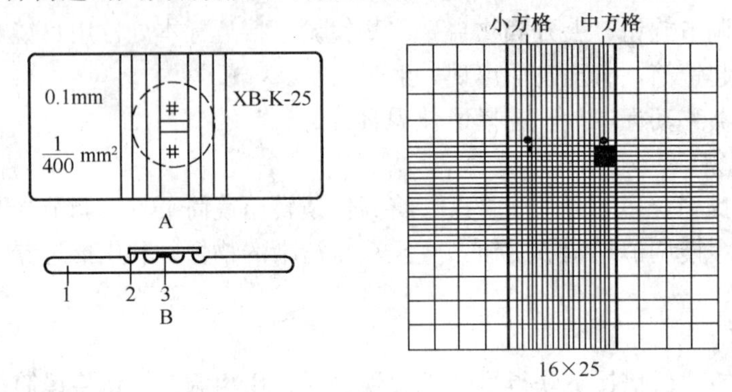

图 13-3　血球计数板的构造

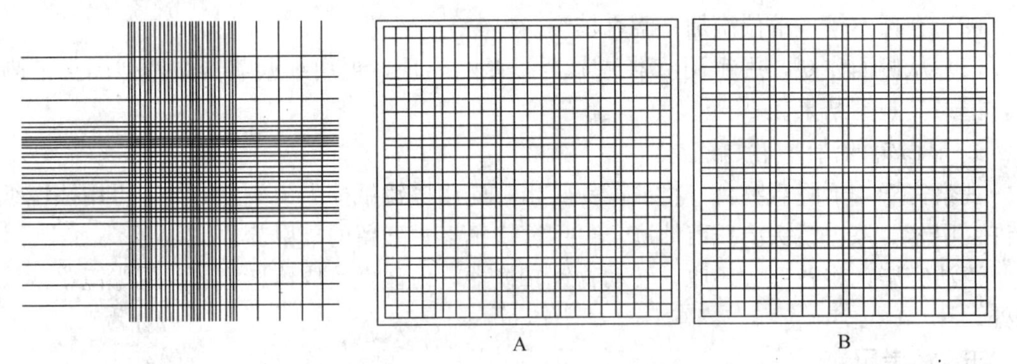

图 13-4　血球计数板的计数区

计数区边长 1mm，面积 $1mm^2$，每个小格的面积 $1/400mm^2$。盖上盖玻片后，计数室的高度 0.1mm，计数室体积 $0.1mm^3$，每个小格的体积 $1/4000mm^3$。使用血球计数板计数时，首先要测定每个小格中的微生物数量，再换算成每毫升菌液中的微生物数量。显微镜直接计数法测得的菌体数量是菌体总数，它不能区分活菌体和死菌体。

三、实验器材

1. 菌种：啤酒酵母（Saccharomyces cerevisiae）液体培养物。

2. 仪器及相关用品：显微镜、香柏油、二甲苯（或 1∶1 的乙醚酒精溶液）、擦镜纸、血球计数板。

3. 其他用品：盖玻片、吸水纸、酒精灯、火柴、接种环、镊子、无菌滴管、无菌移液管、试管、无菌水。

四、实验步骤

1. 样品稀释：视待测菌悬液浓度，加无菌水稀释至适当浓度，以每小格的菌数能被计数（每小格 4～5 个菌体）为度（图 13-5）。

2. 安放血球计数板：取一块清洁的血球计数板，置于显微镜载物台上，在计数室上面加上一块盖玻片。

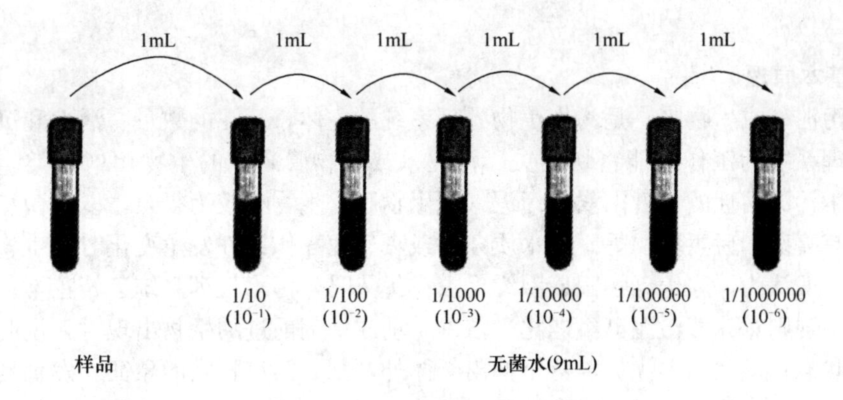

图 13-5 加无菌水稀释样品

3. 加菌液：取适当稀释度的菌液，摇匀，用滴管吸取菌液，在盖玻片边缘滴一小滴（不宜过多），让菌液自行渗入，计数室内不得有气泡。

4. 镜检：静止 5min 后，先用低倍镜找到计数的大方格，并将计数室移至视野中央。再换高倍镜观察，看清小格。

5. 计数：随机挑选五个中格（挑选四个位于角落的中格和一个中央的中格；或者沿对角线挑选五个中格），计数其中的菌体数量。由于菌体处在不同的空间位置，只有在不同的焦距下才能看到，观察时需不断调节微调控制钮，以计数全部菌体。

6. 计算：先求出每个中格中的菌体平均数，再乘以中格个数、换算系数和稀释倍数。

$$酵母菌细胞数（mL）=\frac{X_1+X_2+X_3+X_4+X_5}{5}\times 25（或 16）\times 10\times 100\times 稀释倍数$$

7. 实验报告：记录计数结果并计算每毫升菌液中的酵母菌细胞数。

五、注意事项

1. 加酵母菌液时，添加量不宜太多，不能产生气泡。

2. 酵母菌无色透明，计数时宜调暗光线。

3. 为了避免重复计数或遗漏计数，遇到压在方格线上的菌体，一般将压在底线和右侧线上的菌体计入本格内；遇到有芽体的酵母时，如果芽体和母体同等大小，按两个酵母菌体计数。

4. 血球计数板使用后，用水冲洗干净，切勿用硬物洗刷或抹擦，以免损坏网格刻度。

六、思考题

1. 根据你的实验体会，说说用血球计数板进行微生物计数时，哪些步骤易造成误差？如何避免？

2. 在滴加菌液时，为什么要先置盖玻片，然后滴加菌液？能否先加菌液再置盖玻片？

实验 3 活性污泥生物相的观察

一、目的要求

1. 学习观察活性污泥（或生物膜）及其生物相的方法。

2. 初步掌握根据活性污泥（或生物膜）及其生物相，推断污水生物处理系统工作状态的技能。

二、基本原理

活性污泥（或生物膜）是污水生物处理系统的主体，污泥的数量、活性和沉降性直接与生物处理系统的工作效能密切相关。污泥（或生物膜）中的生物相（种类、丰度、状态）是赋予污泥活性的关键因素。污泥（或生物膜）生物相较为复杂，以细菌和原生动物为主，也有真菌和后生动物等。当水质条件或曝气池操作条件发生变化时，生物相也会随之变化。一般认为，原生动物固着型纤毛虫占优势时，污水处理系统运转正常；后生动物轮虫大量出现则意味着污泥已经老化；缓慢游动或匍匐前进的生物出现时，说明污泥正在恢复正常状态；丝状菌占优势，甚至伸出絮体外，则是污泥膨胀的象征。发育良好的污泥具有一定形状，结构稠密，沉降性能好。因此，观察活性污泥絮体及其生物相，可初步判断生物处理系统的运转状况，有助于及时采取调控措施，保证生物处理系统稳定运行。

三、实验器材

1. 样品：取自城市污水处理厂的活性污泥（或生物膜）（至少两种）。

2. 染色液：苯酚复红染色液。

3. 仪器及相关用品：显微镜、香柏油、二甲苯（或1∶1的乙醚酒精溶液）、擦镜纸、微型动物计数板、目镜测微尺、台镜测微尺。

4. 其他用品：载玻片、盖玻片、吸水纸、酒精灯、火柴、接种环、镊子、滴管。

四、实验步骤

（一）制片镜检

1. 样品准备

取曝气池活性污泥或生物滤池生物膜。在观察活性污泥时，若曝气池混合液中的活性污泥较少，可先沉淀浓缩；若污泥较多，可先加水稀释。在观察生物膜时，则用镊子从填料上刮取一小块生物膜样品，加蒸馏水稀释，制成菌液，其他操作与观察活性污泥相同。

2. 制作样片

（1）水浸片：用滴管取制好的污泥混合液一滴，放在洁净的载玻片中央，盖上盖玻片，制成活性污泥标本。加盖玻片时，先使盖玻片的一边接触样液，然后轻轻放下，以免产生气泡，影响观察。

（2）染色片：用滴管取制好的污泥混合液一滴，放在洁净的载玻片中央，自然干燥（或在酒精灯上稍微加热干燥），固定，加苯酚复红染色液染色1min，水洗，用吸水纸吸干。

3. 水浸片观察

（1）低倍镜观察：观察活性污泥及其生物相全貌，注意污泥絮粒大小，结构松紧程度；观察菌胶团细菌和丝状细菌的分布状况；观察微型动物的形态及其活动状况（图13-6）。

（2）高倍镜观察：观察活性污泥中菌胶团与污泥絮粒之间的联系；观察菌胶团细菌和丝状细菌的形态特征，注意两者之间的相对数量；观察微型动物的结构特征，注意微型动物的外形和内部结构。

4. 染色片观察

（1）低倍镜观察：在视野中找到丝状细菌并移至中央。

（2）高倍镜观察：观察丝状细菌的形态特征。

（3）油镜观察：观察丝状细菌的假分支与衣鞘，菌体在衣鞘内的排列情况，菌体内的贮藏物质。

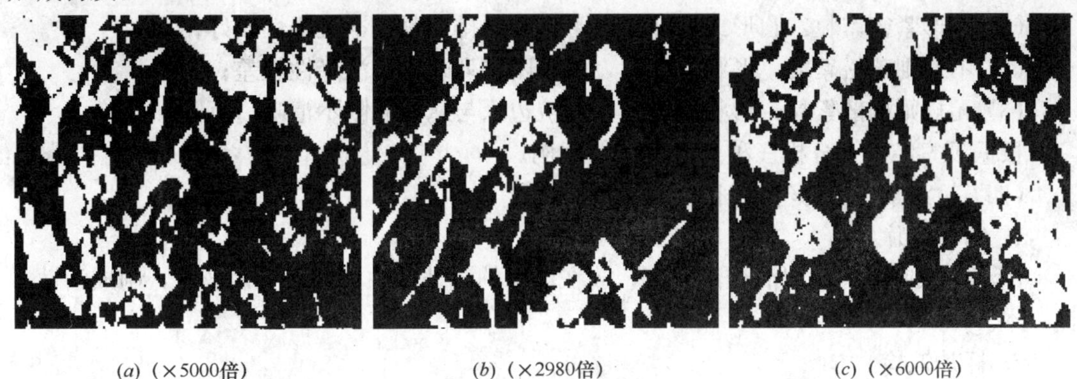

(*a*)（×5000倍）　(*b*)（×2980倍）　(*c*)（×6000倍）

(*d*)（×3000倍）　(*e*)（×3000倍）

图 13-6　活性污泥生物相电镜照片

（二）污泥絮粒大小测定

1. 制作样片

用滴管取制好的曝气池混合液一滴，放在洁净的载玻片中央。

2. 测定絮粒直径

随机取视野中 50 颗絮粒，用经校正的目镜测微尺测量絮粒直径。

3. 污泥絮粒分级

按平均直径，污泥絮粒可分成三个粒级：

（1）大粒污泥：絮粒平均直径$>500\mu m$；

（2）中粒污泥：絮粒平均直径 $150\sim500\mu m$；

（3）细粒污泥：絮粒平均直径$<150\mu m$。

根据絮粒直径，计算三个粒级所占的比例。

（三）污泥絮粒形状和结构分析

1. 制作样片

用滴管取制好的污泥混合液一滴，放在洁净的载玻片中央。

2. 观察絮粒形状和结构

随机取视野中 50 颗絮粒，用低倍或高倍镜观察污泥絮粒的形状和结构。

3. 污泥絮粒分型

按形状和结构，污泥絮粒可分成三种类型：

(1) 圆形紧密絮粒：圆形或近似圆形，菌胶团排列紧密，沉降性较好；

(2) 不规则疏松絮粒：形状不规则，菌胶团排列疏松，沉降性较差；

(3) 无规则松散絮粒：形状无规则，絮粒边缘与悬液界限不清晰，沉降性极差。

根据观察结果，分析三种类型所占的比例。

(四) 污泥絮粒中的丝状细菌数量测定

1. 制作样片

用滴管取制好的污泥混合液一滴，放在洁净的载玻片中央，盖上盖玻片，制成活性污泥标本。

2. 标片镜检

随机选择视野，用低倍、高倍和油镜观察污泥絮粒中的丝状细菌数量。

3. 丝状细菌数量分级

按活性污泥中丝状细菌与菌胶团细菌的比例，将丝状细菌分成五个等级：

(1) 0 级：污泥絮粒中几乎看不到丝状细菌；

(2) ＋－级：污泥絮粒中可见少量丝状细菌；

(3) ＋级：污泥絮粒中存在一定数量的丝状细菌，但总量少于菌胶团细菌；

(4) ＋＋级：污泥絮粒中存在大量丝状细菌，总量与菌胶团细菌大致相等；

(5) ＋＋＋级：污泥絮粒以丝状细菌为骨架，数量超过菌胶团细菌。

根据观察结果，判断样品所属的丝状细菌数量等级。

(五) 微型动物计数

1. 取样

用洁净滴管，取一滴 (1/20mL) 污泥混合液到计数板中央的方格内，加上一块洁净的大号盖玻片，使其四周正好搁在计数板凸起的边框上 (图 13-7)。

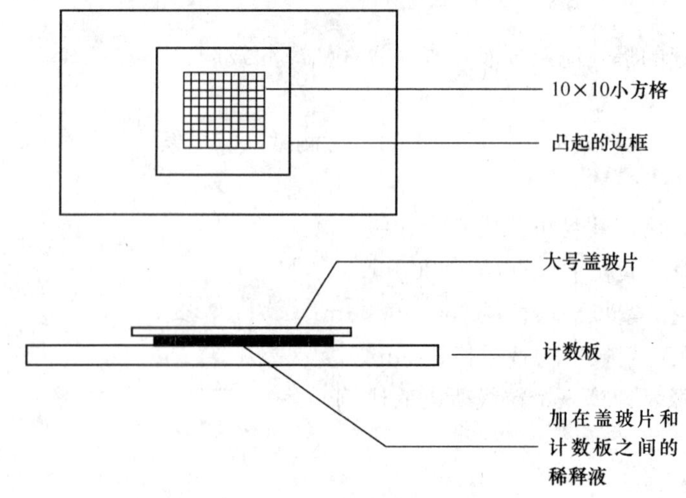

图 13-7 微型动物计数板

2. 计数

所加的污泥混合液不一定补满 100 个小方格，因此用低倍镜进行计数时，只需计数存在污泥混合液的小方格。而遇到群体，则须将群体中的个体逐个计数。

3. 计算

假设在稀释一倍的一滴污泥混合液中，测得钟虫 50 只，则每毫升活性污泥混合液含钟虫数为：50×20×2=2000 只。

五、注意事项

1. 在观察污泥絮粒的形状和大小时，可先加水稀释或用水洗涤，否则絮粒粘连在一起，不易测定。

2. 在观察污泥絮粒中的丝状细菌数量时，应注意它们与菌胶团细菌的相对比例。

六、问题与思考

根据观察情况，评价污水生物处理装置中活性污泥质量及其运行情况。

实验 4　细菌的革兰氏染色法

一、目的要求

了解革兰氏染色法的原理及其在细菌分类鉴定中的重要性，并初步掌握革兰氏染色法。

二、实验原理

革兰氏染色法是 1884 年由丹麦病理学家 Hans Christain Gram 创立的，而后一些学者在此基础上作出了某些改进。革兰氏染色法是细菌学中最重要的鉴别染色法。

革兰氏染色法的基本步骤是：先用初染剂洁晶紫进行染色，再用碘液媒染，然后用乙醇（或丙酮）脱色，最后用复染剂（如番红）复染（图 13-8）。经此方法染色后，细胞保留初染剂蓝紫色的细菌为革兰氏阳性菌；如果细胞中初染剂被脱色剂洗脱而使细菌染上复染剂的颜色（红色），该菌属于革兰阴性菌。

革兰氏染色法将细菌分为革兰氏阳性和革兰氏阴性，是由这两类细菌细胞壁的结构和组成不同决定的。实际上，当用结晶紫初染后，像简单染色法一样，所有细菌都被染成初染剂的蓝紫色。碘作为媒染剂，它能与结晶紫结合成结晶紫-碘的复合物，从而增强了染料与细菌的结合力。当用脱色剂处理时，两类细菌的脱色效果是不同的。革兰氏阳性细菌的细胞壁主要由肽聚糖形成的网状结构组成，壁厚、类脂质含量低。用乙醇（或丙酮）脱色时细胞壁脱水，使肽聚糖层的网状结构孔径缩小，透性降低，从而使结晶紫-碘的复合物不易被洗脱而保留在细胞内，经脱色和复染后仍保留初染剂的蓝紫色。革兰氏阴性细菌则不同，由于其细胞壁肽聚糖层较薄、类脂含量高，所以当脱色处理时，类脂质被乙醇（或丙酮）溶解，细胞壁透性增大，使结晶紫-碘的复合物比较容易被洗脱出来，用复染剂复染后，细胞被染上复染剂的红色。

革兰氏染色反应是细菌重要的鉴别特征，为保证染色结果的正确性，采用规范的染色方法是十分必要的。本实验将介绍被普遍采用的 Hucker 改良的革兰氏染色法。

三、实验器材

1. 菌种：大肠杆菌约 24h 营养琼脂斜面培养物，金黄色葡萄球菌约 24h 营养琼脂斜面培养物，蜡样芽孢杆菌 12～20h 营养琼脂斜面培养物。

2. 染色剂：革兰氏染色剂。

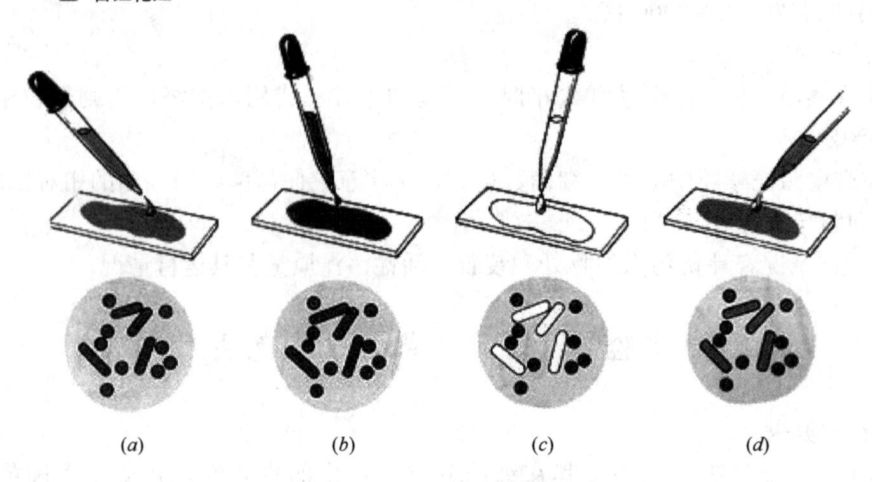

图 13-8　革兰氏染色

（a）用紫色染料结晶紫染色；（b）用碘液媒染；（c）用酒精脱色；（d）用番红复染

3. 仪器或其他用具：显微镜、酒精灯、载玻片、接种环、双层瓶（内装香柏油和二甲苯）、擦镜纸、生理盐水等。

四、实验步骤

1. 制片：取菌种培养物常规涂片、干燥、固定。要用活跃生长期的幼培养物作为革兰氏染色；涂片不宜过厚，以免脱色不完全造成假阳性；火焰固定不宜过热（以玻片不烫手为宜）。

2. 初染：滴加结晶紫（以刚好将菌种膜覆盖为宜）染色 1～2min，水洗。

3. 媒染：用碘液冲去残水，并用碘液覆盖约 1min，水洗。

4. 脱色：用滤纸吸去玻片上的残水，将玻片倾斜，在白色背景下，用滴管流加 95%的乙醇脱色，直至流出的乙醇无紫色时，立即水洗。

革兰氏染色结果是否正确，乙醇脱色是革兰氏染色操作的关键环节。脱色不足，阴性菌被误染成阳性菌，脱色过度，阳性菌被误染成阴性菌。脱色时间一般约 20～30s。

5. 复染：用番红液复染约 2min，水洗。

6. 镜检：干燥后，用油镜观察。

菌体被染成蓝紫色的是革兰氏阳性菌，被染成红色的为革兰阴性菌。

7. 混合涂片染色：按上述方法，在同一载玻片上，以大肠杆菌和蜡样芽孢杆菌或大肠杆菌和金黄色葡萄球菌样作混合涂片、染色、镜检进行比较。

五、思考题

1. 哪些环节会影响革兰氏染色结果的正确性？其中最关键的环节是什么？

2. 现有一株细菌宽度明显大于大肠杆菌的粗壮杆菌，请鉴其革兰氏染色反应。怎样运用大肠杆菌和金黄色葡萄球菌为对照菌株进行涂片染色，以证明实验的染色结果正确？

3. 试验的革兰氏染色结果是否正确？如果不正确，请说明原因。

4. 进行革兰氏染色时，为什么特别强调菌龄不能太老？用老龄细菌染色会出现什么问题？

5. 革兰氏染色时，初染前能加碘液吗？乙醇脱色后复染之前，革兰氏阳性菌和革兰阴性菌应分别是什么颜色？

6. 革兰氏染色中，哪一个步骤可以省去而不影响最终结果？在什么情况下可以采用？

实验5 培养基的制备及玻璃器皿的包扎灭菌

一、实验目的

1. 熟悉玻璃器皿的洗涤和灭菌前的准备工作。
2. 掌握培养基制备的一般方法和步骤。
3. 了解高压蒸汽灭菌的基本原理及应用范围。
4. 掌握高压蒸汽灭菌的方法。

二、实验原理

培养基是人工配制的适合微生物生长的一种营养基质，通常含有水分、碳源、氮源和无机盐等营养物质。微生物培养基种类很多，按培养基成分的来源可分成天然培养基、合成培养基和半合成培养基；按培养基的物理状态可分为固体培养基、半固体培养基和液体培养基，在液体培养基中加入凝固剂即制成固体培养基，通常固体培养基加1.5%～2.0%的琼脂，半固体加0.3%～0.5%的琼脂；培养基需要根据培养目的和待培养微生物的生理生化特性来配制。

配制好的培养基因含多种微生物，需立即灭菌，如不能及时灭菌，应放在冰箱中暂时保存，以防止微生物生长繁殖消耗养分和改变培养基的酸碱度，而导致培养基的性质发生变化。

灭菌是指杀死或除去特定环境中的所有微生物（包括芽孢和孢子）的过程。消毒是用物理或化学的方法杀死物体上的绝大部分微生物（主要是病原微生物和有害微生物）。消毒实际上是部分灭菌。在微生物实验中，为防止污染，必须对所用仪器、材料、培养基和工作场所进行严格的消毒和灭菌，常用的是高温灭菌。

高温灭菌有干热灭菌和湿热灭菌两类，一般湿热灭菌比干热灭菌效果好。干热灭菌有火焰灼烧和热空气灭菌（160～170℃）两种，火焰灼烧灭菌适合于接种环、接种针和金属镊子等，干热灭菌通常用作玻璃器皿，如培养皿、刮铲、吸管等的灭菌。湿热灭菌有四种：

1. 高压蒸汽灭菌（121℃，20～30min），适合于培养基、工作服和橡皮物品等的灭菌。

2. 常压蒸汽灭菌（100℃，30min，每天一次，间隔期间放置于28℃培养，重复三次），明胶培养基、牛乳培养基和含糖培养基均可采用此法。

3. 煮沸消毒法（煮沸10～15min），适合于注射器、解剖器械等的消毒，若延长时间并在水中加入1%碳酸氢钠或2%～5%苯酚，效果更佳。

4. 超高温杀菌（简称UHTS，135～150℃，2～8s），适于对牛乳或其他液态食品进行处理，使灭菌制品的营养成分破坏降低到最小限度。

三、实验器材

1. 高压蒸汽灭菌锅、烘箱、酒精灯、天平、电炉、三脚架。

2. 培养皿、试管、移液管、三角瓶、烧瓶、玻璃珠、滴定台、漏斗。

3. 纱布、棉花、牛皮纸（或报纸）、精密 pH 试纸（pH 范围为 6.4～8.4）。

4. 10%HCl、10%NaOH 溶液、牛肉膏、蛋白胨、马铃薯、蔗糖、可溶性淀粉、氯化钠、硝酸钾、磷酸氢二钾、硫酸镁、硫酸亚铁、琼脂、蒸馏水。

四、实验步骤

（一）准备工作

1. 玻璃器皿的包装

（1）移液管的包装：在移液管的上端用细钢丝塞入少许棉花（注意：勿用脱脂棉），构成 1～1.5cm 长的棉塞（以防止操作过程中将细菌吸入口中或将口中细菌吸入管内）。棉塞要塞得松紧适宜，吹时以能通气又不致使棉花滑入管内为准。将塞好棉花的移液管的尖端放在 4～5cm 宽的长纸条的一端，移液管与纸条约成 30°夹角，折叠包装纸包住移液管的尖端，用左手将移液管压紧，在桌面上向前搓转，纸条螺旋式地包在移液管外面，余下纸头折叠打结。按实验需要，可单支包装也可多支包装，待灭菌。

（2）培养皿的包装：用牛皮纸或报纸将几套培养皿包成一包，或者将几套培养皿直接置于铝盒内，加盖，待灭菌。

2. 棉塞的制作、试管和锥形瓶的包扎

按试管口或锥形瓶口的大小估计用棉量，将棉花铺成中心厚、周围逐渐变薄的圆形，对折后卷成卷，一手握粗端，将细端塞入试管或锥形瓶口内，棉塞不宜过松或过紧，用手提塞棉，以管、瓶不掉下为准（图 13-9）。棉塞四周应紧贴管壁和瓶壁，不能有皱折，以防空气中的微生物沿棉塞皱折处侵入，棉塞插入 2/3，其余部分留在管口（或瓶口）处，便于拔塞。试管、锥形瓶塞好棉塞后，用牛皮纸包好并用细绳或橡皮筋捆扎好待灭菌。

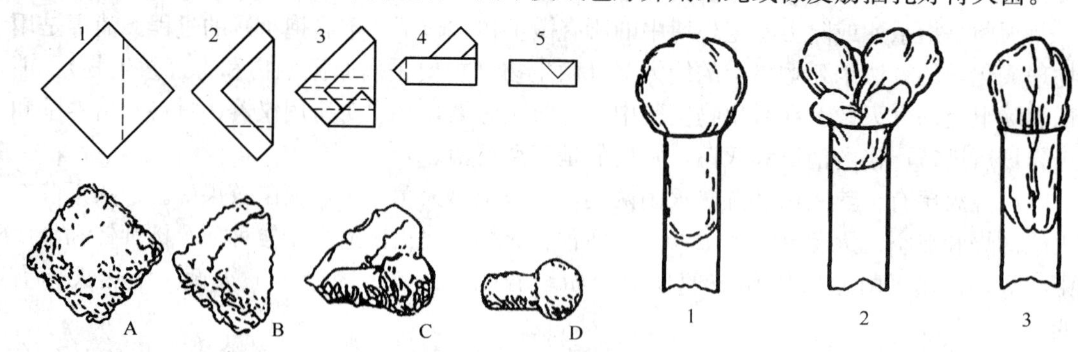

图 13-9　棉塞的制作

（二）培养基的制备

1. 计算

按照配方计算出各组分的用量。

2. 称量、配制

取一定容量的烧杯盛入定量无菌水，按所需培养基的配方逐一称取各种成分，依次加入水中溶解。蛋白胨、牛肉膏等可加热促进溶解，待全部溶解后，加水补足因加热蒸发的水量。注意：在制备固体培养基加热融化琼脂时要不断搅拌，避免琼脂糊底烧焦。

3. 调节 pH 值

用精密 pH 试纸测定培养基的 pH 值，按所需 pH 值的要求用10%的 NaOH 或 10%的 HCl 调整至所需值。

4. 过滤、包装

用纱布或滤纸棉花过滤均可。如果培养基杂质很少或实验要求不高，可不过滤。

按图 13-10 所示，将培养基分装于试管中或锥形瓶中（注意防止培养基沾污管口或瓶口，避免浸湿棉塞，引起杂菌污染），装入试管的培养基量视试管的大小及需要而定，一般制作斜面培养基时，每支试管装的量为试管高度的 1/4～1/3。

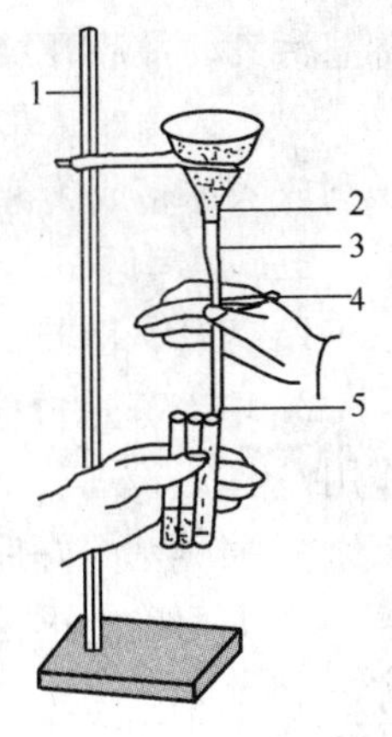

图 13-10 培养基分装装置

1—铁架；2—漏斗；3—乳胶管；4—弹簧夹；5— 玻璃管

5. 斜面培养基的制作

将已灭菌的装有琼脂培养基的试管取出，趁热斜置在木棒（或橡皮管）上，使试管内的培养基斜面长度为试管长度的 1/3～1/2 之间，待培养基凝固后即成斜面（图 13-11）。

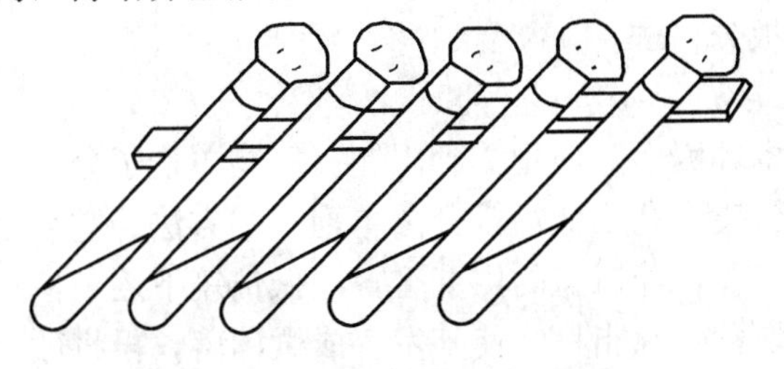
图 13-11 置换成斜面的试管

（三）无菌水的制备

取一个 250mL 的锥形瓶装 90mL（或99mL）蒸馏水，并放入 30 颗玻璃珠，另取 5 支试管，分别装 9mL 蒸馏水，塞棉塞，包扎好，待灭菌。

（四）灭菌

1. 干热灭菌

将培养皿、移液管、刮铲等玻璃器皿放入烘箱中，打开电源。当温度上升到 160～170℃时，开始计时，维持 2～3h 后关闭电源，待其温度降至 50℃左右时，再打开烘箱门，取出灭菌物品。

2. 高压蒸汽灭菌

（1）加水：立式锅是直接加水至锅内底部隔板以下 1/3 处，有加水口者由加水口加入至止水线处。

（2）装锅：把需灭菌的器物放入锅内（请注意：器物不要装的太满，否则灭菌不彻底），盖好锅盖，将螺旋柄拧紧（对角式均匀拧紧螺旋），打开排气阀。

（3）灭菌：开启电源，待锅内水沸腾后，蒸汽将锅内冷空气驱净，当温度计指针指向100℃时，证明锅内已充满蒸汽，则关排气阀。如果没有温度计，则视排气阀排出蒸汽相当猛烈且微带蓝色时（一般在维持排气 5min 之后），可关闭排气阀。关闭排气阀以后，待压力达到 0.1MPa，温度为 121℃时，开始计时，维持 30min 后，切断电源。

灭菌压力的选择，应视具体灭菌物品而定，如草炭、土壤等则可在压力升至 0.14～0.15MPa 后定时保压。

达到灭菌时间后停止加热，自然冷却，当压力降至 0.025MPa 以下后，可打开排气阀排除余汽。注意，切勿过早打开排气阀，否则培养基会因压力突降而使培养基沸腾，造成棉塞污染。最后开启锅盖，取出器物，排掉锅内余水。

(4) 灭菌效果检查与保存：待培养基冷却后，置于37℃恒温箱内培养24h，若无菌生长则放入冰箱或阴凉处保存备用。

五、思考题

1. 为什么湿热比干热灭菌优越?

2. 培养基是根据什么原理配制而成? 肉膏蛋白胨琼脂培养基中不同成分各起什么作用?

3. 培养基配好后，为什么必须立即灭菌后才能使用或保存?

4. 如何确定灭菌后的培养基是无菌的?

实验6 微生物的纯种分离

一、目的要求

掌握倒平板的方法和几种分离纯化微生物的基本操作技术。

二、实验原理

从混杂的微生物群体中获得只含有某一种或某一株微生物的过程称为微生物的分离与纯化。常用的方法有简易单细胞挑取法和平板分离法。

1. 简易单细胞挑取法

它需要特制的显微操纵器或其他显微技术，因而其使用受到限制。简易单孢子分离法是一种不需显微单孢操作器，直接在普通显微镜下利用低倍镜分离单孢子的方法。它采用很细的毛细管吸取较稀的萌发的孢子悬浮液滴在培养皿盖的内壁上，在低倍镜下逐个检查微滴。将只含有一个萌发孢子的微滴放一小块营养琼脂片，使其发育成微菌落，再将微菌落转移到培养基中，即可获得仅由单个孢子发育而成的纯培养。

2. 平板分离法

该方法操作简便，普遍用于微生物的分离与纯化。其基本原理包括以下两方面：

(1) 选择适合于待分离微生物的生长条件，如营养、酸碱度、温度和氧等，或加入某种抑制剂造成只利于该微生物生长而抑制其他微生物生长的环境，从而淘汰一些不需要的微生物。

(2) 微生物在固体培养基上生长形成的单个菌落可以是由一个细胞繁殖而成的集合体。因此，可通过挑取单菌落而获得一种纯培养。获取单个菌落的方法可通过稀释涂布平板或平板划线等技术完成。

值得指出的是从微生物群体中经分离生长在平板上的单个细菌并不一定保证是纯培养。因此，纯培养的确定除观察其菌落特征外，还要结合显微镜检测个体形态特征后才能确定，有些微生物的纯培养要经过一系列的分离与纯化过程和多种特征鉴定方能得到。

土壤是微生物生活的大本营，它所含微生物无论是数量还是种类都是极其丰富的。因此土壤是微生物多样性的重要场所，是发掘微生物资源的重要基地，可以从中分离、纯化得到许多有价值的菌株。

三、实验器材

1. 无菌培养皿（直径90cm）10套、无菌移液管1mL2支、10mL1支。

2. 营养琼脂培养基 1 瓶、活性污泥或土壤或湖水 1 瓶、无菌稀释水 90mL1 瓶、9mL 的 5 管。

四、实验步骤

微生物的纯种分离的方法有：稀释平板法和平板划线法等。

1. 稀释平板法

(1) 取样：用无菌锥形瓶取一定量的活性污泥或土壤或湖水。

(2) 稀释水样：将 1 瓶 90mL 和 5 管 9mL 的无菌水排列好，按 10^{-1}、10^{-2}、10^{-3}、10^{-4}、10^{-5} 及 10^{-6} 依次编号。在无菌操作条件下，用 10mL 的无菌移液管吸取 10mL 水样（或其他样品 10g）置于第一瓶 90mL 无菌水（内含玻璃棒）中，将移液管吹洗 3 次，用手摇 10min 将颗粒状样品打散，即为 10^{-1} 浓度的菌液。用 1mL 无菌移液管吸取 1mL10^{-1} 浓度的菌液于一管 9mL 无菌水中，将移液管吹洗 3 次，摇匀即为 10^{-2} 浓度菌液。同样方法，依次稀释到 10^{-6}。

(3) 平板的制作：取 10 套无菌培养皿编号，10^{-4}、10^{-5}、10^{-6} 各 3 个，1 个为空气对照。取 1 支 1mL 无菌移液管从浓度小的 10^{-6} 菌液开始，以 10^{-6}、10^{-5}、10^{-4} 为序分别吸取 0.5mL 菌液于相应编号的培养皿中（注：每次吸取前，用移液管在菌液中吹泡使菌液充分混匀）。在稀释菌液的同时，将营养琼脂培养基加热融化，待融化的培养基冷却到 45℃左右时，倾注 10～15mL 至上述盛有菌液的培养皿内。培养基倾入后迅速盖上盖皿，平放桌上，轻轻转动，使培养基和稀释菌液充分混合，冷却后，即成平板。将培养皿倒置于 30℃的恒温箱中培养 48h，观察有无菌落长出。

取“对照”的无菌培养皿，倒平板待凝固后，打开皿盖 10min 盖上皿盖，倒置于 30℃恒温箱中培养，48h 后观察结果。

2. 平板划线分离法

(1) 平板的制作：将融化并冷却至 50℃的营养琼脂培养基 10～15mL 倒入无菌培养皿内，使凝固成平板。

(2) 划线：以无菌操作，右手持经酒精灯灭菌冷却的接种环挑一环活性污泥（或土壤悬液）。同时左手持培养皿，以中指、无名指和小指托住皿底，拇指和食指夹住皿盖稍倾斜，左手拇指和食指将皿盖掀起半开，右手将接种环伸入培养皿内，在平板上轻轻划线（切勿划破培养基），划线的方式可取图 13-12 任何一种。划线完毕盖好皿盖，倒置，于 30℃恒温箱中培养 48h 后观察结果。

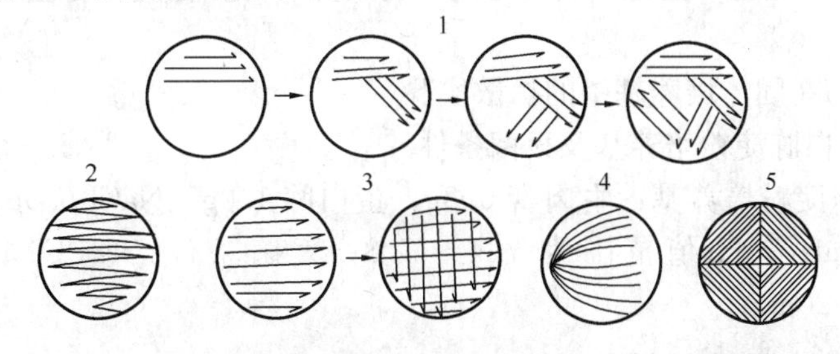

图 13-12　平板划线分离法

五、思考题

1. 分离活性污泥为什么要稀释？

2. 用一根无菌移液管接种几种浓度的水样时，应从哪个浓度开始？为什么？

3. 为什么要将培养皿倒置培养？

实验7 细菌淀粉酶的测定

一、实验目的

了解淀粉酶的作用特点，掌握测定方法。

二、实验原理

淀粉酶是指一类能催化、水解淀粉分子中糖苷键的酶的总称，主要包括 α-淀粉酶、β-淀粉酶、糖化酶和异淀粉酶等。本实验为淀粉酶的定性测定，活性污泥混合液中的淀粉酶将淀粉水解为糊精（或其他淀粉的水解物），淀粉遇碘呈蓝色，随着蓝色逐渐消失而成为棕色反应物，这时可根据淀粉酶作用后淀粉溶液与碘反应时蓝色物消失的速度，来衡量酶活力的大小。细菌淀粉酶在固体培养基中的扩散实验是利用点种法判断该细菌是否产生淀粉酶。

三、实验器材

高压蒸汽灭菌器、培养皿、试管、锥形瓶、烧杯、量筒、药物天平、培养箱、接种环、培养基、水浴锅、枯草杆菌、大肠杆菌、活性污泥等。

四、实验步骤

1. 活性污泥混合液中的淀粉酶活性的测定

按表 13-1 所示顺序在试管中加入各种物质。

活性污泥混合液中的淀粉酶活性的测定 **表 13-1**

试管编号	1	2	3	4（对照）
活性污泥（mL）	5	10	15	0
水（mL）	10	5	0	15
淀粉溶液（滴）	4	4	4	4
革氏碘液（滴）	4	4	4	4

将试管中的各种溶液混合均匀，记录起始时间（加入碘液算起），当加入碘液后，4 支试管中的液体全呈蓝色，蓝色褪去的时间即为终点。计算各试管褪色所需要的时间，分析说明问题。

2. 细菌淀粉酶在固体培养基中的扩散实验

（1）牛肉膏蛋白胨淀粉培养基及灭菌条件

牛肉膏蛋白胨淀粉培养基：牛肉膏 0.3g，蛋白胨 1.0g，NaCl 0.5g，淀粉 0.2g，琼脂 2.0g，水 100mL，pH 值范围为 7.4～7.8；灭菌条件：121℃（相对蒸汽压力 0.105MPa），15～20min。

（2）倒培养基

待上述灭过菌的培养基冷却至 50℃左右时，倒 3 个平板，冷凝后使用。

（3）接种

将上述 3 个平板编号，用接种环分别挑取枯草杆菌、大肠杆菌和活性污泥点种，每个平板点 5 个点，各点分布必须均匀，严格无菌操作。倒置于 37℃恒温培养箱内培养 24～48h。

(4) 观察结果

取出平板，将革氏碘液滴加至菌体周围，观察菌体周围的现象，如发现菌体周围有透明圈，说明该菌（或活性污泥）产生淀粉酶并扩散至周围的培养基中，将培养基中的淀粉水解成遇碘不显色的物质；如滴加碘液后菌体周围呈蓝色，则说明该菌（或活性污泥）不产生淀粉酶，培养基中的淀粉未被水解故遇碘显蓝色。

五、思考题

1. 在活性污泥混合液中的淀粉酶活性的测定中，如果 1 号管中（5mL 活性污泥）的蓝色一直不能褪去，请分析其原因。

2. 观察点种培养的结果并作分析。

实验 8　水中细菌总数的测定

一、目的要求

1. 学习水样的采取方法。

2. 掌握水样细菌总数的测定方法以及平板菌落计数的原则。

二、实验原理

细菌菌落总数（CFU）是指 1mL 水样在相应培养基中，于 37℃培养 24h 后所生长的腐生性细菌菌落总数。它是有机物污染程度的指标，也是卫生指标。在饮用水中所测得的细菌菌落总数除说明水被生活废弃物污染程度外，还指示该饮用水能否饮用。但水源水中的细菌菌落总数不能说明污染的来源。因此，结合大肠菌群数以判断水的污染源的安全程度就更全面。

本实验应用平板菌落计数技术测定水中细菌总数。由于水中细菌种类繁多，它们对营养和其他生长条件的要求差别很大，不可能找到一种培养基在一种条件下，使水中所有的细菌均能生长繁殖。因此，以一定的培养基平板上生长出来的菌落，计算出来的水中细菌总数仅是一种近似值。目前一般是采用普通肉膏蛋白胨琼脂培养基。

三、实验器材

1. 培养基：肉膏蛋白胨琼脂培养基、灭菌水。

2. 仪器或其他用具：灭菌三角烧瓶、灭菌的带玻璃塞瓶、灭菌培养皿、灭菌吸管、灭菌试管等。

四、实验步骤

1. 水样的采取

(1) 自来水水样的采取：先将自来水龙头用火焰烧灼 3min 灭菌，再开放水龙头使水流 5min 后，以灭菌三角烧瓶接取水样，以待分析。

(2) 池水、河水或湖水水样的采取：应取距水面 10～15cm 的深层水样，先将灭菌的带玻璃塞瓶，瓶口向下浸入水中，然后翻转过来，除去玻璃塞，水即流入瓶中，盛满后，将瓶塞盖好，再从水中取出，最好立即检查，否则需放入冰箱中保存。

2. 细菌总数的测定

(1) 自来水细菌总数的测定

1) 用灭菌吸管吸取 1mL 水样，注入灭菌培养皿中，共做两个平皿。

2) 分别倾注约 15mL 已溶化并冷却到 45℃左右的肉膏蛋白胨琼脂培养基，并立即在桌上作平面旋摇，使水样与培养基充分混匀。

3) 另取一空的灭菌培养基，倾注肉膏蛋白胨琼脂培养基 15mL，作空白对照。

4) 培养基凝固后，倒置于 37℃温箱中，培养 24h，进行菌落计数。

两个平板的平均菌落数即为 1mL 水样的细菌总数。

(2) 池水、河水或湖水等细菌总数的测定

1) 稀释水样。取 3 个灭菌空试管，分别加入 9mL 灭菌水。取 1mL 水样注入第一管 9mL 灭菌水内摇匀，再自第一管取 1mL 至下一管灭菌水内，如此稀释到第三管，稀释度分别为 10^{-1}、10^{-2} 与 10^{-3}。稀释倍数视水样污浊程度而定，以培养后平板的菌落数在 30～300 个之间的稀释度最为合适，若 3 个稀释度的细菌均多到无法计数或少到无法计数，则需继续稀释或减小稀释倍数。一般中等污秽水样，取 10^{-1}、10^{-2}、10^{-3} 三个连续稀释度，污秽严重的取 10^{-2}、10^{-3}、10^{-4} 三个连续稀释度。

2) 自最后 3 个稀释度的试管中各取 1mL 稀释水加入空的灭菌培养皿中，每一稀释度做两个培养皿。

3) 各倾注 15mL 已融化并冷却至 45℃左右的肉膏蛋白胨琼脂培养基，立即放在桌上摇匀。

4) 凝固后倒置于 37℃培养箱中培养 24h。

3. 菌落的计数方法

(1) 先计算相同稀释度的平均菌落数。若其中一个平板有较大片状菌苔生长时，则不应采用，而应以无片状菌苔生长的平板作为该稀释度的平均菌落数。若片状菌苔的大小不到平板的一半，而其余的一半菌落分布又很均匀时，则可将此一半的菌落数乘 2 以代表全平板的菌落数，然后再计算该稀释度的平均菌落数。

(2) 首先选择平均菌落数在 30～300 之间的，当只有一个稀释度的平均菌落数符合此范围时，则以该平均菌落数乘其稀释倍数即为该水样的细菌总数，见表 13-2。

菌落的计数方法 **表 13-2**

例次	不同稀释度的平均菌落数			两个稀释度菌落数之比	菌落总数（个·mL^{-1}）	备注
	10^{-1}	10^{-2}	10^{-3}			
1	1365	164	20	—	16400 或 1.6×10^4	两位以后的数字采取四舍五入的方法去掉
2	2760	295	46	1.6	37750 或 3.8×10^4	
3	2890	271	60	2.2	27100 或 2.7×10^4	
4	无法计数	1650	513	—	513000 或 5.1×10^5	
5	27	11	5	—	270 或 2.7×10^2	
6	无法计数	305	12	—	30500 或 3.1×10^4	

(3) 若有两个稀释度的平均菌落数均在 30～300 之间，则按两者菌落总数之比值来决定。若其比值小于 1，应取两者的平均数；若大于 1，则取其中较小的菌落总数，见表 13-2例次 2 和例次 3。

(4) 若所有稀释度的平均菌落数均大于300，则应按稀释度最高的平均菌落数乘以稀释倍数，见表13-2例次4。

(5) 若所有稀释度的平均菌落数小于30，则应按稀释度最低的平均菌落数乘以稀释倍数，见表13-2例次5。

(6) 若所有稀释度的平均菌落数均不在30～300之间，则以最接近300或30的平均菌落数乘以稀释倍数，见表13-2例次6。

五、实验结果

将测定的数据填入表13-3和表13-4。

自来水菌落计数表 **表13-3**

平板	菌落数	1mL自来水中细菌总数
1		
2		

池水、河水或湖水等菌落计数表 **表13-4**

稀释度	10^{-1}		10^{-2}		10^{-3}	
平板	1	2	1	2	1	2
菌落数						
平均菌落数						
计算方法						
CFU						

六、思考题

1. 从测定的结果判断，自来水是否符合饮用水标准?

2. 测定CFU有何实际意义?

实验9　水中大肠菌群数的测定

一、目的要求

1. 学习利用多管发酵法和滤膜法测定水中的大肠菌群数量。

2. 通过大肠菌群的测定，了解大肠菌群的生化特性。

3. 了解大肠菌群的数量测定对饮用水卫生的重要意义。

二、实验原理

大肠菌群是指能在37℃下，24h之内发酵乳糖产酸产气，好氧及兼性厌氧的革兰阴性的无芽孢杆菌统称。主要包括有埃希氏菌属、柠檬酸菌属、肠杆菌属、克雷伯氏菌属等菌属的细菌。

大肠菌群的检验方法主要包括多管发酵法和滤膜法。前者可适用于各种水样（包括底泥），但操作较繁，所需时间较长；后者主要适用于杂质较少的水样，操作简单快速。

粪便中存在大量的大肠菌群细菌，在水体中存活的时间和对氯的抵抗力等与肠道致病菌，如沙门菌、志贺氏菌等相似，因此，将大肠菌群作为粪便污染的指示菌是合适的。但在某些水质条件下，大肠菌群细菌在水中能自行繁殖，不能完全满足作为指示菌的要求。

在我们的实验中，经常使用的是多管发酵法，因此，在此仅介绍这一种检测方法。

多管发酵法是根据大肠菌群细菌发酵乳糖产酸产气以及具备革兰氏染色阴性、无芽孢、呈杆状等有关特征，通过三个步骤进行检验，以求得水样中的大肠菌群数。

多管发酵法是以最大可能数，简称MPN来表示实验结果的。大量的实验证明，该方法的检测结果有可能大于实际的数量，但只要每个稀释度试管的重复数目增加，就能减少这种误差。因此，在实验过程中，应根据要求数据的准确度来确定重复的数目。

三、仪器与材料

1. 锥形瓶1个、试管6支或7支、大试管2支、移液管1mL 2支及10mL 1支、培养皿10套、接种环、试管架各1个。

2. 革兰染色液一套：草酸铵结晶紫、卢戈碘液、95%乙醇、番红染液。

3. 显微镜。

4. 自来水（或受粪便污染的河、湖水）400mL。

5. 蛋白胨、乳糖、碳酸氢二钾、牛肉膏、氯化钠、1.6%溴甲酚紫乙醇溶液、5%碱性品红乙醇溶液、2%伊红水溶液、5%亚甲蓝水溶液。

6. 10%NaOH、10%HCl、精密pH（6.4～8.4）试纸、无菌水。

四、实验步骤

（一）培养基的配制

1. 普通乳糖蛋白胨培养液（表13-5）

普通乳糖蛋白胨培养液组成　　表13-5

蛋白胨	10g
牛肉膏	3g
乳糖	5g
氯化钠	5g
1.6%溴甲酚紫乙醇液	1.0mL
蒸馏水	1000mL

将蛋白胨、牛肉膏、乳糖、NaCl加热溶解于1000mL蒸馏水中，调节pH值为7.2～7.4，再加入1.6%溴甲酚紫乙醇溶液1mL，充分混匀，分装于试管中，于高压蒸汽灭菌器中，115℃灭菌20min，贮存于暗处备用。

2. 三倍浓缩乳糖蛋白胨培养液

按上述普通乳糖蛋白胨培养液浓缩三倍配制。

3. 品红亚硫酸钠培养基（供平板分离用）（表13-6）

品红亚硫酸钠培养基组成　　表13-6

蛋白胨	10g
乳糖	10g
磷酸氢二钾	3.5g
琼脂	15～20g
蒸馏水	1000mL
无水亚硫酸钠	5g左右
5%碱性品红乙醇溶液	20mL

(1) 贮备培养基：先将琼脂放入900mL蒸馏水中，加热溶解，然后加入磷酸二氢钾及蛋白胨，混匀溶解，补充蒸馏水至1000mL，调节pH值为7.2～7.4。趁热用脱脂棉或纱布过滤，再加入乳糖，115℃灭菌20min。贮存于冷暗处备用。

(2) 平板培养基：按比例称取无水亚硫酸钠置于灭菌的空试管中，加少量无菌水使其溶解，再置于沸水浴中煮沸10min灭菌。用灭菌吸管吸取5%碱性品红乙醇溶液，滴加于已灭菌的亚硫酸溶液中直至深红色褪成淡红色，然后将其全部加入已融化的贮备培养基中，充分混匀，但要防止气泡产生。倒平板，待其冷凝后置冰箱内备用，但贮存时间不宜超过两周。若培养基已经变成深红色，则不能使用。

4. 伊红亚甲蓝培养基（EMB培养基）（供发酵法平板分离用，3和4可任选一种）（表13-7）

伊红亚甲蓝培养基（EMB培养基）组成 **表13-7**

蛋白胨	10g
乳糖	10g
磷酸氢二钾	2.0g
琼脂	20g
蒸馏水	1000mL
2%伊红水溶液	20mL
5%亚甲蓝水溶液	13mL

(1) 贮备培养基：先将琼脂放入900mL蒸馏水中，加热溶解，再加入磷酸氢二钾及蛋白胨混匀溶解，补足蒸馏水1000mL，调节pH值为7.2～7.4。趁热用脱脂棉或纱布过滤，再加入乳糖。115℃灭菌20min。贮存于冷暗处备用。

(2) 平板培养基：用灭菌吸管按比例吸取一定量灭菌的2%伊红水溶液及0.5%亚甲蓝水溶液加入已融化的贮备培养基内，充分混匀，但需防止气泡产生。待其冷凝后，置冰箱内备用。

（二）水中大肠菌群的测定

1. 饮用水（包括深井水、泉水等）的检验

(1) 初发酵试验：在2个装有已灭菌的50mL浓缩乳糖蛋白胨培养液的大发酵瓶中（内有反应管），以无菌操作各加入已充分混匀的水样100mL；在10支装有已灭菌的5mL浓缩乳糖蛋白胨培养液的发酵管中（内有反应管），以无菌操作加入充分混匀的水样10mL，混匀后置于37℃恒温箱中培养24h。

(2) 平板分离：经初发酵试验后，于产酸产气及只产酸的发酵管中，用无菌接种环蘸取溶液，分别接种于品红亚硫酸钠培养基或伊红亚甲蓝培养基上，置37℃恒温箱内培养18～24h，挑选符合下列特征的菌落，并取其一小部分进行涂片、革兰氏染色和镜检。

品红亚硫酸钠培养基上的菌落：紫红色，具有金属光泽的菌落；深红色，不带或带金属光泽的菌落；淡红色，中心色较深的菌落。

伊红亚甲蓝培养基上的菌落：深紫黑色，具有金属光泽的菌落；紫黑色，不带或略带金属光泽的菌落；淡紫红色，中心色较深的菌落。

(3) 复发酵试验：用无菌接种环挑取上述镜检呈革兰氏阴性无芽孢杆菌的其余部分菌

落，再接种于装有 10mL 普通乳糖蛋白胨培养液的发酵管中（内有反应管），每管可接种分离自同一发酵管（瓶）的最典型菌落 1～3 个，然后置于 37℃恒温箱中培养 24h，有产酸产气者，即证实有大肠杆菌存在。

（4）计算：根据证实有大肠杆菌存在的阳性管数查表 13-8，报告水样中的大肠菌群数。

大肠菌群检数表，接种水样总量 300mL（100mL2 份，10mL10 份）　　**表 13-8**

10mL	100mL 水量的阳性瓶数		
	0	1	2
	1mL 水样中大肠菌群数	1mL 水样中大肠菌群数	1mL 水样中大肠菌群数
0	<3	4	11
1	3	8	18
2	7	13	27
3	11	18	38
4	14	24	52
5	18	30	70
6	22	36	92
7	27	43	120
8	31	51	161
9	36	60	230
10	40	69	>230

2. 水源水的检验

（1）将水样稀释 10 倍。

（2）在装有 5mL 浓缩乳糖蛋白胨培养液的 5 支发酵管中（内有反应管），各加水样 10mL；在装有 10mL 乳糖蛋白胨培养液的 5 支发酵管中（内有反应管），各加水样 1mL；在装有 10mL 乳糖蛋白胨培养液的 5 支反应管中（内有反应管），各加入稀释 10 倍的水样 1mL；共计 15 管，3 个稀释度。将各管充分混匀，置于 37℃恒温箱中培养 24h。

以下的检验步骤与“饮用水的检验方法”相同。

根据大肠菌群存在的阳性管数查表 13-9，报告水样中的大肠菌群数。

水源水的总大肠菌群检数表　　**表 13-9**

接种数/mL			每 100mL 水样中总大肠菌群近似值	接种数/mL			每 100mL 水样中总大肠菌群近似值
10	1	0.1		10	1	0.1	
0	0	0	0	0	2	0	4
0	0	1	2	0	2	1	6
0	0	2	4	0	2	2	7
0	0	3	5	0	2	3	9
0	0	4	7	0	2	4	11

续表

接种数/mL			每100mL水样中总大肠菌群近似值	接种数/mL			每100mL水样中总大肠菌群近似值
0	0	5	9	0	2	5	13
0	1	0	2	0	3	0	6
0	1	1	4	0	3	1	7
0	1	2	6	0	3	2	9
0	1	3	7	0	3	3	11
0	1	4	9	0	3	4	13
0	1	5	11	0	3	5	15
0	4	0	8	1	3	0	8
0	4	1	9	1	3	1	10
0	4	2	11	1	3	2	12
0	4	3	13	1	3	3	15
0	4	4	15	1	3	4	17
0	4	5	17	1	3	5	19
0	5	0	9	1	4	0	11
0	5	1	11	1	4	1	13
0	5	2	13	1	4	2	15
0	5	3	15	1	4	3	17
0	5	4	17	1	4	4	19
0	5	5	19	1	4	5	22
1	0	0	2	1	5	0	13
1	0	1	4	1	5	1	15
1	0	2	6	1	5	2	17
1	0	3	8	1	5	3	19
1	0	4	10	1	5	4	22
1	0	5	12	1	5	5	24
1	1	0	4	2	0	0	6
1	1	1	6	2	0	1	7
1	1	2	8	2	0	2	9
1	1	3	10	2	0	3	12
1	1	4	12	2	0	4	14
1	1	5	14	2	0	5	16
1	2	0	6	2	1	0	7
1	2	1	8	2	1	1	8
1	2	2	10	2	1	2	12
1	2	3	12	2	1	3	14

续表

接种数/mL			每100mL水样中总大肠菌群近似值	接种数/mL			每100mL水样中总大肠菌群近似值
1	2	4	15	2	1	4	17
1	2	5	17	2	1	5	19
2	2	0	9	3	1	0	11
2	2	1	12	3	1	1	14
2	2	2	14	3	1	2	17
2	2	3	17	3	1	3	20
2	2	4	19	3	1	4	23
2	2	5	22	3	1	5	27
2	3	0	12	3	2	0	14
2	3	1	14	3	2	1	17
2	3	2	17	3	2	2	20
2	3	3	20	3	2	3	24
2	3	4	22	3	2	4	27
2	3	5	25	3	2	5	31
2	4	0	15	3	3	0	17
2	4	1	17	3	3	1	21
2	4	2	20	3	3	2	24
2	4	3	23	3	3	3	28
2	4	4	25	3	3	4	32
2	4	5	28	3	3	5	36
2	5	0	17	3	4	0	21
2	5	1	20	3	4	1	24
2	5	2	23	3	4	2	28
2	5	3	26	3	4	3	32
2	5	4	29	3	4	4	36
2	5	5	32	3	4	5	40
3	0	0	8	3	5	0	25
3	0	1	11	3	5	1	29
3	0	2	13	3	5	2	32
3	0	3	16	3	5	3	37
3	0	4	20	3	5	4	41
3	0	5	23	3	5	5	45
4	0	0	13	4	5	0	41
4	0	1	17	4	5	1	48
4	0	2	21	4	5	2	56

续表

接种数/mL			每100mL水样中总大肠菌群近似值	接种数/mL			每100mL水样中总大肠菌群近似值
4	0	3	26	4	5	3	64
4	0	4	30	4	5	4	72
4	0	5	36	4	5	5	81
4	1	0	17	5	0	0	23
4	1	1	21	5	0	1	31
4	1	2	26	5	0	2	43
4	1	3	31	5	0	3	58
4	1	4	36	5	0	4	76
4	1	5	42	5	0	5	95
4	2	0	22	5	1	0	33
4	2	1	26	5	1	1	46
4	2	2	32	5	1	2	63
4	2	3	33	5	1	3	84
4	2	4	44	5	1	4	110
4	2	5	50	5	1	5	130
4	3	0	27	5	2	0	49
4	3	1	33	5	2	1	70
4	3	2	39	5	2	2	94
4	3	3	45	5	2	3	120
4	3	4	52	5	2	4	150
4	3	5	59	5	2	5	180
4	4	0	34	5	3	0	79
4	4	1	40	5	3	1	110
4	4	2	47	5	3	2	140
4	4	3	54	5	3	3	180
4	4	4	62	5	3	4	210
4	4	5	69	5	3	5	250
5	4	0	130	5	5	0	210
5	4	1	170	5	5	1	350
5	4	2	220	5	5	2	510
5	4	3	230	5	5	3	920
5	4	4	250	5	5	4	1000
5	4	5	430	5	5	5	＞1600

3. 地表水和废水的检验

地表水和较清洁水的初发酵试验步骤同上述“水源水”检验方法。若是严重污染的地表水和废水的初发酵试验的接种水样，应用1∶10，1∶100，1∶1000或更高的稀释比，检验步骤同“水源水”检验方法。

如果接种的水样量不是10mL、1mL和0.1mL，而是较低的或较高的3个浓度的水样量，也可查表求得MPN指数，再经下面的公式换算成每100mL的MPN值，即

$$\text{MPN值} = \text{MPN指数} \times \frac{10(\text{mL})}{\text{接种量最大的一管}(\text{mL})}$$

大肠菌群的检验过程可以归纳成如图13-13所示的流程图。

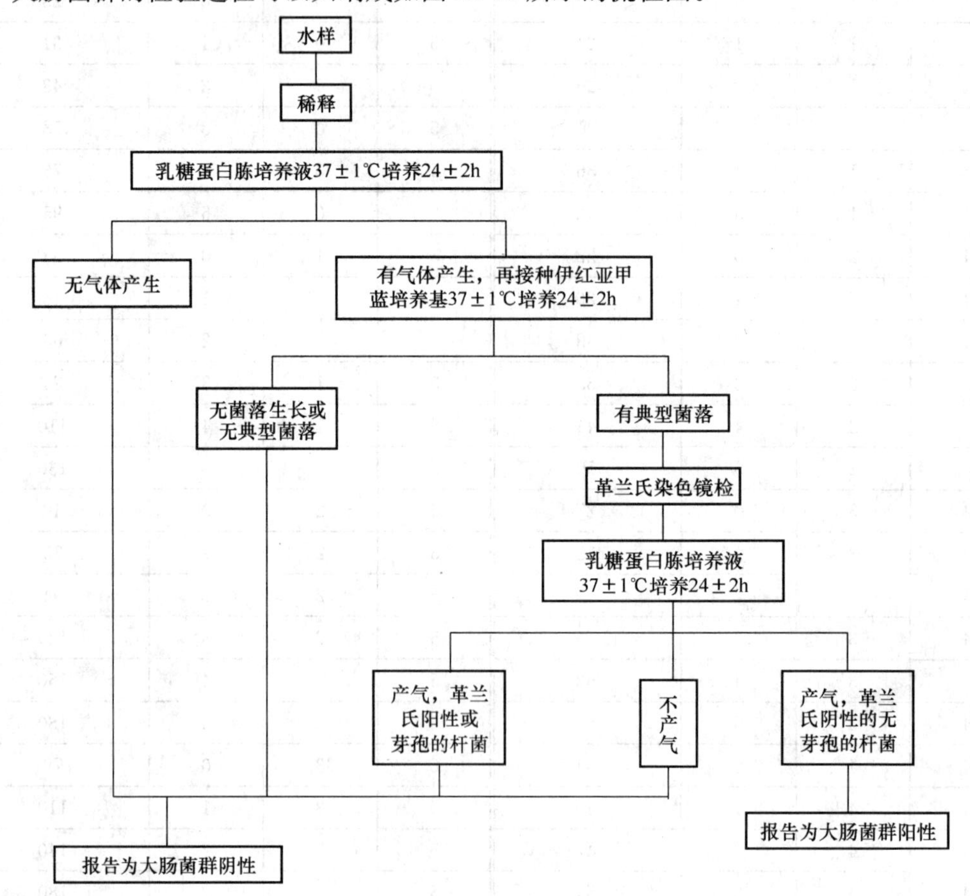

图13-13　总大肠菌群检验流程图

五、思考题

1. 测定水中大肠菌群数有什么实际意义？为什么选用大肠菌群作为水的卫生指标？
2. 试比较多管发酵法与滤膜法检查大肠菌群的优缺点。
3. 根据中国饮用水水质标准，讨论这次的检验结果。

实验10　空气微生物的检测

一、实验目的

通过实验了解一定环境空气中微生物的数量；学习并掌握检测和计数空气中微生物的基本方法。

二、实验原理

1. 沉降法：将盛有培养基的培养皿放在空气中暴露一定时间，经培养后计算出其上所生长的菌落数。此法操作简单，使用普遍，由于只有一定大小的颗粒在一定时间内才能降到培养基上，该法所测的微生物数量欠准确，检验结果比实际存在数量少，并且也无法测定空气量，所以，仅能粗略计算空气污染程度和了解被测区微生物的种类。

2. 过滤法：抽取定量空气通过一种液体吸收剂，然后取此液体定量培养计数出菌落数。

三、实验器材与材料

1. 采样器：盛有 200mL 无菌水的高脚三角瓶（500mL）和 10L 水的蒸馏水瓶（15L)。

2. 牛肉膏蛋白胨培养基、查氏培养基、高氏一号培养基。

3. 无菌平皿、无菌吸管等。

四、实验步骤

1. 沉降法

将牛肉膏蛋白胨琼脂培养基、查氏琼脂培养基和高氏一号培养基分别融化后，各倒 15 个平板，冷凝。

在一定面积的房间内，每种培养基在每个点放三个平板（图 13-14)，打开皿盖，放置 30min 和 60min 后盖盖。牛肉膏蛋白胨培养基培养细菌，置于 37℃恒温培养箱培养 24h；查氏琼脂培养基、高氏一号培养基分别培养霉菌和放线菌，置于 28℃恒温箱中培养 24～48h。

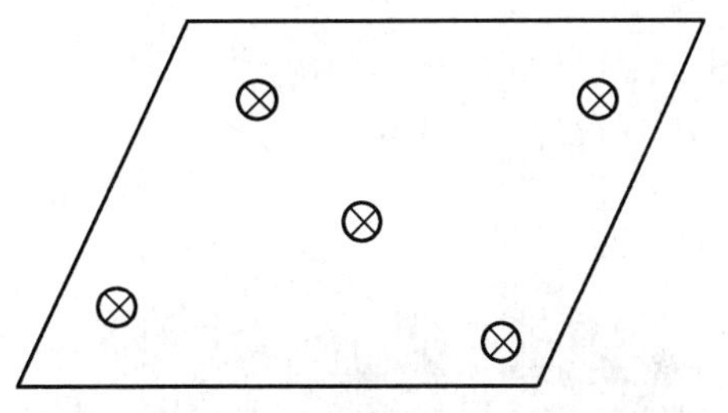

图 13-14　测定空气微生物的采样点分布示意图

2. 过滤法

将无菌的液体培养基或无菌水与真空泵相连，以每分钟 10L 的速度取空气样并剧烈震荡，使阻留在液体中的气溶胶或微生物均匀分散。

吸取上述含菌液体 1mL 与融化并冷却到 45℃左右的营养琼脂做混菌平板，同时做三个平行试验，置室温下培养后，观察计数菌落数。

五、实验结果

培养结束后，观察各种微生物的菌落形态、颜色，计数它们的菌落数，将空气中微生物种类和数量记录在表 13-10 中。

空气微生物的测定结果　　**表 13-10**

环　境		菌落数		
		细菌	霉菌	放线菌
室内	30min			
室外	60min			

根据结果，计算每升空气中微生物的数量：

过滤法：根据下列公式计算：

$$X = \frac{1000 \times V_s \times N}{V_a}$$

式中　X——每立方米空气中的细菌数；

V_s——吸收液体量（mL）；

V_a——空气过滤量（L）；

N——每毫升液体培养基中的细菌数。

六、思考题

试比较沉降法和过滤法测定空气微生物的结果，并分析其优缺点。

参 考 文 献

[1] 袁林江. 环境工程微生物. 北京：化学出版社，2012.
[2] 任南琪，马放. 污染控制微生物学. 哈尔滨：哈尔滨工业大学出版社，2007.
[3] 马文漪，杨柳燕. 环境微生物工程. 南京：南京大学出版社，1998.
[4] 张从，夏立江. 污染土壤生物修复技术. 北京：中国环境科学出版社，2000.
[5] 王家玲. 环境微生物学. 北京：高等教育出版社，1988.
[6] 周群英，高廷耀. 环境工程微生物学. 北京：高等教育出版社，2000.
[7] 贺延龄，陈爱侠. 环境微生物学. 北京：中国轻工业出版社，2001.
[8] 陈坚. 环境生物技术. 北京：中国轻工业出版社，1999.
[9] J. Nicklin，K. Graeme-Cook，T. Paget & R. Killington，*Instant Notes in Microbiology*（影印版），科学出版社，Bios Scientific Publishers Limited，1999.
[10] 高延耀，顾国维. 水污染控制工程. 北京：高等教育出版社，2000.
[11] 乐毅全，王士芬. 环境微生物. 北京：化学工业出版社，2005.
[12] 李军，杨秀山，彭永臻. 微生物与水处理工程. 北京：化学工业出版社，2002.
[13] 马放，冯玉杰，任南琪. 环境生物技术. 北京：化学工业出版社，2003.
[14] 许保玖，龙腾锐. 当代给水与废水处理原理. 北京：高等教育出版社，2000.
[15] 杨柳燕，肖琳. 环境生物技术. 北京：科学出版社，2003.
[16] 伦世仪. 环境生物工程. 北京：化学工业出版社，2002.
[17] 沈德中. 环境和资源微生物学. 北京：中国环境科学出版社，2003.
[18] 沈萍. 微生物学. 北京：高等教育出版社，2001.
[19] 马放，任南琪，杨基先. 污染控制微生物学实验. 哈尔滨：哈尔滨工业大学出版社，2002.
[20] 郑平. 环境微生物学实验指导. 杭州：浙江大学出版社，2005.
[21] 王家玲. 环境微生物学实验. 北京：高等教育出版社，1988.